环保装备技术丛书

电 除 尘 器

全国环保产品标准化技术委员会环境保护机械分技术委员会
浙江菲达环保科技股份有限公司

中国电力出版社
CHINA ELECTRIC POWER PRESS

内 容 提 要

本书为《环保装备技术丛书》的《电除尘器》分册。

全书共分十二章，主要内容包括电除尘器概述、电除尘器术语、电除尘器本体结构、电除尘器气流分布模拟试验、电除尘器电控设备、电除尘器的安装、电除尘器的调试、电除尘器的运行、电除尘器的维护和检修、电除尘器常见故障、原因及处理方法、电除尘器安全工作要求、电除尘器性能测试等。

本书适用于电除尘器的设计研究、安装调试及维护管理人员，也可供相关专业院校师生参考。

图书在版编目(CIP)数据

电除尘器/全国环保产品标准化技术委员会环境保护机械分技术委员会，浙江菲达环保科技股份有限公司编. —北京：中国电力出版社，2011.1 (2022.7重印)

(环保装备技术丛书)

ISBN 978-7-5123-0981-4

Ⅰ.①电… Ⅱ.①全… ②浙… Ⅲ.①静电除尘器-基本知识 Ⅳ.①TU834.6

中国版本图书馆 CIP 数据核字(2010)第 201889 号

中国电力出版社出版、发行

(北京市东城区北京站西街 19 号 100005 http://www.cepp.sgcc.com.cn)

北京雁林吉兆印刷有限公司印刷

各地新华书店经售

*

2011 年 1 月第一版 2022 年 7 月北京第五次印刷

787 毫米×1092 毫米 16 开本 14.75 印张 324 千字

印数 9001—10000 册 定价 **40.00** 元

保护环境

造福人类

王金弟

中国机械工业联合会副秘书长　王金弟

提供一流装备、为维护环境

作贡献！

舒英钢

2010.8.26

中国环保机械行业协会理事长　舒英钢

同一个地球，同一片蓝天，环境保护不分国界。让天更蓝、水更清、山更绿，是人类的共同责任与目标。

　　以污染换取繁荣不是人类发展的初衷，高能耗、高污染的工业生产，人类过度消费的生活方式，以及对自然资源的掠夺性开发，使人类赖以生存的环境日趋恶化，已经严重威胁着人类的生存。有效遏制环境恶化已刻不容缓。

　　尽管现在我国钢产量、水泥产量已居世界第一位，发电量居世界第二位，正从制造大国向制造强国转变，但能源浪费情况依然触目惊心，污染仍然十分严重，环保形势更趋严峻。近年来，电除尘器的提效创新，袋式除尘的蓬勃发展，烟气脱硫的迅速推进，烟气脱硝的蓄势待发，环保装备的发展呈现了多头并进的可喜局面。如何因势利导，规范有序、科学地进行综合管理，其中的一个重要环节是把治理污染的装备使用好、管理好，并使其发挥应有的效能。

　　以企业为主体，以市场为导向，产、学、研相结合的产品技术自主创新正在不断深入，科研开发进入了新一轮百花齐放、百家争鸣阶段，不断涌现出的新技术、新产品，谱写着污染治理装备的新篇章。

　　1987年，原机械工业部组建了电除尘器标准化技术委员会（简称标委会）。2005年，经国家发展和改革委员会及中国机械工业联合会批准，标委会兼并了原机械工业部布袋除尘标准化技术委员会，并扩展到烟气脱硫、烟气脱硝等大气污染治理装备领域，组建了机械工业环境保护机械标准化技术委员会大气净化设备分技术委员会。2008年，经国家标准化管理委员会批准，成立了全国环保产品标准化技术委员会环境保护机械分技术委员会。24年来，在政府的引导和推动下，按照《标准化法》的规定，瞄准国际先进技术，并结合我国国情，依法制定并修订了大气治理装备及相关领域的国家标准、行业标准75项，在提高我国大气污染治理装备技术水平和系统性能保证等方面起到了十分重要的作用。特别是创造性地制定了填补我国空白的脱硫、脱硝系列国家标准。国际上首次对脱硫、脱硝技术装备的核心设备，关键装置的设计选型、制造安装、运行维护及安全问题等各个重要环节进行了全面的质量控制，首次提出燃煤烟气脱硫装备系统全面的性能测试方法。脱硫、脱硝系列国家标准被国内外供应商、用户及科研机构广泛采纳与应用。

以脱硫、脱硝系列国家标准为核心，数十项行业标准为支撑的脱硫、脱硝行业标准体系，融合了委员单位中 80 余项自主创新的专利技术，整合了 59 家龙头企业、大专院校、科研院所等国内外同行的优势力量和重大科技成果，引领着国内企业在烟气脱硫、脱硝方面健康发展与技术专利化、专利标准化、标准产业化，有力地推动行业真正从中国制造走上中国创造的创新发展之路。

坚持以科学发展观为指导，以实现经济、社会的可持续发展为目标，加快大气污染治理装备行业的技术进步速度，引导并规范行业的健康发展，大力推广新技术、新工艺、新产品、新材料，应从教育着手，从基础抓起。2007 年，标委会决定编写烟气脱硫、烟气脱硝、电除尘器、布袋除尘器四大大气污染治理装备主导产品系列丛书。由浙江菲达环保科技股份有限公司、浙江大学、武汉凯迪电力环保有限公司、中钢集团天澄环保科技股份有限公司分别牵头成立电除尘器、烟气脱硝、烟气脱硫、布袋除尘器编写小组，集国内外数十家企业之经验，瞄准国际先进水平，结合标准的宣贯、培训，历时 3 年，几经审查论证，终得以成书。

环保装备技术丛书较全面地反映了我国大气污染治理装备的技术现状、技术要点及使用要求，是理论与实践的有机结合。其对基础教育、科技普及、运行维护大有益处，可供该领域的科研单位、大专院校及广大企事业工程技术人员和一线工人参考。

环境保护，事业崇高、责任重大、使命光荣，是造福人类最具意义的公益事业。让我们同心协力，与时俱进，为祖国美好的明天，为社会的全面和谐与经济的可持续发展作出更大的贡献。

全国环保产品标准化技术委员会环境保护机械分技术委员会
机械工业环境保护机械标准化技术委员会大气净化设备分技术委员会

主任委员 石绍祥

2010 年 10 月

电除尘器已经有 100 多年的发展历史。自 1907 年美国人柯特雷尔（F. G. Cottrell）在加利福尼亚州的一个火药厂成功安装第一台电除尘器以来，电除尘器迅速得到推广应用，到 20 世纪 60 年代电除尘器已遍及各工业领域。随着研究的不断深入，电除尘器在结构、性能、控制方式等方面日臻完善，其除尘效率高、适应范围广、运行费用低、经济性好、使用方便且无二次污染等独特优点也日益凸显出来，早已成为许多工业领域除尘设备的首选产品，也成为了工业粉尘治理的主流设备。

1982 年，在原机械工业部的统一领导下，诸暨电除尘器厂（浙江菲达环保科技股份有限公司前身）、上海冶矿两家单位同时从瑞典 FLAKT 公司引进燃煤电厂电除尘技术。大型国产化电除尘器在山东石横电厂 300MW 机组上成功投运，从此拉开了电除尘器在国内快速发展的序幕。经过几代人的艰苦奋斗和不懈努力，我国电除尘技术已达到国际先进水平，其产业在环保产业中实力最雄厚、规模最大，且能与国外同类产品分庭抗礼，我国也已成为世界公认的电除尘器生产和应用大国。

电除尘器对控制我国工业粉尘排放、保护生态环境、建设和谐社会、推动经济健康可持续发展作出了突出的贡献。近年来，我国电除尘技术的研究仍然十分活跃，但与发达国家相比，尚存在一定差距，基础理论研究有待进一步深入，技术创新有待进一步推进和深化。要实现电除尘器由"中国制造"到"中国创造"的转变，不断提升市场竞争力，就要扎实掌握其设计、制造、安装、调试运行、维护管理技术。本书的编写想法正是在此背景下提出来的，旨在为电除尘技术的更大突破和创新抛砖引玉。

编者所在的浙江菲达环保科技股份有限公司在电除尘器研发、设计、调试、运行和检修维护方面积累了 30 余年的经验，此书即为公司及同行 30 余年经验的全面、系统的总结，内容涵盖电除尘器原理和结构、气流分布试验、电控、安装、调试、运行、维护检修、故障处理、性能测试等。本书主要编写人员为：第一、二章由郦建国、林澄波编写，第三章由何毓忠、沈志昂、许东旭、赵辉、王建忠编写，第四章由袁伟锋、潘民兴编写，第五章由林澄波、汤丰编写，第六章由宣伟桥编写，第七章由宣建强编写，第八、九章由王华编写，第十章由郦建国、王贤明、吴金、徐小峰编写，第十一章由徐小峰编写，第十二章由朱少平编写，全书由郦建国、朱建波、王剑波统稿。希望本书能为电除尘器的设计研究、安装、调试及维护管理人员提供帮助。

本书在编写过程中参考了原电除尘器标准化技术委员会编写的资料《电除尘器安装、运行及维修》，并得到了石培根、黎在时、唐国山、王励前、张德轩等多位资深专家的悉心指导，也得到了国内同行、学者、用户以及浙江省环保装备科技创新服务平台的帮助，同时得到了浙江菲达环保科技股份有限公司在人力、财力方面的大力支持，在此一并表示诚挚的谢意。

由于编者学识及经验有限，书中难免存在疏漏，不足之处恳请专家、读者批评指正。

编 委 会

2010 年 10 月

第一章

电 除 尘 器 概 述

第一节 电场捕集粉尘的基本原理

一、气体的电离

众所周知，物质的原子由带正电荷的质子与不带电荷的中子组成的原子核以及在原子核外层高速旋转着的带负电荷的电子组成。电子比较容易受撞击或外力影响而脱离原子核的束缚，成为带负电的"自由电子"。这些"自由电子"有些还会附着在其他颗粒或分子上，成为带负电的质点，称为"负离子"。气体分子失去一个电子后，就多出一个正电荷，呈现带正电的性质，称为"正离子"。这种中性气体分子分离为正离子和负离子（包括自由电子）的现象，称为气体的电离。气体的电离是电除尘工作原理的一个重要组成部分。电除尘是"一门技术"，但在工作实践中又被人们称为"一门艺术"，因其使用情况受到众多因素直接或间接、复杂或直观的制约，要求我们能够透过现象看本质，掌握气体的电离规律，这是进入电除尘这个艺术殿堂的第一把钥匙。

1. 电子、原子、正负离子及负电性气体

物质由分子组成，分子由原子构成，而原子又是由带负电荷的电子、带正电荷的质子及中性的中子组成，质子与中子紧密结合成一团，称为原子核。整个原子中，电子的负电荷与质子的正电荷是等量的，一个电子或一个质子的电荷量是电荷的最小单位，这个电荷量用 e 表示。电子在离原子核相对较远的轨道上运行，如果没有电子从原子核的周围空间逸出，则整个原子呈电中性；如果在某种情况下，一个中性原子或分子失去（或得到）一个或数个电子，则剩下的带正（或负）电荷的结构就称为正（负）离子。从原子或分子荷电的角度看，电离是分子（或原子）失去（或得到）电子的过程。

负电性气体分子是指电子附着容易的气体。表 1-1 列出了部分气体分子捕获电子的概率，用电子附着成功所需的碰撞次数（平均值）β 表示。实验表明，卤族元素与分子结构中有氧原子的气体大多都有良好的电子附着性。负电性气体得到电子后，就成为在工业电除尘器中起主要作用的荷电粒子——负离子。工业烟气除尘中，像二氧化碳、氧、水气之类负电性气体是大量存在的，在这里，负电性气体是粉尘荷电的中间媒介。

表 1-1　　　　　　　　　　　　　部分气体分子捕获电子的概率

气　体	β（平均撞击次数）	气　体	β（平均撞击次数）
惰性气体	∞	N_2O	6.1×10^5
$N_2 \cdot H_2$	∞	C_2HCl	3.7×10^5
CO	1.6×10^8	H_2O	4.0×10^4
NH_3	9.9×10^7	O_2	8.7×10^3
C_2H_4	4.7×10^7	Cl_2	2.1×10^3
C_2H_2	7.8×10^6	SO_2	3.5×10^3
C_2H_6	2.5×10^6	空气	4.3×10^4

2. 气体电离过程

图 1-1 所示为气体电离过程曲线，图 1-2 则为工业电除尘器的原理示意图。借助图 1-1，可以更好地阐述气体电离过程。电荷的定向移动产生电流，当高压直流电加到电除尘器电场的正、负两极时（工业电除尘器中一般负极作电晕极，正极作收尘兼接地极），电晕极表面的电场强度与电极间形成的电流关系也由图 1-1 表示出来。由于电场强度与施加的电压有着直接的联系，电场强度随着电压的升高而增大，因此可以定性、粗略地将图 1-1 中的曲线看作空载电场中电压与电流的关系。

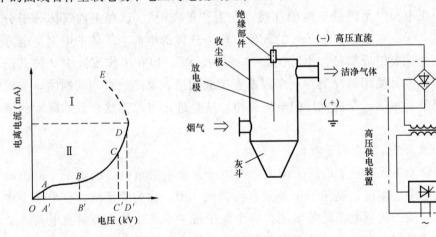

图 1-1　气体电离过程曲线　　　　　图 1-2　工业电除尘器的原理示意图

OA 段：气体导电主要借助于大气中所存在的少量自由电子与离子。在烟气或自然界空气中，由于宇宙射线及分子热运动等作用，会产生极少量的游离的电子与离子，当电场两极间施加的电压较低时，两极间会出现随电压同步增加的微弱的电流，此电流在除尘器供电装置的电流测量仪表上是毫无反映的。图 1-1 仅仅是定性表示了此电流，通常此时的气体状态被看作是绝缘的，这些极少量的电子与离子随着电压的增加，获得的动能不断升级。

AB 段：当电压达到 U'_A 时，随着电压的上升，电子同时获得更大的动能，但由于受到气体分子平均自由行程（λ）的限制，只能与气体分子作弹性碰撞，总的行进速度无法提高，故电流暂中止上升。

BC 段：当这极少量的电子在 U'_B 的电压作用下被加速达到一定动能时，能够使与其碰撞的原子逸出电子（发生电离），各种不同气体电离需要不同的能量，称为气体的电离能。部分气体的电离能见表 1-2。

表 1-2 部分气体的电离能

气体名称	氧（O_2，O）	氮（N_2，N）	氢（H_2，H）	汞（Hg，Hg_2）	水（H_2O）	氦（He）
电离能（eV）	12.50 13.61	15.60 14.54	5.40 13.59	10.43 9.60	12.59	24.47

eV 即电子伏特：一个电子在电场强度为 1V/cm 的电场中行进 1cm 路径所得到的能量（$1eV=1.6\times10^{-19}$ J）。电离过程是比较复杂多样的，其基本过程示意见图 1-3（a）。电子碰撞中性气体分子 M 并使气体分子电离，气体分子逸出电子 e^- 后带正电，成为正离子 M^+，M^+ 与 e^- 在电场力的作用下按同性相斥、异性相吸的原理相向而行，从而产生电流，可以说气体开始导电。此时的电离称为碰撞电离。U'_B 称为临界电离电压，由于此时电离不伴随声响，故又称为无声自发放电。

电离发生在放电极附近，是因为放电极的尖端效应使其附近电场强度特别高，电子能够获得足够的动能使气体发生电离，离开此区域后，电子在向正极行进的过程中被负电性气体分子俘获结合成负离子，或径直到达正极。碰撞电离发生后，随着电压的增加，电离过程越发激烈，电流迅速增加，其原理如图 1-3（b）所示。这时，不仅是作为发射源的原始存在的电子参与电离，被激发出来的电子及曾参与电离的电子都可能继续参与电离，从而使电荷数目迅速增加，电流较电压增加更快，曲线向上弯曲。

$$e^- \rightarrow M = M^+ + 2e^-$$

(a)

$$e^- \rightarrow M = M^+ \begin{cases} e^- \rightarrow M \\ +2M \end{cases} \begin{cases} e^- \rightarrow M \\ e^- \rightarrow M \end{cases} = 3M^+ + 4e^-$$

(b)

$$e^- \rightarrow M \begin{cases} M^+ \rightarrow M = \begin{cases} 2M^+ \\ e^- \rightarrow M = M^+ + 2e^- \end{cases} \\ +4M \\ e^- \end{cases}$$
$$e^- \rightarrow M \begin{cases} M^+ \\ e^- \rightarrow M = M^+ + 2e^- \\ e^- \end{cases} \end{cases} = 5M^+ + 6e^-$$

(c)

图 1-3 气体电离过程示意图

(a) 碰撞电离开始；(b) 碰撞电离加剧；(c) 电晕电离

CD 段：CD 段为电晕电离阶段，U'_C 称为起晕电压，U'_D 称为火花放电电压或临界击穿电压。其实，从碰撞电离到电晕电离，并没有一个明显的界限，这里面有一个从量变到质变的过程，电晕电离的最大特点是正离子参与了气体的电离，其原理可用图 1-3（c）来演示。

DE 段：过了 D 点，电晕区迅速扩大，致使电极间产生火花，若不立即加以控制，会迅速出现闪络并发展到两极间出现电弧，此时电流迅猛增加而电压下降，其对电极产生的电蚀与对电源的冲击是实际中不希望出现的。

从以下几方面可进一步了解电晕电离的特点：

（1）电晕电离使气体电离程度迅速加快（曲线显得越来越陡）。从图 1-3（c）可知，当众多气体发生电离后，就会产生许多电子及等量的正离子，当放电极周围的电场强度高达使正离子也获得足够能量并参与电离时，参与电离的荷电粒子从数量上增加了 1 倍，并且由于正离子是在趋向于放电极过程中使气体电离，因此在这个过程中产生的电子由于加速路径长更容易获得参与电离的能量，从而使得总的电离程度更加激烈，从而产生了一个雪崩似的效应。这个雪崩形的电离最终受空间分布电荷的影响而达到平衡,当电压继续升高时,则在更高一级电离水平上达到平衡。从离子数量看,电晕电离时电场中捕集粉尘的主要荷电粒子负离子密度可达每立方米上亿个。另外,当电晕电离发生后,已不再需要外界源源不断的电子补充作发射源,电离已进入自续放电阶段。由于电晕电离能够最大量地产生除尘所需的负离子与电子,因此电除尘器一般工作在电晕电离区。

(2)电晕电离使放电极周围出现电晕光斑与声响。从以上分析可知,电晕电离的结果会在放电极周围出现 M^+、M^- 与 e^- 密集的情况,使得 M^+ 与 M^- 及 e^- 结合成中性分子的机会大大增多,复合过程中将有电子从高能级跳回低能级,同时伴随发出光能与电能,在放电极周围 $2\sim3$mm 范围内产生淡蓝色的冕状光晕或光斑、亮点,并可听到较大的咝咝和噼噼的爆裂声(犹如夜间在高压线下观察到那样)。

(3)正、负电晕与极性效应。根据放电极的极性不同,电晕有正电晕与负电晕之分,放电极接高压直流电源的负极产生负电晕,接正极产生正电晕。在电除尘器的应用中,除一些空气净化考虑到负电晕会产生较多的臭氧而采用正电晕外,工业应用大都采用负电晕,这是由正、负电晕的极性效应决定的。在一般工业除尘条件下,负电晕可以获得比正电晕明显高的电压、电流与电场强度,这对提高除尘效率是十分必要的。

极性效应可以用针—圆盘的电场来说明,见图 1-4。

电晕电离发生时,在电场强度最大的针尖附近必然聚积大量正的空间电荷,当针为负极性时,它们削弱了极板一侧的电场强度而加强了向尖端的电场强度,从而使整个电场均匀分布,如图 1-4(a)所示。此时,负电晕被压缩在负尖端附近,而使以后的游离不易发展,使电场击穿需要较高电压;当针尖为正极时,正空间电荷的作用犹如将正极延伸,这些正电荷削弱了正的针尖附近的电场强度而加强了向极板方向的电场强度,它们向负极板的运动相当于正极延伸,如图 1-4(b)所示,使电场在较低的电压下就被击穿。这就是由空间电荷引起的极性效应。图 1-4 中的虚线和实线分别代表空间电荷作用后与没有作用时的 ϕ 分布。通过实验演示(见图 1-5),当针尖为正极时,放电沿直线路径从最近的点开始,见图 1-5(a);当针尖为负极时,则从圆盘边缘进行放电,见图 1-5(b),放电路径被拉长,说明击穿需要较高的电压。这就是正、负电场的边缘效应。

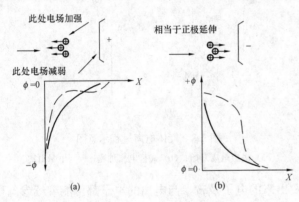

图 1-4 正、负电晕示意图
(a)负电晕;(b)正电晕
ϕ—电场强度

综上所述,采用负电晕可以得到较高的击穿电压,同时由于电场分布相对均匀,也可以得到较高的电晕电流。

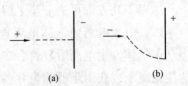

图 1-5 边缘效应示意图
(a)正电场边缘效应;(b)负电场边缘效应

二、粉尘的荷电

尘粒荷电是电除尘的基本过程之一，目的是使烟气中的粉尘荷电，为下一步烟气中的粉尘分离创造条件。

1. 无粉尘情况下电场空间电荷分布情况

在电场中，尘粒荷电及所带电量（即荷电量）的多少与尘粒的粒径、电场强度和停留时间等因素有关。先不考虑荷电粉尘，从电晕电离分析可知，在负电晕电场中，从放电极到收尘极，形成了以下各种带电粒子的分布，见图1-6。

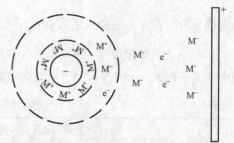

图1-6　电场中带电粒子的分布
M$^+$—正离子；M$^-$—负离子；e$^-$—电子

为了说明问题，图1-6中用虚线分了层次，以注明该范围内哪些带电粒子占主导地位，实际上该分布是连续混杂的，而且随电场工作情况的变化而改变。在紧贴放电极的周围是异常密集的M$^+$分布，它们在电场力的驱动下从电晕电离区（放电极周围数个毫米区域中）向放电极这个圆心汇拢；在电晕电离区则存在着电离后产生的M$^+$、M$^-$与e$^-$；在电晕外区（占了电场绝大部分空间的地方），为源源不断向收尘极驱进的负离子与电子。在大多数工业电除尘器中，电流主要是通过负离子传输的，负电性气体的大量存在导致电子被充分俘获而成为负离子。由于电子向收尘极驱进的速度要比负离子高约3个数量级，从而可知在电晕外区，在不考虑荷电粉尘存在时，主要存在的负电荷是负离子，其密度可达每立方厘米上亿个，足以满足电除尘的需要。这些负离子源源不断地产生和移动，使两极间的电场空间形成了具有动态稳定的空间电荷分布。掌握电场空间带电粒子的分布规律，分析电场的伏—安（U-I）特性及各种工况对电场工作特性的影响，对处理电晕封闭、反电晕等实际运行中碰到的问题均有很大的理论指导意义。

2. 粉尘荷电的两种基本形式

绝大部分的电场空间中充满着负离子，通入烟尘后，也就有了负离子与尘粒结合的可能。离子在电场中得到一定动能并与尘粒碰撞使其荷电，形象的说法是，负离子像一颗子弹，在电场力的作用下被射入体积大得多的粉尘颗粒内，此过程称为粉尘的电场荷电，也叫碰撞荷电；离子作不规则热运动而与尘粒碰撞使其荷电，称为扩散荷电。对于工业电除尘器来说，碰撞荷电与扩散荷电是同时起作用而往往又以碰撞荷电更显突出，粒径的大小在这里起了关键作用。粉尘粒径与荷电机理的关系见表1-3。

表1-3　　　　　　　　粉尘粒径与荷电机理的关系

粒　径（μm）	荷　电　机　理
<0.1	扩散荷电为主
0.1~1	扩散荷电与电场荷电都重要
>1	电场荷电为主

因为碰撞荷电与电场有关，故存在荷电饱和性，其初始荷电很快，随着荷电量的增加，荷电速度越来越慢。扩散荷电因为是离子无规则的热运动造成的，热运动速度没有上限，所以扩散荷电不存在饱和问题，其荷电速度取决于离子的热能、尘粒的大小和尘粒在电场中停留的时间等。

表 1-4 给出了两种荷电机理的比较，是在一定假设条件下经过简化计算得到的，可作为定性分析的参考。主要设定数据：$\dfrac{3\varepsilon_x}{\varepsilon_x+2}=1.8$（$\varepsilon_x$ 为尘粒的相对介电常数），电场强度 $E=2\text{kV/cm}$，气体温度 $T=300\text{K}$，$N=5\times10^7$ 个/cm³（N 为距尘粒有相当距离处单位体积中的离子数），ne 则表示电子电荷的倍数。

表 1-4 两种荷电机理的比较

粒径 （µm）	电场荷电获得的电荷量（ne）				扩散荷电获得的荷电量（ne）			
	荷电时间（s）				荷电时间（s）			
	0.01	0.1	1.0	∞	0.001	0.01	0.1	1
0.1	0.7	2	2.4	2.5	3	7	11	15
1.0	72	200	244	250	70	110	150	190
10.0	7200	20 000	24 400	25 000	1100	1500	1900	2300

3. 工业烟尘粒径分布情况

图 1-7 所示为常见工业烟尘粒径分布情况。目前，电除尘器可捕集粉尘的粒径最小可达 $0.01\mu m$ 数量级，由此可见，如果绝大多数工业粉尘比电阻符合要求，理论上都可利用电除尘技术；对那些比电阻过高的烟尘，也可以通过烟气调质来改善比电阻值。电除尘技术在粒径上显示了良好的适应性，电除尘器的应用范围也越来越广。

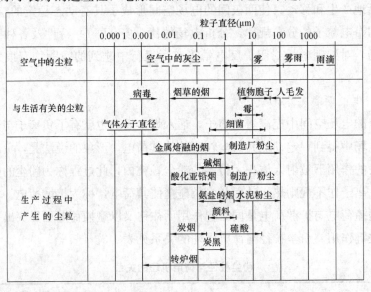

图 1-7 常见工业烟尘粒径分布情况

三、荷电粉尘的捕集

烟气粉尘以垂直于电力线的方向进入电场，在电场荷电与扩散荷电两种机理的共同作用下荷电。从电场空间电荷分布规律可知，粉尘中的很少一部分随烟气途经放电极附近与正离子结合带正电，其余绝大部分与负离子结合而荷上负电，在电场力的作用下，向与各自极性相反的电极驱进，终点是电极，随后在振打力与自身重力的共同作用下克服各种阻力，最终落入灰斗，这是工业上普遍采用的干式负电晕除尘器的荷电粉尘捕集过程（也称收尘过程）。该过程中涉及两个问题：一是荷电粉尘向电极的运动速度大小，这与除尘效率密切相关；二是沉积到电极上的粉尘如何清理，以保证电除尘器长期有效、可靠地工作。

1. 驱进速度的概念

荷电粒子向电极的运动速度称为驱进速度，常用 ω 表示，简单的理论推算如下

$$\omega = \frac{pE_cE_p}{6\pi\mu}\alpha \tag{1-1}$$

式中　p——与粉尘的介电常数有关的数值；

$\quad\quad E_p$——收尘极电场强度；

$\quad\quad E_c$——荷电电场强度；

$\quad\quad \alpha$——粉尘半径；

$\quad\quad \mu$——气体黏度。

式（1-1）表明，驱进速度与电场的结构、烟气的物理性质及电除尘器的操作因素、运行工况等有关，实际应用中，很多条件是在改变或非理想化的，如操作电压有高有低、电场强度在改变、尘粒粒径不单一且形状各异，因而理论上的驱进速度仅仅是一种概念，某个驱进速度值仅代表了在设定的工况与操作条件下经处理后得到的一个总体上的数据。

从驱进速度的概念可知，其与除尘效率密切相关，驱进速度越高，粉尘被捕集得越快，其随气流被带出现场的可能性越小，其形成的空间电荷对电晕电离的影响也越小，除尘效率就越高。著名的多依奇—安德森效率公式揭示了驱进速度与除尘效率之间的关系，即

$$\eta = (1 - e^{-\frac{A}{Q}\omega}) \times 100\% \tag{1-2}$$

式中　η——除尘效率，%；

$\quad\quad Q$——烟气量，m^3/s；

$\quad\quad A$——收尘极板的面积，m^2；

$\quad\quad \omega$——驱进速度，m/s。

驱进速度是电除尘器设计的主要参数之一，也称除尘参量。

影响粉尘驱进速度的因素很多。图 1-8～图 1-13 所示分别为粒径、电场数目、电压与电流、极板间距、收尘面积、粉尘比电阻与驱进速度的大致关系。需要指出，图 1-8～图 1-13 并不是典型曲线，曲线虽然用定量关系表示，但反映的仅仅是一种定性关系。上述曲线有的是通过现场实测后推算而得，有的是通过实验而得，有的则是纯粹从理论上分析而得。由于工况不同、实验手段不同以及理论上的各种简化假设等原因，曲线不能直接应用到现场实际设备上。由于驱进速度 ω 与除尘效率 η 的关系十分紧密，因此对 ω 的分析，实际上是对 η 的分析。

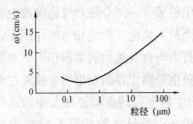

图 1-8　粒径与驱进速度的关系

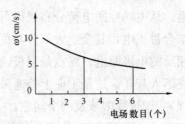

图 1-9　电场数目与驱动速度的关系

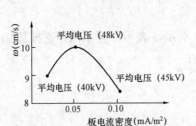

图 1-10　电压、电流与驱进速度的关系

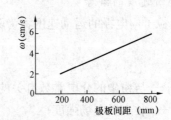

图 1-11　极板间距与驱进速度的关系

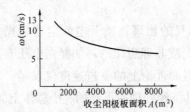

图 1-12　收尘阳极板面积与驱进速度的关系

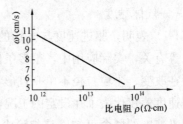

图 1-13　粉尘比电阻与驱进速度的关系

图 1-8 表明，当粒径小于 $1\mu m$ 时，粉尘的驱进速度与粒径成正比；当粒径为 $0.1\sim 1.0\mu m$ 时，粉尘的驱进速度最小。

图 1-9 显示出，当电场数量增多时，粉尘驱进速度减小，对此可粗略理解为各级电场的工况差异大，特别是后级电场粒径普遍较细，故电场数量增多时，其平均驱进速度就要下降。

图 1-10 反映了同一台电除尘器，由于其工况不同，会出现不同的供电电压与电流，这时应根据不同工况选择合理的供电方式，实现高效（即 ω 大）、节能运行。

图 1-11 揭示了在一定范围内，宽间距电场的驱进速度得到提高，如 400mm 同极间距的驱进速度相当于 300mm 同极间距的 1.33 倍。

图 1-12 表明，当集尘面积 A 增大后，ω 逐渐下降并逼近某一值，其原理可理解为随着集尘面积的增大，极间距安装误差增大，体现阴、阳极的最小间距可能变得更小，间距较小的点会增多，而电场的放电则是从最近点开始，电场中的任一点放电都要影响到整个电场，故 $A\uparrow\rightarrow\omega\downarrow$；另一方面，由于安装工艺等的控制，安装误差又必然限制在一定范围内，故 A 增大到一定程度后，ω 就不再明显下降。

图 1-13 表示出了高比电阻粉尘的比电阻 ρ 与驱进速度 ω 的定性关系，ρ 越高，ω 值就

越低，越不利于除尘。

2. 比电阻的概念

荷电粉尘到达电极后，会因其自身导电性能的好坏、粒径的大小、黏附性的高低等不同对电场工作特性产生各种不同的影响，其中衡量粉尘导电性能好坏的参数称为粉尘的比电阻。比电阻是电除尘技术中一个重要概念，也是影响除尘性能的一个极其重要的参数，常用 ρ 表示，其定义式为

$$\rho = \frac{S}{L}R \quad (\Omega \cdot cm)$$ (1-3)

式中 　S——粉尘层单位面积，cm^2；

　　　L——粉尘层单位厚度，cm；

　　　R——粉尘层的电阻值，Ω。

粉尘的比电阻在数值上等于单位面积的粉尘在单位厚度时的电阻值。比电阻的倒数称为电导率。

粉尘的比电阻可以看成是由两个并联的电阻组成，其中一个为体积比电阻，为通过粉尘内部导电（体积导电）呈现的电阻；另一个为表面比电阻，为通过粉尘表面导电呈现的电阻。

粉尘的各类组成成分的导电性能决定了粉尘体积比电阻的大小。温度对组成粉尘的各种物质的导电性能影响显著，当温度较高时，粉尘内传导电流的离子与电子将获得更大的能量，使粉尘层的导电能力升高，体积比电阻下降。

表面导电则是由气体成分中的导电物质与湿度决定的，其机理是烟气中的冷凝物质（在相对较低温度下会凝结结露）在粉尘表面形成了导电层。

烟气温度的变化对比电阻的影响较大，在不同温度下体积导电与表面导电的主次是不同的。

图 1-14 所示为飞灰比电阻与温度的关系，是一条比较典型的燃煤锅炉飞灰比电阻随温度变化的曲线。

由图 1-14 可见，温度较低（低于 100℃ 左右）时，以表面导电为主；温度较高（高于 250℃ 左右）时，以体积导电为主；在 100～250℃ 温度范围内，表面导电与体积导电共同起作用。值得一提的是，最大飞灰比电阻对应的

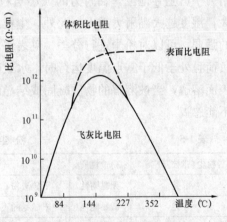

图 1-14　飞灰比电阻与温度的关系

温度，与电站锅炉通常设计的烟气温度较为接近。在降低比电阻的措施中，烟气调质（如加入 SO_3）是为了增加粉尘的表面导电特性，采用高温电除尘技术是因为高温时粉尘的体积比电阻减小。

3. 振打原理及合理的振打制度分析

荷电粉尘达到电极后，在静电力与黏附力的作用下附集在电极上形成一定厚度的粉尘

层，工业电除尘器中通常设计有振打装置，能给电极一个足够大的加速度，在已捕集的粉尘层中产生惯性力，用来克服粉尘层在电极上的附着力，将粉尘层打下来。吸附力中的静电力与电场强度、粉尘层所荷电量及比电阻等因素有关，也就是与电场的二次电压、二次电流密切相关，电场中的电场强度越高，粉尘所荷电量越多，静电力越大。比电阻与静电力关系体现在：①尘粒比电阻较低，尘粒的导电性能良好，荷电尘粒到达电极后会迅速释放电荷，失去电荷，也即失去静电力的定向作用；②当尘粒比电阻较高时，尘粒上的电荷释放就较慢，整个粉尘层具有较多的电荷，粉尘在极板上的吸附力以静电力为主，需要较大的振打力才能将粉尘层振落下来。

实际工程中可发现，一旦电场停电（此时电场强度接近于零），静电力接近消失，此时灰的振打变得非常容易，所以在早期设计的电除尘器中有的采用停电振打。就是在现在，当粉尘比电阻很高而使振打效果很差时，也有人为停运电场进行振打的，这会造成在振打的短暂时刻烟尘大量冒出（如果用多级电场串联，则效率要下降）。目前比较科学的做法是通过电除尘器智能集中控制系统，合理安排降电压振打，将飞灰对效率的影响控制在最小范围内。但作用在粉尘层上的静电力并不总是坏事，如果比电阻很低（如炭黑），尘粒到达电极后循序释放电荷，而尘粒的吸附力又小，则尘粒有可能迅速返回气流中，容易引起二次飞扬，使除尘效率无法保证。国内外的研究还发现，粉尘比电阻较低，而电场的板电流密度又较低时，会出现"木髓球"效应，即荷电尘粒到达电极后被电极弹回，又重新荷电再次弹回的重复过程，同样对除尘不利。

尘粒之间的黏附力包括分子之间的相互作用力、附着水分的毛细黏附力、尘粒接触由于电位差形成的吸附力及尘粒荷电吸附力等作用力，在工业烟尘中，毛细黏附力通常在黏附力中占主导地位。黏附力的大小与粒径及湿度有很大关系，通常是粒径越细黏附力越大，湿度越大黏附力越大；此外，尘粒之间的黏附力还与物料种类等有关。按粉尘黏附性的强弱，可以对粉尘进行分类，见表1-5。当电除尘器停运或电除尘器因炉窑等主设备低负荷且处于低于露点温度运行时，水或硫酸凝结在尘粒之间及尘粒与电极之间，会使尘粒表面溶解，当被溶解的物质凝固或结晶时，就会产生更大的附着力，实际运行中这种情况不能忽视。

表 1-5　　　　　　　　　　　**粉 尘 黏 附 性 分 类**

粉尘黏附性分类	粉尘性质	粉 尘 举 例
Ⅰ类	无黏附性	干矿渣粉、石英粉（干砂）、干黏土
Ⅱ类	微黏附性	未燃尽的飞灰、焦炭粉、干镁粉、干滑石粉、高炉灰、炉料粉
Ⅲ类	中等黏附性	飞灰、泥煤粉、泥煤灰、湿镁粉、金属粉、黄铁矿粉、氧化锌、氧化铅、氧化锡、干水泥、炭黑、干牛奶粉、面粉、锯末
Ⅳ类	强黏附性	潮湿空气中的水泥、石膏粉、雪花石膏粉、熟料灰、钠盐、纤维尘（石棉、棉纤维、毛纤维）

荷电粉尘到达电极后，在静电力、极板表面与尘粒之间黏附力的综合作用下，在极板上形成了一定厚度的尘层，受到振打后，该尘层脱离电极，一部分会在自身重力的作用下落入灰斗，而另外一部分会在下落过程中扬起，重新回到气流中去。已被电极捕捉的粉尘

重回到气流中去称为粉尘的二次飞扬。二次飞扬影响电除尘效率，也无谓地浪费了电能，其在电除尘过程中是不能完全避免的，但又需要努力去控制和减少它，除了设计有利于克服二次飞扬的收尘极结构外，选取一个合理的振打制度也很重要。理论与实践都可证明，让尘层在电极上形成一定厚度后（一般为数毫米）再予以振落，让粉尘呈饼状下落比较合理。很薄的尘层，由于质量小，所需的振打力要大，反而不容易振落，而且薄尘层容易被击碎，引起较大的二次飞扬。

一个合理的振打制度可首先通过理论计算来初步确定。设定极板上的最佳积灰厚度为 σ，极板上积灰均匀，电场总收尘面积为 A，入口粉尘浓度为 C，入口烟气量为 Q，除尘效率为 η，粉尘堆积密度为 r，就可计算出每次振打所需的间隔时间，即

$$T = \frac{\sigma r A}{Q C \eta} \tag{1-4}$$

理论计算往往要通过实际测试来修正。由于工业电除尘器常采用多级电场串联，因此可采用正交试验法来选取整台电除尘器的最佳振打周期，以取得最佳的除尘效果。由于电除尘器工作情况复杂，影响效率的因素很多，故正交试验法得到的最佳振打周期也只能是相对的"最佳"。当电除尘器工况有显著改变时，有必要对振打周期进行观察、调整，最终的评判标准就是看其在相对稳定的工作条件下，能够使电除尘器保持长期高效工作。

电除尘器常为多级电场串联，前级电场的入口烟尘浓度大大高于后级电场的入口浓度，从式（1-4）可知，前者振打间隔时间就比后者少得多。为了更好地克服二次飞扬，减少因振打引起的扬尘直接随烟气逸出的可能，最后两级电场的收尘极（阳极）振打是不同时进行的。由于常规电除尘中放电极（阴极）上粉尘的数量很少，其振打清灰引起的二次飞扬可以不考虑，为了使放电极有足够的电场强度，要求放电极始终保持较好的清洁状态，故阴极振打间隔时间一般较短，且各级电场间隔时间可基本一致。

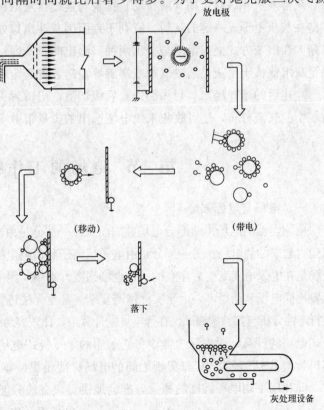

图 1-15 电除尘过程示意图

四、电除尘基本过程

掌握以上电除尘的机理，结合工业电除尘器的具体设备，就能比较全面地了解电除尘器的基本除尘过程，见图 1-15。

电除尘过程由 3 个基本阶段组成：①尘粒荷电；②荷电粉尘向电极移动，即收尘；③清除所捕集的粉尘。

具体过程是，烟气通过进风管道经进口封头进入电场，在进口封头上装有气流分布装置，气流分布装置的作用是使进入电场的烟气流速均匀，使粉尘充分荷电并减少因流速不均引起的效率损失、窜流与二次飞扬。

烟气进入电场后，在高压负电的作用下气体发生电离，粉尘被荷电并被捕集到电极上。由于工业电除尘器采用负电晕，因此放电极带负高压，放电极又称为阴极，它们与阴极框架及高压绝缘装置一起构成阴极系统。极板为正极（又称阳极）且接地，它们成排固定在大梁上，由于粉尘主要由极板吸附，故极板又称为集尘极或收尘极。阴、阳极之间的高压直流电源由整流变压器提供（常用 T/R 表示），其电压等级由阴、阳极之间的距离（称异极距）决定。同极距为 300mm（异极距则为 150mm）的电除尘器选用 60kV 或 66kV 的电压等级，同极距为 400mm 的电除尘器一般采用 72kV 电压等级；整流变压器有几组抽头供运行时按实际需求选取，电压等级是可选取的最高电压。同极距 400mm 是目前最常见的规格。电场串联时，沿烟气前进方向，称为第一，第二，…，第 n 电场，电场串联数一般为 2～5 级。

粉尘被电极吸附后，通过振打使其落入灰斗中。目前常见的振打形式有：顶部传动挠臂锤式振打、侧向传动挠臂锤式振打、顶部机械振打及顶部电磁振打。

灰落入灰斗后有定期（或自动）排灰与连续排灰两种方式。定期（或自动）排灰的优点是在灰斗里形成一定的灰封，有利于克服因灰斗出口处的漏风而引起的二次飞扬和降温结露。在出灰方式上有湿出与干出两种：湿出时，灰通过排灰阀进入冲灰水箱后，由水力冲至灰水池；干出灰是通过气力或螺旋等输送装置送至料仓或灰库。

净化后的烟气经出口封头后进入后级烟道，出口封头处布置气流分布板，不但可改善电场中的气流分布，还可收集末级电场逸出的少量带电粉尘。

第二节　电场的工作特性

一、电场与电场强度

电除尘器的电场由两部分电场叠加而成：一部分是由在电场作用下在电极表面形成的电荷建立起来的静电场；另一部分是由电子、离子和荷电尘粒等空间分布电荷建立的电场，该电场是在电晕电离发生后建立的。在电场强度计算中，因空间分布电荷存在而产生的场强计算要比静电场复杂得多，由于实际情况复杂，甚至无法进行准确的理论计算，目前更多的是进行定性分析与实验室测试。在静电场的计算中，比较容易计算的是在忽略端部影响后的线—管式电场的计算，对电除尘器中普遍采用的线—板式电场的计算就比较复杂，而要精确计算出类似 RS 芒刺线—C 型极板之间的电场强度是很困难的，通常有一种最粗略的表示方法，即利用平均电场强度的概念，准确地讲，该方法只能用于均匀电场的计算。

$$\overline{E}(\text{平均场强}) = \frac{\text{电场设计电压(V)}}{\text{电场异极距(mm)}} \tag{1-5}$$

理想的线—管式的电场中静电场电场强度的计算式如下

$$E_r = \frac{U}{r \ln(b/a)} \tag{1-6}$$

式中　U——施加电压；

　　　a——线半径；

　　　b——管半径；

　　　r——距放电线中心点的距离。

r-E_r 曲线如图 1-16 中曲线 A 所示。

从式（1-6）及图 1-16 中的曲线 A 可以看出：

（1）电压越高，电场强度越强；

（2）线径越细，线表面电场强度越强，尖端放电效应就是这个道理；

（3）放电极处电场强度最强，收尘极处电场强度最弱。

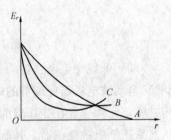

图 1-16　线—管式电场的
电场强度

在电晕电离发生之前，电场中几乎没有空间电荷的存在，故可用静电场来分析电晕刚开始产生时的情况。气体的特性决定了其发生电晕电离时所要达到的电场强度，对不同的放电极结构，要产生电晕电离，就会有不同的起晕电压。

表 1-6 列出了国内几种常见的放电极在常规大气条件下的起晕电压。

表 1-6　　　　　　国内几种常见的放电极在常规大气条件下的起晕电压

序　号	放电极名称	起晕电压（kV）	序　号	放电极名称	起晕电压（kV）
1	星形线	35	6	管状芒刺线	15
2	螺旋线	30	7	十齿芒刺线	15
3	麻花线	30	8	鱼骨针刺线	15
4	锯齿线	20	9	小针刺线	15
5	角钢芒刺线	20			

图 1-16 中曲线 B、曲线 C 分别表示了电晕电离发生后离子与荷电粉尘形成的空间分布电荷对 r-E_r 曲线的影响（电场电压不变时），其对静电场的显著影响是增强了收尘极附近的电场强度，并使整个电场出现均匀化趋向。C 曲线出现谷点，这种影响随着电流载体迁移率[①]的减少而提高，直至严重影响静电场的正常工作（如产生电晕闭塞现象）。从直观上理解，大量负电荷在电场空间的存在，相当于在电场中增加了一个负极，使收尘极附近的电场强度增强而对放电极附近的电场有一定的屏蔽抑制作用，荷电粒子迁移率的减少，增加了空间电荷在电场中的停留时间，总的电荷量增加，影响

[①] 驱进速度 ω 与电场强度 E 之比称为迁移率 K，$K = \dfrac{\omega}{E}$，单位为 $m^2/(V \cdot s)$。其中，电子迁移率 K_e、离子迁移率 K_i 和尘粒迁移率 K_p 分别是 6.6×10^{-2}、2.2×10^{-4}、$5 \times 10^{-7} m^2/(V \cdot s)$。

就增加。

电场的高压电是专门的电除尘器高压供电装置提供的，其一次回路工作原理如图1-17所示。

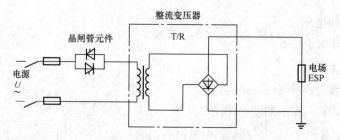

图1-17　高压供电装置一次回路工作原理图

380V低压交流电经过两只反相并联晶闸管及电压自动调整器自动控制，变成了0～380V自动按电场需要调节的电压，并输入到变压器的一次绕组。通常，变压器二次侧高压硅整流元件也放在变压器油箱内，故该变压器称为整流变压器。有的供电装置，整流变压器采用低阻抗变压器，其低压侧需串接电抗器，以增加回路感抗。目前大多采用高阻抗变压器，省略了低压电抗器，增加了回路阻抗（感抗），其目的是为了改善变压器一次侧波形，提高设备抗冲击能力，抑制高频分量；有的整流变压器高压侧有直流扼流线圈，变压器升压整流后输出的高压直流电，其负极通过电除尘器的高压绝缘装置接放电极（电场阴极），其正极必须可靠接地。

二、电场的伏安特性

表示电场中电压与电流的函数关系，称为电场的伏—安（U-I）特性，按照该特性描绘的曲线称为电场U-I特性曲线。运用U-I特性曲线，可直观、形象地体现各种因素下电流和电压的变化规律。为了在电除尘器的安装、验收、运行检查、故障判断及综合分析中更好地应用U-I特性，应掌握各种因素对电场U-I特性的影响规律。

1. 各种因素对电场U-I特性的影响

总体上讲，影响电场U-I特性的因素可分为四大类，即结构因素、烟气性质、粉尘特性及操作因素。图1-18～图1-28从机理出发，定性而直观地给出了各种因素对电场U-I特性的影响。

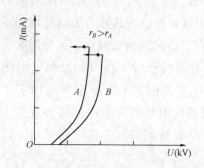

图1-18　放电极半径对伏安特性的影响

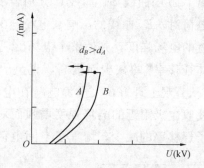

图1-19　极间距对伏安特性的影响

（1）结构因素着重讨论电极尺寸、极间距、极性、电场集尘面积的大小对U-I特性的影响。

1）放电极尺寸的影响：放电极直径增大时，放电极表面电场强度降低，使起晕电压升高，同样电压下电晕电流减少，曲线类似向右平移。

图 1-18 表示了同样极板面积下，不同的放电极半径对应的不同的 U-I 特性曲线（r_A、r_B 分别为对应于曲线 A、B 的放电极半径。箭头表示曲线到此已由电晕电离发展到闪络放电，以下类同）。

2）极间距的影响：如图 1-19 所示，极间距增加后，电场要达到同样的平均场强，势必要增加电极上的电压，间距加宽后电场的空间电荷增多，对放电极的屏蔽作用增强，从而使同样极板面积下的电晕电流减少，由于极间距增大对起晕电压的影响较小，故随着极间距 d 增加，曲线类似向右旋转。

3）正、负电晕的极性效应使正电晕时击穿电压明显下降，见图 1-20。

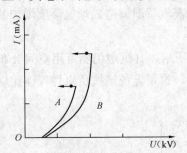

图 1-20　正、负电晕对伏安特性的影响

A—正电晕 U-I 曲线；B—负电晕 U-I 曲线

图 1-21　电场大小对伏安特性的影响

4）电场大小影响：如图 1-21 所示，集尘面积 A 增加后，同样的板电流密度 j〔$j=$ 电场电流 I（mA）/电场总集尘面积 A（m^2）〕下电流必然增加，代表曲线 A 的电场集尘面积大。当电场增大后，安装难度增大，总体安装精度受影响，而任何一点的放电，都会使整个电场的击穿电压下降，击穿电压下降多少，取决于电场总集尘面积及安装过程中的质量，有人提出这之间存在以下关系式

$$U_n = U_1 \frac{1}{b} \ln(n) \tag{1-7}$$

式中　U_1——1 根电晕线上的击穿电压；

　　　n——电晕线根数；

　　　U_n——有 n 根电晕线电场的击穿电压；

　　　b——经验常数。

（2）烟气性质的影响，着重讨论气体压力、温度、湿度变化及气体成分改变与粉尘浓度改变时对 U-I 特性的影响。

1）气体压力、温度变化的影响，见图 1-22。

二者的影响都可从空间分布电荷对电场的影响来理解，当气体的温度 T 增加或压力 p 降低时，气体分子密

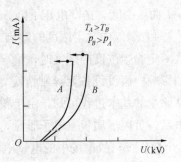

图 1-22　气体压力、温度对伏安特性的影响

度下降，负离子向电极驱进的速度就会因与中性分子碰撞机会的减少而增加，使放电极附近的负离子密度降低，负离子对放电极附近电场的削弱作用减弱，在同样电压下，其电晕电流就要增加；同时，从机理可知，其火花击穿电压要下降，起晕电压略为下降，最大电流也可能下降，曲线 A 代表高温、低压气体工况。

2）气体湿度的变化，见图 1-23。水气分子是一种负电性分子，大于空气分子，与电子碰撞的机会较多，使电子在电场中加速的平均自由行程缩短，使电离不易发展，水气负离子因质量大，其驱进速度小于气体负离子，使得电场空间中负电荷分布密度增加，也使电场更趋均匀，电场击穿电压升高。由此可见，不能想当然地从"粉尘受潮后导电性能增强"来推断"烟气中湿度增加会降低电场等效电阻，而使电压下降、电流增加"。电场的击穿电压与电场均匀性提高后，同样电压下的电流可能略有下降，但电场的最大工作电流得到提高，电场电压、电流的提高对提高除尘效率是很重要的。烟气增湿在冶金、水泥行业的电除尘器中有较多应用，一般窑、炉因水管和蒸汽管泄漏造成烟气湿度增加的情况也不罕见。图 1-23 中曲线 A 对应的湿度小于曲线 B。

3）气体成分改变对 U-I 特性的影响如图 1-24 所示，其机理仍然可用空间分布电荷的影响来解释，由于气体成分复杂，不可能一一讨论，这里笼统地按负电性气体比例的多少来讨论。

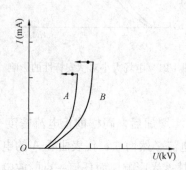

图 1-23　气体湿度对伏安特性的影响　　图 1-24　气体成分和含尘浓度对伏安特性的影响

图 1-24 中曲线 A 对应负电性气体成分较少，曲线 B 代表普通空气。负电性气体特点已于第一节中阐述，负电性气体分子成分减少，使得电子与中性分子结合成负离子的可能性减少，由于电子迁移率远大于离子迁移率，使得整个空间分布电荷数量减少，从而使 U-I 曲线变陡，击穿电压下降。

4）烟气中含尘浓度的影响。在这以前讨论的均是空载电场的 U-I 特性，当电场中通入一定粉尘浓度的烟气时，情况就更加复杂，这里只考虑荷电粉尘的空间效应对 U-I 特性的影响。假设设备无异常情况，电极上也是干净的（正常运行中实际不可能非常干净），从除尘的基本过程可知，由于粉尘与负离子结合，才使粉尘被电场力捕捉。由于荷电粉尘电量＞负离子质量＞电子质量，因此三者的迁移率 K_P＜K_I＜K_C，其中 K_P 可比 K_I 小 2～3 个数量级，故电场中的电晕电流虽以离子传递为主，由于荷电粉尘传送的电流不大，但其形成的空间电荷密度却很大，使得电场空间电荷密度提高了一个数量级。当烟气中的粉尘浓度达到一定值时，空间电荷密度的影响会达到使电晕电流几乎为零的地步，这种因粉尘浓度过大而引起电晕电流几乎无法产生的现象称为"电晕封闭"。一旦出现电晕封闭现象，电晕功率会大幅度下降，除尘效率也将恶化，作个形象比喻，此时就像一个汽车站发车太多（荷电粉尘浓度高），以致交通堵塞（电流接近于零），实际运输能力（除尘效率）大幅度下降。

图 1-24 揭示了因电场中介质不同而引起的 $U\text{-}I$ 特性变化规律，曲线 A、B、C 分别代表介质为负电性气体较少的气体、自然界的空气与工业烟气时的电场 $U\text{-}I$ 特性，此曲线可以给我们两点提示：

① 能够帮助我们理解 JB/T 6407《电除尘器设计、调试、运行、维护　安全技术规范》附录 A 中提出的国内电除尘安装后的空载升压试验为什么需要采用双电源并联对电场供电。由于供电装置的参数（电压、电流）是按实际工况考虑的，即对应于曲线 C，而检验电除尘器电场安装质量的重要考核指标为空载时的击穿电压，对应于曲线 B 中的击穿电压 U'_B。从图 1-24 可看到，要达到这个电压，按照 $U\text{-}I$ 特性曲线，需要的 I'_B 其值要比工况下击穿电压 U'_C 对应的 I'_C 大 1 倍左右，即 $I'_B = 2I'_C$。由于电源设计是参照 I'_C 值并略留有余地，故在空载升压试验时会因电流所限电压无法达到 U_B，需要两套供电装置并联工作才能提供曲线 B 中达到 U'_B 所需的电流 I'_B。

② 结合 1）～4）的讨论，可以推导出电场的一个重要工作特性，即在正常情况下，当电压不变时，电晕电流的变化主要是受自身空间电荷的限制，而与外回路电阻关系不大。

（3）粉尘特性对 $U\text{-}I$ 特性的影响是较为显著的，这里着重讨论对电除尘器特性有着重大影响的粉尘比电阻对 $U\text{-}I$ 特性的影响。

从电除尘器对粉尘的适应性出发，$\rho < 10^4\,\Omega\cdot cm$ 的粉尘称为低比电阻粉尘，$\rho > 10^{11}\,\Omega\cdot cm$ 的粉尘称为高比电阻粉尘（有时将 $\rho > 10^{12}\,\Omega\cdot cm$ 的粉尘称为高比电阻粉尘），ρ 为 $10^4 \sim 10^{11}\,\Omega\cdot cm$ 的粉尘称为中比电阻粉尘，中比电阻粉尘特性比较适应电除尘器。高、中、低比电阻粉尘对应的 $U\text{-}I$ 特性曲线见图1-25。

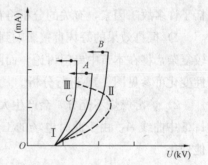

图 1-25　粉尘比电阻对伏安特性的影响

低比电阻粉尘到达收尘极后能迅速放电，难以形成对电场产生影响的荷电尘层，故电流较大、曲线较陡（见图 1-25 中曲线 A）。中比电阻粉尘 $U\text{-}I$ 特性曲线见图 1-25 中曲线 B。高比电阻粉尘 $U\text{-}I$ 特性曲线见图 1-25 中曲线 C。板电流密度较小时（通常此时板电流密度要比设计值小得多）的 Ⅰ-Ⅱ 段可称为反电晕的初始现象（通常不看作是反电晕），其机理是这些高比电阻粉尘在收尘极放电困难，也难脱离收尘极，其形成的尘层电阻大，使后续荷电粒子放电更困难，造成尘层表面有较密的负电荷分布；它们排斥荷电尘粒向收尘板靠拢，并对电场产生抑制效果，在同样的电压下电晕电流明显下降。

Ⅰ-Ⅲ 曲线的延长线表现了完全的反电晕现象，其间有过渡曲线 Ⅱ-Ⅲ 线。反电晕机理为：粉尘层可用电阻和电容并联组成的等效电路来模拟。静态分析，当板电流密度为 j 的电流通过厚度为 δ 的尘层到达极板时，会在尘层上产生 $\Delta U = j\rho\delta\,(V)$ 的电压降，当 j 达到一定数值时（对应曲线 C 的Ⅲ点），因 ρ 值高，尘层间的电压可高至使尘层孔隙内的气体被击穿（尘层内气体击穿强度与粉尘粒度、粉尘和气体的成分等有关，工业烟尘的击穿强度一般为 10～20kV/cm）。

动态分析要考虑到电容有一个充电过程，使尘层加上 ΔU 的电压值需要较充电周期大得多的时间，所以有可能通过控制输入来避免完全反电晕现象的出现。反电晕发生后，极板的尘层处就产生类似于放电极附近发生的电晕电离，在黑暗中可观察到由反电晕引起的收尘极尘层表面出现的漫射光或众多的电晕光点。反电晕出现后，电压迅速下降而电流上升，曲线很快从Ⅱ点过渡到Ⅲ点，并很快发生击穿。反电晕出现时电流增大的原因是，此时放电极与收尘极处均出现电晕电离，使电荷载体增加，并且反电晕产生的大量正离子与电场中的负电荷中和，使空间电荷效应减弱。击穿电压降低的原因，一方面是反电晕区域的存在相当于缩短了异极间距（在电晕电离区域气体是导电的），另一方面是反电晕使原空间负电荷效应带来的电场均匀性减弱。反电晕发生后，正离子首先会将已接近收尘板的粉尘上的负电荷中和，使其失去带电性，甚至使其带上正电向放电极移动再去中和别的负电荷，也会在向放电极驱进过程中与大量用来除尘的负离子复合，从而使得除尘效率严重下降。此时，电场的功耗中有一部分起于除尘不利的作用，真正用于除尘的电晕功率大幅度下降。对烟气进行调质，目的是为了降低烟气中粉尘的比电阻，使其符合电除尘器的要求。

（4）操作因素对 $U\text{-}I$ 特性的影响。操作因素是指在设备的运行维护中可操作改变的因素，这里分别讨论振打效果、炉窑燃烧情况、漏风与偏流对 $U\text{-}I$ 特性的影响。操作因素包括了许多故障因素，有关的分析将在以后的章节中进行。

1）振打效果的好坏直接影响到电极上的积灰程度。收尘极上积灰对 $U\text{-}I$ 特性的影响较复杂，将在本节中专门讨论，而阴极线上积灰严重，相当于增大放电极的线径。$U\text{-}I$ 特性变化可参见图 1-18 进行分析。

2）炉窑燃烧不充分，会产生大量未燃尽的低比电阻的炭粒，其总体变化趋势参照图 1-25 中曲线 A。由于此时电场的工况更加复杂，相互影响的因素更多，因此也可能有其他变化。

3）漏风与偏流不严重时，从 $U\text{-}I$ 特性曲线上看不出有什么变化。严重的漏风可能出现以下两种情况而改变电场的 $U\text{-}I$ 特性。

① 引起电场局部低温结露而产生爬电，又可称为电场不完全短路。电场相当于一个有一定击穿电压的电阻，其短路前、后的电阻 $U\text{-}I$ 特性见图 1-26 中曲线 A 与曲线 B。

② 如果没出现结露但漏风很严重且比较均匀，则由于漏风引起粉尘浓度的减少会使 $U\text{-}I$ 特性曲线变陡，此时 $U\text{-}I$ 特性曲线处于图 1-24 中的 A、B 之间。

严重的偏流可能使电极产生过度晃动，异极间距改变，类似曲线在图 1-19 中的 A、B 曲线之间跳动，击穿电压随之改变，偏流还可能造成烟气流速低处粉尘捕

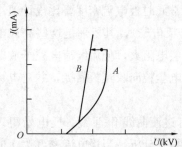

图 1-26 电场不完全短路时的伏安特性

集量增多，局部积灰严重使击穿电压下降。

其实，影响电场 $U\text{-}I$ 特性的诸多因素也互相关联，在许多方面互相促进或制约，互为因果，可以反电晕为例说明（见图1-27）。

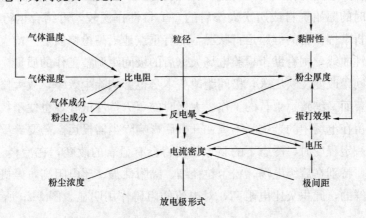

图 1-27　反电晕现象的因果关系

（箭头表示互相之间有比较直接的因果关系）

图1-27充分反映了电除尘器工作情况的复杂性，在分析电除尘器工作情况时，要立足于电除尘器的机理，考虑诸多因素，分层次、分程度地抓住主导关系进行综合分析。

2. $U\text{-}I$ 特性在实际中的应用

（1）冷态下电场设备状况分析。

1）判定电除尘器内件（即电场）安装质量。电除尘器空载通电升压试验是目前检测电场安装质量的重要手段，由于电场极间距的保证对今后电除尘器长期高效运行至关重要，因此现场试验已成为国内外电除尘器设备分步验收中的一个必不可少的环节。标准 JB/T 6407 的附录 A 中对该试验作了具体规定。

通过机理分析，以下尝试通过一组 $U\text{-}I$ 特性曲线（见图1-28）来定性分析安装中出现的一些问题。

图1-28中，曲线1为安装质量良好的电场的 $U\text{-}I$ 特性曲线，有大的电流与电压。

曲线2说明放电极中心与极板中心严重错位，造成放电不均、电流下降。

曲线3为部分异极间距偏小，使击穿电压下降，虽然在同样的电压下电流较大，但因击穿电压下降，最大电流反而较小（$I_3 < I_1$）。

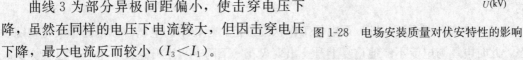

图 1-28　电场安装质量对伏安特性的影响

曲线4为个别异极间距严重偏小，在其未影响到电场放电时，$U\text{-}I$ 特性沿着曲线1变化，直至电压达到缩小后的异极间距的击穿电压时，突然出现火花，故其击穿电压低，I_4 较小。

曲线5可解释为特殊情况，如大量芒刺脱落，或因为异极中心距没保证而在大范围内通过改变芒刺位置或芒刺两尖端距离来片面追求高击穿电压的情况。以上只是从理论上对假设的几种情况通过机理分析后得出的结论，有待于在实践中论证、丰富和完善。

2）指导电除尘器设备大修。在设备大修前，记录电极积灰已清除的电场的 U-I 特性曲线，与安装时的原始资料或历次大修后的 U-I 特性作比较，再结合运行、检修有关记录，有利于分析掌握设备的健康运行状况，能有重点地提高检修质量。待大修结束后，再作一次 U-I 特性曲线，则有助于检验电场大修后的极间距调整工作的质量。电场中的很多问题会通过极间距改变反映出来，极间距改变本身也影响除尘效率，故大修中的极间距调整是一项很重要而又细致、艰苦的工作。大修时的 U-I 特性试验，也便于找出在大修中通过各种途径遗留在电场中的杂物，不致在开机后影响除尘器投运。需要着重指出的是，当电极不清洁到一定程度时，冷态下的 U-I 特性将会有显著的改变，在冶金、水泥、电力、化工等行业中，特别在后级电场，粉尘粒径细、黏附性强、比电阻高，停机后积灰严重的情况是屡见不鲜的，此积灰比电阻高，对电流的阻碍作用明显。图 1-29 所示为一组实测的 U-I 曲线。

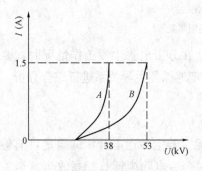

图 1-29　电极积灰对空载
伏安特性的影响

图 1-29 中，曲线 A 为清洁电极冷态下的空载 U-I 曲线；曲线 B 为电极积灰严重时冷态下的空载 U-I 曲线。单电源容量为 1.5A，此时单电源升压的电压 53kV 就已超过了其安装时所测的击穿电压（52kV），由此可见，如果只追求电压就会产生偏见。

3）掌握电除尘器设备老化、性能下降情况。电除尘器运行一定年限后，不可避免地要出现设备老化、性能下降现象，如放电极尖端钝化甚至球化，芒刺脱落，极线弯曲、松动，框架变形、扭位，极板移位、弯曲变形、锈蚀、积垢等，都会影响到电除尘器的性能，也会在 U-I 特性上反映出来。随着电除尘器的大型化，对设备的全面、直观检查变得越来越费时、费力，有时质量还不能保证。对电除尘器进行定期的效率测试，虽然数据直接、可靠，但也有其局限性，不仅需要花费较多的人力、物力，而且测试结果与煤种、燃烧水平、工况及电除尘器运行状况等因素有关，不能完全反映电除尘器真正的内在问题。所以，通过仔细分析电场的 U-I 特性及其发展变化趋势来帮助预计设备性能下降情况及设备可使用年限，应该是一种比较科学的手段，也与日益严格的环保要求相适应，而这有待于我们进一步开展开创性的工作。

（2）热态（即运行状态）下电场工作状况分析。运行中的电场一般都处于火花跟踪状态，此时电压与电流不停地重复上升→出现火花→下降→再上升这样一个基本过程。实践中可体会到：在正常运行中，要人为准确地描绘出其 U-I 特性是有一定困难的（在计算机控制中则有这个功能），原因是多方面的（如人手速度来不及，指针随时在摆动、读不准，通过分段升压不但影响电场正常工作，且由于电场有随时可能影响 U-I 特性的因素存在，再加上闪络的扰动，也只能大致描绘出 U-I 曲线），故对正常运行的设备，常根据 U-I 特性有相同的变化规律，通过观察最高运行电压及其对应的电流值来代替 U-I 特性曲线并进行分析。这里仅以燃煤电厂的电除尘器为例对电场的一般工作状况进行分析，涉及故障或异常情况则在后面的章节中展开讨论。

1) 机组负荷增加，如投粉量增加或因煤的灰分增加，使烟气中的粉尘浓度增高、电流下降，U-I 特性曲线变得平坦。不少电厂为防止未燃尽油雾对电极的污染，在电除尘器的运行规程中对燃料中的重油成分达到多少时要停电场作了规定，由锅炉运行操作人员或值班长通知执行，但或多或少会出现漏通知现象，使该投电场时没投，该停电场时却没停。如果电除尘器值班人员掌握以上特性，发现 U-I 曲线明显变陡，就可判别出负荷正在减少，做到心中有数，及时采取必要的措施，避免违反规程的现象出现。

2) 多级电场串联的电除尘器，其各级电场的 U-I 特性是各不相同的，引起 U-I 特性各不相同的主要原因是各级电场粉尘浓度不同引起的空间分布电荷的改变。从机理可分析出，电场工作正常时，后级电场电流总大于前级电场电流；电压则不一定，要视烟气粉尘浓度、粉尘比电阻、振打效果等确定，但较后级电场（如三电场电除尘器中的第三电场、五电场电除尘器中的第四、第五电场）可能因为处于轻载（或接近于空载）状态，其电压受到电源容量的限制而升不高，从而比正常运行的前级电场低，这并不说明该电场运行参数差，反过来说明该电除尘器性能良好，前面几级电场已达到很高的除尘效率。掌握这个规律具有一定的实际意义：例如，五电场串联的电除尘器，当第四电场的 U-I 特性已接近空载特性时，说明四电场除尘效率已相当好，在保证设计除尘效率的前提下，可考虑停运一个电场以节约电能；又如，当后级电场电流明显下降闪络频繁、U-I 特性曲线变平坦时，排除了电源可能引起的原因（如假闪），基本上可得到后级电场电极上积灰严重的结论。华东电网大范围内的普查结果证实，燃煤电厂后级电场因粉尘粒径细、黏附力强、比电阻高等原因，积灰严重情况还是比较常见的。

3) 了解电场的一般工作状况同样能够对运行中的异常情况（如反电晕、电晕封闭）进行分析，详见有关章节。

分析热态下电场的 U-I 特性时要注意两点：一是作比较的曲线时要尽量处于相同的工况下；二是要注意在电除尘器处于稳定运行的情况下，主要是电极上的积灰程度要达到稳定，如刚检修完的电场，电极比较干净，参数往往较高，但投运一段时间后，参数要略为下降并趋向稳定。通过现场对 U-I 特性的观察，U-I 特性达到稳定的时间从几天到十几天，甚至数十天不等。

三、电场的火花放电

1. "火花放电" 的概念

"火花放电" 一词，在本章第一节 "一、气体的电离" 中借助于气体电离曲线已简单提及，在《除尘器 术语》中的定义为 "由于分隔两端子的空气或其他电介质材料突然被击穿，引起带有瞬间闪光的短暂放电现象"。其特点一是 "短暂放电"，在放电瞬间（或极短时间内）电流迅速增加而电压下降；二是 "自灭，即该火花如果及时进行适当控制，能够自灭，而不至于向电弧过渡"。"电弧放电" 的定义为 "火花放电之后，电场强度继续升高，直至出现贯穿整个电场间隙的持续放电现象。发生火花放电时电流密度很大，并伴有高温和强光"。从气体导电现象分析，一种属于高压导电，这种导电几乎全部依靠气体分子电离所产生的离子与电子来传送电流，电晕电离属于这种导电，其结果产生大量满足除尘需要的离子；另一种属于低电压导电，即借助于放电极所产生的电子或离子来传递电流，气体本身并不起传送电流的作用，电弧放电属于这一类导电，而火花就是电晕电离与产生电弧（拉弧）之间的一个过渡过程。

借助于计算机等先进设备，人们对火花的认识越来越深入，提出了用"抽丝"、"火花"、"闪络"、"拉弧" 4 个概念来表示电场放电从弱到强的 4 个阶段。"抽丝"是偶发的轻微放电，像一闪而过的火丝，此时电压没有明显下降，电流上升也不易察觉，它有助于烟气的电离和粉尘的荷电，无害于电极，不必抑制，但观察困难。"火花"发生时瞬间已有明显的电压降低、电流升高情况，并伴有明亮的闪光或喷溅的火星或响声，数量不多的火花往往也有益无害，但要适当控制其频度，防止其转变成闪络或拉弧。"闪络"为连发的大火花，除闪光外，常伴有劈劈啪啪的响声，密集于一处的闪络会烧坏电极，对整流变压器产生冲击；电能消耗于闪络上无助于除尘，但闪络对一些难以清除的灰有一定的辅助清灰作用，此时会有连续的电压降低、电流增大的情况，变化幅度也大。"闪络"严重时就过渡到"拉弧"，此时将有低电压、大电流现象出现，时间一长就能将极线烧断，在极板上烧出洞来。

从气体电离曲线及以上分析可知，电晕电离的极限是出现火花，而火花以后的严重闪络与拉弧是实际中不希望发生的。当电场出现严重闪络与拉弧时，说明电场已被击穿，实际中必须尽量避免这种情况。电场击穿电压受到很多因素的影响，其变化曲线是一条随时间变化的、不可预知的电压曲线，目前普遍采用"火花自动跟踪原理"，就是通过识别火花，实现一条尽可能接近击穿电压的工作电压曲线，以达到最大的电晕功率输出，取得最好的除尘效率。"闪络"与"火花"较难区别，在目前的电除尘器应用中，"火花"与"闪络"几乎是等同词，不少供电装置上有"闪络指示灯"来反映装置火花检测情况。需要指出的是，由于晶闸管元件的迅速反应与供电装置表计指示的惯性作用，人们肉眼往往无法从表计观察到电场产生火花瞬间的电压下降、电流上升现象，除非供电装置反应比较迟钝或电压自动调整器对火花的处理不适当，使电场出现了严重闪络甚至拉弧。

2. 火花放电的三大准则

以上讨论以烟气作为介质的电场的 U-I 特性及其击穿电压时，基本上只论及荷电粉尘的空间分布效应，且假设备电极是清洁的。考虑电极（主要是收尘极）上的积灰后，电场中火花的产生变得更为复杂，"火花放电三大准则"则提供了这方面的分析思路。实际上，只有考虑了电极上积灰情况的 U-I 特性分析才更具实际意义。

（1）火花放电第一准则：如果尘层的比电阻不高，且尘层上的电压降较低，则此时 U-I 特性曲线的变化及火花电压的高低可按异极间距缩短考虑，见图 1-30。

按照这个准则，设极板清洁时的 U-I 特性为曲线 1，火花电压为 U_o。极板上积有厚度为 d 的灰尘时的 U-I 特性为曲线 2，火花电压为 U_p。两者的火花电压差为

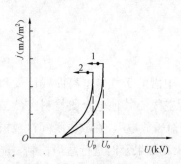

图 1-30　粉尘比电阻较低时，极板积灰对伏安特性的影响

$$\Delta U = U_p - U_o$$

其中

$$U_p = U_d + j\rho d$$

式中 U_d——异极间距减少了 d 以后的火花电压；

  j——电流密度；

  ρ——比电阻；

  d——积灰厚度。

可设

$$U_d = U_o - \overline{E}d \qquad (1-8)$$

则

$$\Delta U = j\rho d - \overline{E}d \qquad (1-9)$$

式中 $\overline{E}$——电场强度。

按照目前工业电除尘器的实际情况，假设 $E=4\text{kV/cm}$，而电流密度一般在 0.4mA/ m^2 左右，考虑到积灰的不均匀性及放电不均匀性，这里 j 按 1.0mA/m^2 计算，当尘层厚度为 0.5cm、ρ 在 $10^4 \sim 10^{10}\,\Omega \cdot \text{cm}$ 之间变化时，ΔU 值可按式（1-9）计算得为 $-1.5 \sim -2\text{kV}$，即电场的火花电压较清洁板时下降了 $1.5 \sim 2\text{kV}$。

（2）火花放电第二准则：如尘层比电阻较高，则尘层上会有较大的电压降，当电场电压达到 U_o 时，放电极到尘层表面的电压还不到产生火花的电压 U_d，但当电压升高到 U_p，且电流密度同步上升至尘层上的电压降达到一定时，尘层中的气体被击穿（可认为导通），击穿后电场电压全部加到放电极与尘层之间，由于 $U_p > U_d$，此时火花就产生。一般工业烟尘的击穿电场强度为 $10 \sim 20\text{kV/cm}$。图 1-31 中曲线 1 为极板清洁时 $U\text{-}I$ 特性曲线，曲线 2、3 分别为尘层击穿前、后的 $U\text{-}I$ 特性曲线，$\rho = 10^{11}\,\Omega \cdot \text{cm}$，$j = 1\text{mA/m}^2$，尘层间的电场强度 $E_p = j\rho = 10\text{kV/cm}$，粉尘击穿瞬间电压 $U_p = U_d + j\rho d = U_d + 5\text{kV}$。

$\Delta U = 5\text{kV}$，即此时电场的火花电压较极板清洁时提高了 5kV。按此准则分析，当比电阻较高时，火花击穿电压会提高，提高值取决于粉尘的比电阻、粉尘厚度、板电流密度及粉尘层的击穿强度。

（3）火花放电第三准则：当比电阻很高时，即使在较低电压下产生的小电流密度也能使粉尘层的电压达到使尘层击穿的程度，此时出现反电晕现象，不仅尘层会被击穿，使极间距缩短，而且反电晕不断向放电极方向释放正离子的效应相当于使阴、阳极更加接近，这样，在远低于清洁电极火花发生电压值的情况下，火花就会产生，如图 1-32 所示，曲线 1 为极板清洁时的 $U\text{-}I$ 特性曲线，曲线 2 为出现反电晕时的 $U\text{-}I$ 特性曲线。

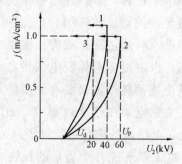

图 1-31 粉尘比电阻较高时，
极板结灰对伏安特性的影响

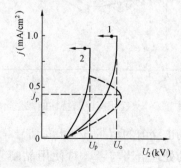

图 1-32 粉尘比电阻很高时，
极板结灰对伏安特性的影响

取 $\rho = 10^{12}\,\Omega \cdot cm$，则当 $j = 0.1\,mA/m^2$ 时，尘层被击穿，产生反电晕，此时 $U\text{-}I$ 特性曲线变得很陡，随着电压继续升高，电流迅速增加，电极间很快出现火花，此时 U_p 明显比 U_o 小。

"火花放电"是电场 $U\text{-}I$ 特性的最高阶段，凡是影响到 $U\text{-}I$ 特性的各种因素都会对它产生影响。以上讨论是在假设放电极清洁的情况下进行的，电除尘器的有关机理及类似于以上的方法也可用到放电极积灰的分析上。在实际分析中，还要综合考虑其他情况：如很细的高比电阻粉尘（如电站后级电场捕集的粉尘）有时具有类似固体绝缘物的作用，使其尘层击穿场强比通常情况明显要高；尘层堆积在极板上的不均匀性的影响；各种不同电极配置下板电流密度数值与均匀性不同。供电装置的有关特性对"火花放电"也会产生重大影响，如特定情况下采用定电流控制，则电场几乎不产生火花，提高电压上升率或降低下降率会使火花（闪络）趋于频繁。如果对火花的识别过于灵敏，就会产生频繁的"假闪"现象，同样也可能出现"假拉弧"的情况，装置的有关环节抗干扰能力差也容易产生假闪现象；反之，当火花识别的灵敏度迟钝或对火花的抑制处理太弱，火花的强度就增大，甚至在表计上出现肉眼可观察到的瞬间电流上冲电压下跌的情况，这时电场已发生严重闪络甚至拉弧。电场中各种异常情况对"火花放电"的影响也是明显的，极线脱落或断线后在电场中摇摆，会使电场闪络极不规则，火花电压忽高忽低，电流冲击大；当击穿发生在极板变形、框架扭位处时，不仅击穿电压下降，而且会产生大的冲击电流，可能产生低电压击穿。总之，"火花放电"现象与电场的 $U\text{-}I$ 特性一样，其影响因素很多，不能简单地论电压高低、电流大小，而要立足于机理进行综合分析。

3. 火花的检测与处理原理

火花的准确检测与处理，是电除尘器供电装置自动控制技术的关键。一台设备性能优良的电除尘器（对应于电除尘器供电装置，又称为电除尘器本体设备），如果没有好的供电装置与之配套，同样达不到最佳的除尘效率。从电场的工作特性可知，欲使电场达到最高效率，希望电场能有最大的电晕功率，也就是要求供电装置输出的电压能随时逼近电场本身的击穿电压曲线（见图 1-33）越逼近击穿电压、控制水平越高，而一旦因各种扰动电场出现不可避免的闪络或拉弧引起电流冲击时，供电装置能够及时通过降低或停止输出来抑制闪络与熄弧，以防损坏本体及电气设备，以减少不必要的电能消耗，但又要在介质恢复时能迅速恢复正常供电。在这个过程中，如何准确检测出电场击穿前的预兆——火花信号，以及根据火花上所载的信息进行处理是关键所在。

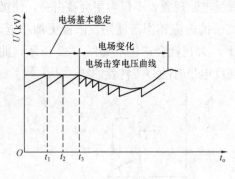

图 1-33 火花跟踪控制特性曲线

对火花的处理恰当与否，对使用晶闸管自动控制的装置来说有个通常的说法（见图 1-34），就是要在 1~2 个半波内将冲击电流降下来，图 1-34（a）所示的处理是合适的，图 1-34（b）所示方法的闪络灵敏度迟钝或处理太弱，出现了 2~3 个冲击电流波，图 1-34

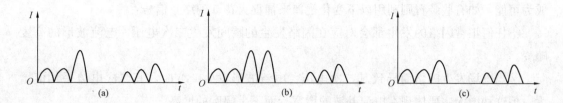

图 1-34　不同灵敏度下的二次电流波形

（a）闪络灵敏度合适的二次电流波形；（b）闪络灵敏度迟钝或处理太弱时的二次
电流波形；（c）闪络灵敏度太高时的二次电流波形

（c）所示方法则闪络灵敏度太高，在供电装置降低输出前电场并没有闪络引起的冲击电流。

（1）火花检测原理。当电场出现火花时，供电装置中的一次电压、二次电压、一次电流、二次电流都会改变。综观我国最普遍采用的电除尘器晶闸管自动装置中的有关电路设计，大致有以下几种检测电场火花的方法，其原理如下：

1）按火花（闪络）发生时一次电流的增大来检测。在电场产生火花（闪络的第一个半波中二次电流有一个突变，其幅值一般可增大几倍到十几倍，具体用示波器观察时，与其精度及所选择频率有关，实际的火花电流包含了许多谐波分量，各分量的幅度各不相同），反映到供电装置的一次侧，一次电流也会有较大增加，这种检测回路相比之下最为简单，在早期的电路及控制要求不高的电除尘器上应用较多。但从原理分析与实践都证实，该原理的控制精度较低，因为电场是供点装置二次侧的负荷，经过整流变压器及有关回路后的信号会产生延时及失真，而且在电场发生闪络时，通常大部分能量不是由整流变压器传送，而是由电场等效电容供给。有关资料指出，电容中储存的能量比供电装置中的一个半波提供的能量要大 10 倍左右，故一次侧电流不能完全及时反映二次侧电场的火花电流。在实际投运的应用这类火花检测原理的装置上发现，其平均电晕功率较低，而且指针有时两边倒（即电压指示瞬间下跌而电流表指针上冲）现象，表明由于火花控制不及时，电场实际上已出现了严重的本可避免的闪络（由于电场中影响 U-I 特性的突发性因素较多，偶而严重闪络、拉弧也是难免的）。

2）按二次电流信号达到一定幅值来检测。为了更好地检测出火花与拉弧信号，通过对电流波形的频谱分析，发现在一般过流、火花（闪络）及拉弧三种信号中，火花（闪络）电流含有较多的高次谐波，电弧其次，一般性的过流则以基波为主，所以还通过 R、L、C 电路对各种信号进行分频，这是目前普遍采用的检测方法。

3）按二次电压的下降幅值来识别火花（闪络）。飞弧检测器就是利用这个原理，一旦电场出现火花（闪络），则二次电压将有下降趋势，经过与设定值（可以是动态跟踪值，即某一段时间内的平均值）比较，同时结合电流过流来协助判定火花（闪络）的发生。

4）根据对火花（闪络）发生时电场的电压、电流波形及电场动态阻抗变化规律的研究综合分析判断来检测火花（闪络）。计算机（微机）在电除尘器供电装置中的应用使之成为可能，如有些装置则利用以下变化规律来捕捉火花（闪络）信号：

①任何正常闪络的发生都会对应在闪络发生的瞬间发生二次电压、电流波形的高度畸变。

②当电场发生闪络而导致其二次电压、电流波形发生畸变时，其二次电流平均值增大，但这种增大主要体现在电流基波的增宽，而不是幅度的增高。

③对应电场发生闪络的瞬间，其二次电压波形骤然下跌到零电位，使其平均值比正常工作电压低。

④只有当闪络发生在正弦波上升沿，导通角较大，其负载电流也较大时，才会使二次电流发生高频畸变时的二次电流基波幅度增高。任何未能识别和处理的闪络，都会在其发生后的下一个波出现二次电流基流幅度的提高，但此时的二次电流不出现高频畸变。也有些装置，在电场动态阻抗控制原理指导下，软、硬件结合，通过同时对二次电压、电流的分析，采用检测电平的动态跟踪等手段，来对火花能级进行准确分析与微火花信息的及时捕捉。

总的来说，随着对电除尘器的火花机理的深入研究，所拥有技术设备与研究手段的不断改进，预计今后将会有新的火花检测方法出现。

（2）火花的处理原理。火花的处理方法随电除尘器高压供电技术的进步而不断改进，截至目前，电除尘器电场直流高压一直通过调节低压侧交流电压来改变，所以对火花的处理也就成了如何按照火花出现时的有关信号来控制低压侧交流电压。在没有自动控制装置以前，手动调节交流侧的电压要考虑到使电场工作电压确保在低于电场击穿电压的条件下运行，否则要面临电源中断、电气及本体装置受损的危险。由于电场工况变化大，该方法的麻烦与电晕功率之低可想而知。20 世纪 50 年代采用磁饱和电抗器作调压元件，用磁放大器作自控元件，只能通过对交流侧电流的限制来达到限制电场火花发展的目的，故实际上是一种限电流控制，整个控制系统时间常数大、对信号的反应缓慢、检测精度低。20 世纪 60 年代沿用至今的晶闸管高压供电装置，其调压特性较为理想，其传统的火花处理方法是当电压自动控制装置检测到火花信号后，通过关闭晶闸管 1～2 个频率周期，并在这段时间内使恢复供电时的起始电压从火花发生时的数值按一定速度下降，以利于介质的恢复及避免频繁连续的火花出现。随着认识的提高及实际的需要，20 世纪 80 年代提出的新的观点如下：

1）供电装置的输出电流有一个过零点，电场中烟气的流动都有利于介质强度的恢复。电流过零后，介质绝缘强度基本恢复，火花越小，过零后介质恢复的程度越快，故出现火花不一定关闭电源，而电压恢复水平也要视火花大小而定。

2）对那些实际中经常碰到的较高比电阻的粉尘，火花会产生"电风"。适量的火花既有利于克服因比电阻高而带来的积灰难清除的问题，也不会对电极产生危害，因为高比电阻粉尘虽然容易引起频繁火花，但其火花强度却不高，这些观点在不少装置中已采用。计算机技术在控制装置中的应用在具体处理上具有比模拟电子线路更大的灵活性。

第三节 除尘效率的设计与保证

一、除尘效率的设计与计算

除尘效率的设计，是电除尘器设计中最主要、难度最大的设计，因为影响除尘效率的因素太多。设计的理论指导有多依奇从理论上推导，也有由安德森从实验上论证的效率公式 $\eta=1-e^{-\omega A/Q}$。分析此式可知，式中 η、A、Q、ω 4 个参数中，效率 η 是用户要求的，烟气量 Q 是由工艺要求决定的，这样，总集尘面积 A 与驱进速度 ω 就有了直接的关系，确定了驱进速度 ω，也就确定了总集尘面积 A。所以说，除尘效率的设计实际上就是驱进速度的选取。由于驱进速度与烟气的成分、温度、湿度、含尘浓度、粉尘的成分、粒径分布、比电阻、烟气流速、气流分布、电极构造、荷电条件及运行状况等因素有关，因此单纯从理论上来计算驱进速度是非常困难且很不可靠的。设计中的驱进速度称为有效驱进速度（又称除尘量），此值是通过式（1-2）倒推出来的。当前电除尘器驱进速度（以及其他主要设计参数）的选择主要有以下几种方法。

（1）类比法：当煤质、烟气特性、锅炉负荷及运行方式等各个条件都和已有运行的设备相符时，直接引用现有除尘器测定的数据。这是最理想的情况，但这种机会极少。当煤、灰等主要条件相同时，可对其他相异部分加以修正，但这种机会也不是很多。

（2）经验公式、曲线法：根据大量运行数据归纳总结的经验公式或曲线，但这些公式、曲线往往具有很大的局限性，不能作为通用的设计依据，仅供参考。

（3）中间试验法：在与需配电除尘器工业窑炉同类的窑炉上燃用设计煤种，从烟道上将烟气引到小型电除尘器中，在运行条件尽量相同的情况下，按测得的数据乘以适当的系数来设计工业电除尘器。此种方法是后来逐渐发展起来的较为可靠的方法，但代价较大，应用不多，因为系数不是测量一两次可以得出的。

（4）程序计算法：对电站电除尘器，早有了较先进的选型程序，可根据烟气参数、工况及性能要求给出最为合理的电除尘器规格。几十年的运行经验证明，这种电除尘器选型程序具有很高的设计命中率。

比较上述各种参数选择方法，目前使用最多的仍是类比法和经验公式、曲线法的综合利用。表 1-7 给出了主要工业窑炉电除尘器的有效驱进速度。

表 1-7 主要工业窑炉电除尘器的有效驱进速度

主要工业窑炉的电除尘器		有效驱进速度 ω（cm/s）
热电站锅炉飞灰		5.0～15.0
纸浆和造纸工业黑液回收锅炉		6.0～10.0
钢铁工业	烧结机	2.3～11.5
	高炉	9.7～11.3
	吹氧平炉	7.0～9.5
	碱性氧气顶吹转炉	7.0～9.5
	焦炭炉	6.7～16.1

主要工业窑炉的电除尘器			有效驱进速度 ω（cm/s）
水泥工业	湿法窑		8.0～11.5
	干法窑	有增湿装置	6.0～12.0
		无增湿装置	4.0～6.0
	立波尔窑		6.5～8.6
	烘干机		10.0～12.0
	粉磨机		9.0～10.0
	熟料篦式冷却机		8.0～12.0
都市垃圾焚烧炉			4.0～12.0
冶　金	铅煅烧炉		8.2～12.4
	铜焙烧炉		3.6～4.2
	有色金属转炉		7.3
	冲天炉（灰口铁）		3.0～3.6
硫酸雾			6.1～9.1

在电除尘器的设计与使用中，有关电除尘效率的设计存在着一个矛盾。以燃煤锅炉为例，对设计者来说，是按照提供的工况及设计煤种来设计除尘效率的，在保证除尘效率的前提下，实际值与设计值越接近，表明其设计命中率越高，可使设备的成本最低，产品更具竞争力。如设计效率为 99％ 的电除尘器，在设计条件下实测效率为 99.5％，按多依奇—安德森效率公式推算，如果设计完全命中，则可将集尘面积减少 13％，虽然理论计算与实际间有一定差距，但无论如何，效率提高 0.5％，其代价是巨大的。对用户来说，我国幅员辽阔，各地区煤种有很大差异，目前实用煤种与设计煤种差别较大的情况是普遍存在的，即使电除尘器处于同样的良好状况与工况下，除尘效率也可能存在显著差异，而环保测定及排尘总量考核并不因为燃用煤种不同而降低有关标准，故要求电除尘器对煤种改变具有良好的适应性，在效率设计上留有较大裕度才能满足要求。

二、各级电场除尘量的分析

目前，一般的高效电除尘器都采用多级电场串联，因此通过对各级电场除尘量进行分析，对掌握电除尘器出灰、振打系统的运行规律，分析总的除尘效率变化是很有意义的。

1. 理论推算

如果有一台 n 级电场串联的电除尘器，其总的除尘效率为 η，则先假设各电场除尘效率 η_1，η_2，…，η_n 一致，即 $\eta_1 = \eta_2 = \cdots = \eta_n$，且设每级电场的粉尘穿透率为 σ_1，σ_2，…，σ_n，则 $\sigma_1 = 1 - \eta_i$（$i = 1 \sim n$），如果进口粉尘浓度为 C_1，第二电场的进口粉尘浓度 $C_2 = \sigma_1 C_1$，第 n 电场的进口粉尘浓度 $C_{n1} = \sigma_1 \sigma_2 \cdots \sigma_{n-1} C_1$，出口粉尘浓度 $C_0 = \sigma_1 \sigma_2 \cdots \sigma_n C_1 = \prod_{i=1}^{n} \sigma_i C_1$，如果不考虑电除尘器各个部位的漏风率及因温度改变引起的烟气总量的改变，则除尘效率为

$$\eta = \frac{C_1 - C_0}{C_1} = 1 - \prod_{i=1}^{n} \sigma_i \qquad (1\text{-}10)$$

按照式（1-10）可求得每级电场的平均除尘效率 η_i 为

$$\eta_i = 1 - \sqrt[n]{1 - \eta} \qquad (1\text{-}11)$$

假设一台三个电场的电除尘器，设计效率 $\eta = 99\%$，由式（1-11）可知，其各级电场的平均除尘效率 $\eta_i = (1 - \sqrt[3]{1 - 0.99}) \times 100\% = 78.5\%$。

2. 实际举例

有两台高效运行的三电场电除尘器，一台设计效率为 99%，实测仅投第一电场时，其除尘效率为 88.3%，三电场全投，效率为 99.78%。

按照以上方法计算，第二、第三电场的平均除尘效率为 86%；按式（1-11）计算，则各级电场的平均效率为 87%。结合测定与计算可知，第一、第二、第三电场的除尘量分别为总灰量的 88.3%、9.2%、1.28%。

另一台设计效率为 98% 的三电场电除尘器，实测当其投入第一、第二电场时，其除尘效率为 98.3%，三电场全投时效率为 99.7%，由此可算出，其第一、第二电场的平均除尘效率为 87%；按式（1-11）计算，则各级电场的平均除尘效率为 87.2%。结合测定与计算可知，第一、第二、第三电场的除尘量依次为总灰量的 87%、11.3%、1.49%。

从计算中可知，各级电场的除尘量绝对不能用总除尘量或电场个数来估算。

3. 综合分析

各级电场的除尘效率可能与理论计算值比较接近，如以上举例，但也可能与理论计算有一定出入。剔除电场内部异常因素外，下列几个原因的影响是较为重要的。

（1）粒径的影响。理论与实践都充分证实，在多级电场的电除尘器中，后级电场粉尘的粒径小，前级电场粉尘的粒径大。从式（1-1）分析，似乎 ω 与粒径成正比，但实际上，由于受不同荷电机理的作用，电量 q（q 为粉尘半径 a 的函数）随 a 的变化而改变，同时（q/a）值也会随 a 的变化而改变。粉尘粒径与理论驱进速度的关系如图 1-35 所示。由图可看出，粒径在 $0.1 \sim 1\mu m$ 之间时，驱进速度最低，这也是电场荷电与扩散荷电共同起重要作用的粒径范围。

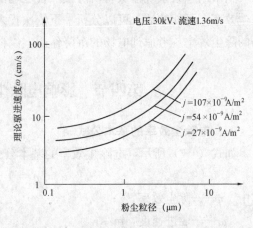

图 1-35 粉尘粒径与理论驱进速度的关系

利用图 1-35，可以对烟尘中不同粒径的粉尘在各级电场被捕集的情况进行分析。表 1-8 为 5 个燃煤电厂的粒径分布情况。由表 1-8 及图 1-35 可知，对燃煤电厂的电除尘器，由于粒径大的粉尘驱进速度大、容易被捕集，因此使得前、后各级电场中粉尘的平均粒径依次减小，当各级电场运行均正常时，后级电场的除尘效率自然就低于前级电场了。对其他工业烟尘，也可以进行类似的分析。

表 1-8   5 个燃煤电厂的粒径分布情况

粒径范围	百分比（%）				
（µm）	A 厂	B 厂	C 厂	D 厂	E 厂
<3	1.60	2.40	4.00	1.98	2.50
3~5	3.30	4.10	4.70	3.52	3.91
5~10	11.1	12.8	11.8	11.5	11.8
10~20	21.80	21.50	17.50	20.90	20.43
20~30	14.20	14.20	12.00	14.10	13.63
30~40	11.50	10.90	9.00	10.80	10.55
>40	36.50	34.10	11.00	37.20	29.70

（2）浓度的影响。从除尘机理分析可知，进口粉尘浓度对最初一级电场除尘效率的影响最大，其差异程度决定其浓度的高低。例如，电除尘器入口粉尘浓度明显超出电除尘器使用范围时，第一电场因为电晕封闭，效率会明显下降，但第二电场的入口浓度一般不会超出电除尘器使用范围，其效率反而比第一电场高。

（3）机械除尘作用。当粉尘的粒径与浓度较大时，它与电极的摩擦、沉降作用也可以除下一部分颗粒大的粉尘，此时的电场对粉尘来说，兼有沉降室的作用；当电场停电时，其沉降作用有时是很重要的，沉降效率与粒径、电极结构、烟气流速与浓度等有关。例如，通过实地观察，某电厂三电场电除尘器在第一电场停电的情况下，其灰斗排灰量甚至超过了其他正常运行的电除尘器的第三电场的排灰量，当时，估计其除灰量可达总灰量的10%左右。

当采用仓泵系统输灰时，可按照各电场满仓输送的时间间隔来估计各级电场除尘量与除尘效率。可能的话，可以分析一下依次投入电场时的效率变化情况，从而推算出每级电场的除尘效率。考虑到电场的沉降作用，以依次从前级电场逐渐投入各电场为宜。

第四节　影响电除尘器性能的主要因素

一、电除尘效率的基本公式

如式（1-2）所示，电除尘效率的基本公式为

$$\eta = 1 - e^{-\frac{A}{Q}\omega}$$

式中　η——除尘效率，%；

ω——驱进速度，m/s；

A——总集尘面积，m²；

Q——烟气流量，m³/s。

该式称为 Deutsch 公式，它一直是电除尘器设计公式，至今仍在应用。但该公式的缺点是其假设颗粒尺寸为一常值，粉尘和气流在极间距空间里面的混合是完全均匀的，并且粉尘一旦被收尘极板捕集，就不再返回电场空间，而这些假设在实际工程中是不可能存在的。

1964 年，瑞典专家 S·麦兹（Sigvard Matts）对 Deutsch 公式进行了修正，使用了表观驱进速度 ω_k 的概念，得到如下公式

$$\eta = 1 - e^{-(\omega_k A/Q)^k} \tag{1-12}$$

式中，k 为常数，选择不同的 k 值，$\omega_k = f(\eta)$ 曲线就有不同的形态。当 $k=1$ 时，ω_k 变成 ω，公式即为一般熟知的 Deutsch 公式。来自许多装置的数据表明，$k=0.5$ 时，$\omega_k = f(\eta)$ 接近于常数，即此时 ω_k 趋向不再随前后电场粉尘粒径的变化而改变，也不再随所要求除尘效率的高低而变化。此时，可以将 ω_k 十分简单地看成是一个"收尘难易参数"，由于 ω_k 克服了众多应用中的粒径分布问题而使其使用更加方便。经验表明，相对于原始 Deutsch 公式中的驱进速度，常数值的 ω_k 的应用范围更广。

二、粉尘的比电阻

对于不同的电站飞灰，表观驱进速度 ω_k 或 ω 的大小也不同。ω_k 或 ω 主要取决于粉尘比电阻。粉尘比电阻是衡量粉尘导电性能的指标，它对电除尘器性能的影响最为突出。粉尘的比电阻在数值上等于单位面积的粉尘在单位厚度时的电阻值，单位为 $\Omega \cdot cm$。比电阻值在 $10^4 \Omega \cdot cm$ 以下的粉尘，当它沉积接触收尘极时，几乎在瞬间就被中和，甚至带上正极性的电荷，这样很容易脱离收尘极而重新进入气流中，使电除尘器的效率大大降低。比电阻在 $10^5 \sim 10^{11} \Omega \cdot cm$ 范围内的粉尘，当沉积到收尘极时，带电粉尘的中和进行得适当，在极板上能形成一层粉尘层，当极板振打时，可以使粉尘层呈片状下落，使电除尘器具有较高的除尘效率，这是电除尘器运行最理想的区域。在这个区域内，除尘效率几乎与比电阻值的变化没有多大关系。而粉尘比电阻值在 $10^{11} \Omega \cdot cm$ 以上时，沉积到收尘极板后，其带电粉尘很难中和，而且会逐渐地在沉积的颗粒层上形成负电场，电场逐渐升高，以致在充满气体的疏松的覆盖层孔隙中发生电击穿并伴随着向放电电极方向发射出正离子，中和了部分带负电的尘粒，这就是反电晕现象。与此同时，由于收尘极放出正离子，使电除尘器内两电极的空间改变为类似于两个尖端所构成的电场，这种电场容易在不高的电压下被击穿。因此，粉尘比电阻值在 $10^{11} \Omega \cdot cm$ 以上时，电除尘器的除尘效率将大大降低。粉尘比电阻与收尘效率的关系见图 1-36。

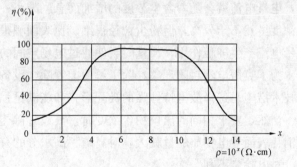

图 1-36　粉尘比电阻与收尘效率的关系

实践证明，粉尘的比电阻值除了决定于粉尘本身的物理性质外，还与烟气的温度、湿度、烟气成分等有很大关系。

三、影响电除尘器性能的主要因素

影响电除尘器性能的因素很复杂，但大体上可以分为三大类。对火力发电厂而言，首先是工况条件，即燃煤的成分、飞灰成分、飞灰物理性质及烟气条件等；其次是电除尘器的技术状况，包括极配形式、结构特点、振打方式及振打力大小、气流分布的均匀性以及电场划分情况、电气控制特性等；第三则是运行条件，包括操作电压、板电流密度、积灰

情况、振打周期等。其中，当电站锅炉确定以后，第一类（即工况条件）通常是不可变的；第二类属于电除尘器的技术水平，不同的厂家、不同的类型是可以有较大差别的；第三类同设备状况有一定关系，但这主要取决于设备的运行及维修保养情况。

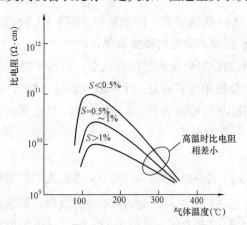

图 1-37　燃煤中含硫量对煤灰比电阻的影响

（一）工况条件的影响

1. 煤成分的影响

在煤的成分中，硫分、水分和灰分对电除尘器性能的影响最大。含硫量较高的煤，烟气中含较多的 SO_2，SO_2 在一定条件下，以一定的比率转化为 SO_3，SO_3 易吸附在尘粒的表面，改善粉尘的表面导电性。含硫量越高，工况条件下的粉尘比电阻越低，这有利于粉尘的收集，燃煤中含硫量对煤灰比电阻的影响见图 1-37。一般而言，对高硫煤，硫分对电除尘器的性能起着主导作用；对低硫煤，硫分的影响相对减弱，而主要取决于煤灰中的碱性氧化物的含量。

水分的影响是显而易见的，这里主要是指应用基水分。炉前煤水分高，烟气的湿度就大，粉尘的表面导电性就好，比电阻也会相对较低。在燃煤含水量很高的锅炉中，水分对电除尘器的性能起着十分重要的作用。

煤的灰分高低，直接决定了烟气中的含尘浓度。对于特定的工艺过程来说，ω 或 ω_k 将随着粉尘浓度的增加而增加。但电除尘器对粉尘浓度有一定的适应范围，超过这个范围，电晕电流就会随着含尘浓度的增加而急剧减小；当含尘浓度达到某一极限值，或是含尘浓度虽然不十分高，但粉尘粒径很细、比表面积很大时，极易形成强大的空间电荷，对电晕电流产生屏蔽作用，严重时会使通过电场空间的电流趋近于零，这种现象称为电晕封闭。为了克服电晕封闭现象，除了设置前置除尘设备以外，就电除尘器本身而言，最重要的技术措施是选择放电特性强的极配形式和能满足强供电的电源，同时要提高振打清灰效果。当然，要求相同的出口粉尘浓度时，其设计除尘效率的要求也高。烟气含尘浓度高，所消耗表面导电物质的量就大，对高硫、高水分的有利作用折减幅度也大，综合来讲，高灰分对电除尘不利。

2. 飞灰成分的影响

飞灰主要包括 Na_2O、Fe_2O_3、K_2O、SO_3、Al_2O_3、SiO_2、CaO、MgO、P_2O_5、Li_2O、MnO_2、TiO_2 及飞灰可燃物等成分。S_{ar}、Na_2O、Fe_2O_3、Al_2O_3 及 SiO_2 对电除尘器性能的影响很大，其中 S_{ar}、Na_2O、Fe_2O_3 对除尘性能有有利的影响，Al_2O_3 及 SiO_2 对除尘性能则有不利的影响，而且对除尘性能的影响是煤、飞灰成分综合作用的结果。K_2O、SO_3、CaO、MgO 对电除尘器性能的影响相对较小。对高硫煤，S_{ar} 对电除尘器的性能起着主导作用；对低硫煤，S_{ar} 的影响相对减弱，而主要取决于飞灰中碱性氧化物的含量、烟气中水的含量及烟气温度等。

飞灰中可燃物的含量取决于锅炉的燃烧状况。可燃物主要由炭黑和焦炭组成。炭黑较轻，收集到阳极板上后易被气流重新扬起，不仅如此，它还会"带动"其他沉积在极板上的粉尘一道扬起，对电除尘器性能起着相反的作用，而半生的焦炭具有较高的比电阻，也对电除尘器的性能起着反作用。一般情况下，飞灰中可燃物的含量为 1%～8% 时，可使飞灰比电阻下降，视为有利因素；当飞灰中可燃物的含量高于 8% 后，易造成二次飞扬，为不利因素。飞灰中可燃物含量高对除尘不利，尽管能降低比电阻，但在其被收集到极板后很容易返回，对除尘不利。飞灰中可燃物的含量高于 5% 以上时可能产生不利影响，高于 8% 时影响明显加大。因此，当飞灰中可燃物的含量超过一定范围时，电除尘器选型必须进行专门的修正。

3. 粉尘粒度的影响

在一定粒径范围内（粉尘粒径 $d>1\mu m$ 时），粉尘离子的驱进速度 ω 同尘粒的粒径成正比，而当 $d<1\mu m$ 时，尘粒以扩散荷电为主，这时的 ω 与粒径无关，显然，粒度越细，除尘越困难。在电除尘器选型时，粒度分布是必须考虑的一个重要因素，但遗憾的是，很多电厂用户还没有可靠的方法来预测粉尘的粒度分布。而对于老电厂而言，因为取样不准或测试时有误差，测出的粒径也并不能真正代表实际情况。颗粒粒径与驱进速度的关系见图 1-38。

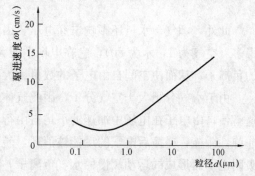

图 1-38　颗粒粒径与驱进速度的关系

4. 烟气温度的影响——比电阻和烟气温度的关系

烟气温度极大地影响着粉尘比电阻的大小。前面已经说过，对来自燃煤锅炉的烟气来说，影响粉尘比电阻的重要因素是煤中的含硫量和水分以及飞灰中的碱性氧化物，特别是 Na_2O 在烟尘中所占的比例。事实上，粉尘的导电可以分成表面导电和体积导电两个方面，在烟气温度较低时，以表面导电为主，这时的比电阻主要决定于烟气的温度和 SO_3 含量，因为吸附在粉尘表面的水分和 SO_3 是尘粒的主要导电者。随着烟气温度的提高，烟气中的水分和 SO_3 对比电阻的影响逐渐减小，也即表面导电逐渐减少。而粉尘内的碱金属离子（如钠、钾离子等）逐渐变得活泼起来，利于导电，这意味着体积导电逐渐增加，即此时粉尘比电阻主要取决于体积导电。一般火力发电厂烟温在 150℃ 左右时比电阻就出现了最高值，这是因为此时表面导电和体积导电都较差的缘故。粉尘在不同烟气温度下的比电阻见图 1-39。高的比电阻将使常规电除尘器的运行出现问题，这迫使我们在设计电除尘器时不得不针对不同情况，采取相应的技术措施，以保证除尘效率。

5. 烟气湿度的影响——比电阻与烟气湿度的关系

烟气湿度能通过改变粉尘比电阻来影响电除尘器的性能。图 1-40 所示为烟气含水量对粉尘比电阻的影响。

烟气湿度通常以烟气露点温度来衡量。露点温度越高，烟气中的湿度越大，吸收或凝结在粉尘表面的水分也越多，导电性能也越好。

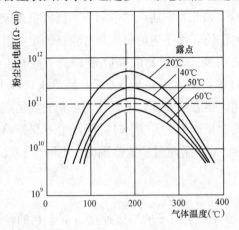

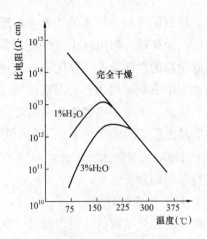

图 1-39　粉尘在不同烟气温度下的比电阻　　　图 1-40　烟气含水量对粉尘比电阻的影响

此外，烟气含水量还影响击穿电压。因为水分子是一种极性分子，介电常数比空气大得多（空气为 1，水为 80），它在电场中能大量吸附电子，使分子带负电并成为运动迟缓的负离子，从而使空间自由电子的数目大大减少，电离强度减弱。

由于水气分子大于空气分子，因此气体游离发展过程中与自由电子碰撞的机会较多，这就使自由电子在电场中加速的平均自由行程缩短。这种质量大的分子与电子碰撞是一种非弹性碰撞，碰撞后电子的动能被消耗，转化为热能，使得碰撞游离不易发展。其结果，吸附电子而形成的运动缓慢的水气负离子，在电晕区里与正离子结合的机会比快速逸出的电子要多，因而使正、负电荷的复合加剧，这又缓和了电晕区里气体的游离过程。

综上所述，水气分子使得烟气的电离减弱，电晕电流减小，空气间隙的耐压强度增加，击穿电压升高，火花放电较难出现。这就是通常所说的水蒸气对空气的"去电离"作用。这一作用对电除尘器来讲是有实用价值的，它使电除尘器在提高电压的情况下稳定运行，而电场电压的提高，不但电晕电流不会削弱，而且能增大电场强度，使收尘情况得到显著的改善。

因此，增加烟气中的含水量，可以在很大程度上弥补电除尘器由于烟气温度高或者气压低所造成的气体密度减小、击穿电压下降、除尘效率不高的缺陷。

烟气含水量对电除尘器伏安特性的影响如图 1-41 所示。它表明：烟气含水量与击穿电压成正比；电压一定时，与电晕电流成反比。

6. 烟气成分的影响

烟气成分对负电晕放电特性有很大的影响，烟气成分不同，在电晕放电中电荷载体的有效迁移率也不同。惰性气体以及 N_2、H_2 的电子依附概率为零，它们不能形成负离子，也不会产生负电

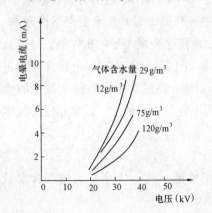

图 1-41　烟气含水量对伏安特性的影响

晕，而 SO_2、H_2O 等气体分子能产生较强的负电晕；另一方面，它们吸附在粉尘表面，使粉尘的表面导电性增加，从而降低了比电阻，改善了电除尘器性能。此外，含水量还影响着击穿电压，含水量高，可以使击穿电压也相应提高，电除尘器运行时，火花放电较难出现，有利于提高运行电压。

7. 烟气露点温度的影响

烟气露点温度取决于烟气中 H_2O 和 SO_2 气体的含量，H_2O 和 SO_2 气体的含量越高，露点温度也越高，粉尘的导电性能也越好。

8. 烟气含尘量的影响

对于特定的工艺过程来说，ω_k 或 ω 将随粉尘浓度的增加而增加。但这有一个特定的适应范围，超过这个范围，电流随着含尘浓度的增加而逐渐减少；当含尘浓度达到某一极限值时，会发生电晕封闭现象。

（二）结构参数的影响

1. 极配形式——电流密度分布的重要性

针对不同的烟气条件，合理地选取极板、极线的结构以及它们的配置方式是电除尘器设计时必须首先解决的重大问题。在决定极配形式时，就电气性能而言，应把放电极在极板上产生的电流密度的均匀性作为主要指标来考虑。当今电除尘器中实际使用的放电极从形态上来讲，大体可分为芒刺形电极和非芒刺形电极两大类，基本要求有两个：一是牢固可靠，二是电气性能好。它们有各自的优缺点，相对而言，非芒刺形电极电流密度的分布较为均匀，但起晕电压相对较高，在一定电压下产生的电晕电流较小；而芒刺形电极则正好相反，它起晕电压低、放电强烈、电流密度大，但电流密度的分布不够均匀。某些芒刺形电极放电时，在极板上甚至会出现电晕电流为零的"死区"。这些"死区"的存在，会导致极板的有效利用率降低。

目前国内通用的 RS 型芒刺线具有坚固耐用、不断线、起晕电压低、放电强烈、电流密度大等优点，但其缺点是电流密度不够均匀，降低了有效的收尘面积，也即降低了阳极板的有效利用率。

RSB 型芒刺线消灭了原来 RS 型芒刺线存在的极板上电流密度为零的"死区"，改极线达到了平均电流密度 $\sigma_r=0.4$，这对提高阳极板的有效利用率及防止反电晕的效果十分明显。RSB 型芒刺线主要依靠芒刺尖端放电，具有十分强烈的电风，在高含尘量条件下，不会产生电晕封闭，在实际运行中可持续保持运行电压大于等于 60kV，从而保证电除尘器的高效运行。

螺旋线表面光滑，工作时具有很好的放电均匀性、较好的振打清灰性能、对高比电阻的细粉尘收尘效果较好、断线率低，另外，由于极线表面光滑、电场的运行工作电压较高、电场强度较大，因此对细粉尘的收集及克服反电晕现象有较好的效果。

2. 极间距的影响——宽间距的优越性

实验结果表明，在一定范围内，在相同体积的电除尘器中，采用大于 300mm 同极间距可以获得与 300mm 间距相同或稍高的除尘效率，这就意味着通常所说的粉尘离子的驱进速度在一定范围内与极间距成正比。这是因为随着极间距的增加，放电极产生的电晕电流在极板上的分布趋于相对均匀，也即意味着极板附近的电场强度分布趋于相对均匀，充分发挥了整个极板表面的集尘作用，这相当于增加了集尘面积，从现象看也即提高了有效驱进速度。也就是说，随着极间距的增大，一方面可使极板上电流密度的分布趋于均匀，另一方面又提高了操作电压，这两者都有利于提高驱进速度。

3. 设备制造安装精度的影响

设备的制造安装精度最终表现在安装后的状况，它对电除尘器性能的影响主要有以下几个方面：

（1）异极间距安装误差的影响。

（2）漏风率的影响。设备安装时，如果外壳的气密性焊接控制不严，设备漏风率就会增加，这不仅增加了烟气处理量，而且漏入壳体的冷空气会使漏风处局部结露而腐蚀设备。如在极板、极线附近漏风，会导致极板、极线因温差而变形，影响极间距，从而造成电除尘器性能下降。因此，控制漏风率对保证电除尘器的除尘性能是至关重要的。常规电除尘器壳体采用双层人孔门，密封条采用玻纤胶圈，从而有效地控制了漏风率。

（3）振打加速度及其分布均匀性的影响。振打加速度的大小和分布，不仅取决于板、线的吊挂形式，振打锤的大小和摇臂的长短，还取决于安装水平。由于安装是在冷态条件下进行的，而运行时烟温一般在 150℃ 左右，因此，安装时必须考虑到这种热膨胀的补偿，以保证运行时锤头击中砧子的中心部位。另外，紧固螺栓的松紧程度极大地影响着振打加速度及其分布，这些必须在安装时加以注意。

（4）气流分布均匀性的影响。气流分布的均匀性是提高除尘效率的先决条件。目前，电除尘器中的气流分布装置是在进口封头中设置多道多孔板，用增加阻力的办法迫使气流分布均匀。它的优点是容易使气流分布均匀，缺点是阻力太大。而导流型气流分布装置则是以导流的方式使气流分布均匀，其优点是阻力小，缺点是较难获得均匀的气流分布。结合上述两种气流分布装置的优点，目前一般采用阻流加导流型的气流分布装置，即在进口封头中设置带导流边、大孔径的多孔板，在孔板的适当部位加设三角形导流板，这不仅可以保证气流分布的均匀性，而且阻力损失也明显减小。

阻流加导流型的气流分布形式的实施以实验室试验或数值模拟试验作为基础。该项试验是在电除尘器几何相似、动力相似的前提下，从锅炉预热器出口至引风机入口进行模拟试验的，确定气流分布均匀性可达到 $\sigma \leqslant 0.15$，压力降小于 $180\mathrm{Pa}$。这在国内也属于最先进的指标值，该项技术指标不仅关系到除尘效率，也关系到设备的能耗。

常规来说，电除尘器内的结构形式远比实验室试验条件复杂得多，设备运行中所测定的数据要比实验室得出的结论好。实践证明，按实验室试验结果设计的分布板形式完全可以满足实际工况应用的需要，在进口气流分布中配置带导流的孔板形装置的除尘设备可大幅度减少运行中的阻力损失，三角形光滑的导流板配大孔径孔板不存在常规结构所引起的堵灰现象。可以说，一台电除尘器如果没有良好的气流分布配置，是不可能实现稳定高效进行的。

4. 供电质量及供电区大小的影响

电除尘器的供电质量对除尘效率的影响极大，为了获得最高的除尘效率，一般情况下，应对电场施加最高的运行电压。实际上，电场内的工况条件时时刻刻都在发生变化，这要求供电装置能迅速地适应其变化，自动调节输出电压和电流，使电除尘器在尽可能高的电压和电流状态下运行。采用火花跟踪等方法能达到上述目的。控制方式除了火花跟踪最高电压控制、火花跟踪最高平均电压控制和火花跟踪自动电流控制以外，计算机控制等高新技术也得到了广泛的应用。

供电区的大小也直接影响 ω_k 值的大小，在其他条件相同的情况下，供电区越小，ω_k 值越大。

（三）运行条件的影响

1. 运行电压和电流的影响

一般情况下，都希望电除尘器在尽可能高的电压和额定电流值状态下运行，以期获得最高的除尘效率。但需视具体情况区别对待，在火力发电厂，当锅炉燃用热值低、灰分大及含硫量低的煤，运行条件差时，电除尘器的所有高压电源均应发挥最高的作用，即都应在火花率较高的状态下运行；反之，如果烧的煤好，锅炉工况就稳定，此时烟气容易处理，要达到同样的除尘效率，末二级电场可以低电流运行（无闪烁运行），其一方面可以节省电能，另一方面也可以提高电气元件以及放电零件的寿命。一般来说，在正常情况下，每个电场的火花率是不同的，第一电场火花率高一些，以后逐渐降低，火花率一般在 $0\sim33$ 次/min 范围内调节。若有可能，火花率希望控制在 $5\sim15$ 次/min 范围内。在这种状态运行时，可能认为几乎所有电流都是电晕电流；而火花率过高时，一方面其中较为剧烈的闪烁必然会产生电弧电流，另一方面每次闪烁都会短时间内使电场强度降低，结果反而会影响除尘效率。

最佳火花率需根据不同的工况条件，在实践中不断摸索才能总结出来。

2. 绝缘子和电场清洁程度的影响

（1）时时保持绝缘子和电场清洁是电除尘器保持持久高效的必要条件。绝缘子一般为电瓷或石英制品，性较脆，属易碎品，容易产生机械性损坏；因为它与电场相通，粉尘难免会沉积在绝缘表面，一旦积灰严重，就容易产生电击穿。如果保温室内温度低于露点温度，绝缘子上就会结露，产生电弧，使之过热而出现裂纹甚至破裂，从而使电场的操作电压降低，严重时还会使供电中断，直接影响除尘器性能。为了克服上述现象，一般在设计时已采取了不少技术措施，如人为造成绝缘子室相对于电场为微正压，防止粉尘进入绝缘子室，与电场相连处设置管式电除尘器净化；另外，还在绝缘子室内设置加热器，并控制小室内温度始终高于烟气露点 20℃ 以上等。然而，对用户而言，只要有包括小修、大修或其他临时停机的机会，就必须抓紧时机擦净绝缘子。

（2）建立合理的振打周期，防止电极积灰。振打周期对除尘效率有较大影响，合理的振打周期应该是粉尘堆积到适当厚度再进行振打，这样才能使粉尘呈片状（或块状）从极板表面剥离并落入灰斗，以尽可能地减少二次扬尘。由于各个电场粉尘浓度、粒度、黏度以及比电阻不同，粉尘的沉积速度和在极板上的附着力也不同，因此各电场所需的振打力和振打周期也不同，前者需在设计时解决，而后者则需在运行实践中确定，以确保电除尘器的效率。

综上所述，影响电除尘器性能的主要因素见图 1-42。

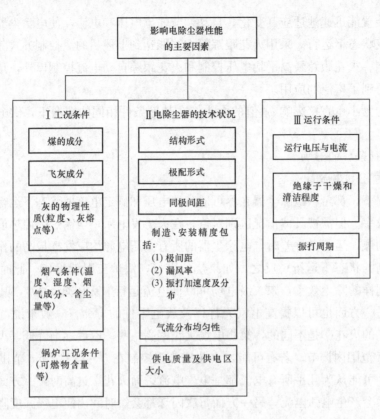

图 1-42　影响电除尘器性能的主要因素

第二章

电除尘器术语

第一节 电除尘器基本术语

1. 除尘器 dust collector, dust separator

从含尘气体❶中分离、捕集粉尘❷的装置或设备。

2. 电除尘器 electrostatic precipitator

利用高压电场对荷电粉尘的吸附作用,把粉尘从含尘气体中分离出来的除尘器。即在高压电场内,使悬浮于含尘气体中的粉尘受到气体电离的作用而荷电,荷电粉尘在电场力的作用下,向极性相反的电极运动,并吸附在电极上,通过振打、冲刷或其他方式从金属表面上脱落,同时在重力的作用下落入灰斗的除尘器。

3. 干式除尘器 dry dust collector

不使用液体(水)捕集含尘气体中粉尘的惯性除尘器、过滤式除尘器和干式电除尘器的总称。

4. 除尘效率 collection efficiency, overall efficiency of separator

单位时间内,除尘器捕集到的粉尘质量占进入除尘器的粉尘质量的百分比。

5. 分级(除尘)效率 grade(collection)efficiency

除尘器对某一粒径(或粒径范围)粉尘的除尘效率。

6. 穿透率 penetration

透过率

单位时间内,除尘器排出的粉尘质量占进入除尘器粉尘质量的百分比。

7. 压力降 pressure drop

阻力 resistance

压力损失 pressure loss

除尘器进口断面与出口断面的气流平均全压之差。

8. 切割粒径 cut size

分离界限粒径

---

❶ 当含尘气体中粉尘的粒径较小,以致其沉降速度可以忽略时,含尘气体也可称为气溶胶。本章不采用气溶胶这个词汇。

❷ 粉尘(固体颗粒物)按粒径和来源可分为尘粒、粉尘、烟尘等,在本章中统称为粉尘。

除尘器的分级效率等于50%时对应的粉尘粒径。

9. 中位径　median diameter

（1）中位径记作 X_{50}，它是在粒径分布中，小于它和大于它的颗粒各占50%时的粉尘粒径。

（2）在粒径分布中，把粉尘分成质量相同（等）的两部分时所对应的粉尘粒径称为质量中位径。

（3）在粒径分布中，把粉尘分成数量相同（等）的两部分时所对应的粉尘粒径称为数量中位径。

10. 处理气体流量　flow rate of the treated gas

单位时间内进入除尘器的含尘气体流量，可以是体积流量或质量流量。

（1）工况（实际）气体流量　flow rate of the actual treated gas

在实际工作温度、湿度、压力下进入除尘器的含尘气体流量。

（2）标准状态下气体流量　flow rate of the treated gas for standard conditions

换算为标准状态（273K，101.325kPa）下进入除尘器的含尘气体流量。

（3）标准状态下干气体流量　flow rate of the dry treated gas for standard conditions

换算为减去水分后标准状态（273K，101.325kPa）下的处理气体流量。

11. 含尘浓度　dust concentration

单位体积气体中所含有的粉尘质量。可以转变为标准状态下单位体积气体中所含有的粉尘质量，也可以换算为减去水分后标准状态下单位体积干气体中所含有的粉尘质量。

12. 漏风率　air leak percentage

实测漏风率 measured air leak percentage

除尘器出口标准状态下气体流量与进口标准状态下气体流量之差占进口标准状态下气体流量的百分比。

13. 能耗　power or energy consumption

除尘器正常运行时所消耗的各种能量（水、电、油、压缩空气、蒸汽等），及克服其除尘器阻力所消耗的能量。

14. 设备质量　mass of dust collector

除尘器在进、出口法兰之间，下至排灰口法兰以上的整体质量，不包括运行时机体内的灰、水。

15. 壳体耐压强度　compressive strength of casing

除尘器壳体在允许变形范围内所能承受的最大内外压差。

16. 除尘器气密性　airtightness of dust collector

指除尘器壳体的气体密封性能，是除尘器壳体在承受运行压力条件下不发生泄漏的性能。其指标常以除尘器壳体所有外接法兰被密封状态下，当除尘器内外压差达到规定值后的气体泄漏率来表示。

17. 除尘器的接口尺寸　joint dimension of dust collector

除尘器与外接设备连接接口的配合尺寸，包括除尘器进、出口法兰，排灰口法兰以及供压缩空气，供水，供蒸汽管道接口法兰的坐标位置、构造形式、连接方法及相关尺寸。

18. 电除尘器内的烟气速度　precipitator gas velocity

烟气流经电场的平均速度，是指电除尘器单位时间内处理的烟气量和电场流通面积的比值，单位为 m/s。

19. 停留时间　treatment time

烟气流经有效电场的时间，单位为 s。

20. 电场有效长度　effective length

烟气流方向上测得的阳极板的总长度。

21. 电场有效高度　effective height

有电场效应的阳极板高度。

22. 电场有效宽度　effective width

电除尘器同性电极中心距与烟气通道数的乘积。

23. 有效流通面积　effective cross-sectional area

电场有效宽度与电场有效高度的乘积。

24. 烟气通道　gas passage

相邻两排阳极板所形成的通道。

25. 集尘面积（有效）　collecting area (effective)

有电场效应的阳极板的投影面积的总和，数值上等于电场有效长度、电场有效高度与 2 倍烟气通道数的总乘积。

26. 比集尘面积　specific collecting area

单位流量的烟气所分配到的集尘面积，数值上等于集尘面积与烟气流量之比，单位为 $m^2/(m^3/s)$。

27. 粉尘驱进速度　dust drift velocity

荷电粉尘在电场力作用下向阳极板表面运动的速度。它是对电除尘器性能进行比较和评价的重要参数，也是电除尘器设计的关键数据。

28. 粉尘比电阻　dust resistivity

是衡量粉尘导电性能的指标，它对电除尘器性能的影响最为突出。粉尘的比电阻在数值上等于单位面积的粉尘在单位厚度时的电阻值，单位为 $\Omega \cdot cm$。

29. 灰斗容量　hopper capacity

从阳极系统以下 0.3m 处平面到灰斗出口法兰间测得的所有灰斗的总容量。

第二节　电除尘器构造术语

1. 供电分区　bus section

电除尘器电场的最小供电单元，具有独立的支承绝缘系统，由独立电源单独供电。

2. 电场　field

指气流方向上的一级供电区域，由一组阳极和阴极以及专为其供电的高压电源组成。

实施供电后可使气体电离、粉尘荷电并产生电场效应。

在电除尘器中，各电场可以并联布置，也可以串联布置。串联布置的各电场沿气流方向依次称为第一级电场，第二级电场，…，第 n 级电场。

3. 室　chamber

电除尘器中的纵向分区，其内设有电场。当一台电除尘器具有两个（或两个以上）室时，各室平行排列，各室之间一般由挡风板来分隔气流。

4. 台　set

具有一个完整的独立外壳的电除尘器，由一个或几个电场和室组成。

第三节　电除尘器外壳结构术语

1. 绝缘子室　insulator compartment

支承高压系统的绝缘子封闭罩。

2. 防雨棚　weather enclosure

设置在电除尘器屋顶的相关部位，用于防护有关装置免遭风雨侵袭，以及为维修人员提供遮护的非密闭性棚罩。

3. 人孔门　access door

安装于除尘器壳体上，供检修人员进、出的活动密封门。人孔门应设有安全联锁装置。

4. 安全接地装置　safety grounding device

一种在检修人员进入电除尘器之前将高压系统接地的装置。

5. 气流分布装置　gas distribution device

装于进、出口封头内，用以改善进入电场的气流分布，使之均匀的装置，如可调式导流板或多孔板等。

6. 挡风板　anti-sneakage baffle

设置在电除尘器内用以防止烟气不经电场而旁通流走的挡板。

7. 导流叶片　turning vanes

设置在进、出口封头，用来引导气流流向，以改善气流流型和含尘浓度分布的叶片。

8. 气流分布振打装置　gas distribution device rapper

使气流分布板产生冲击振动或抖动，以使沉积在该板上的粉尘振落的装置。

9. 支承　support bearing

位于壳体底部与电除尘器支架之间，为适应壳体热膨胀需要而设置的装置。

10. 支架　support structure

支承电除尘器的构件。

11. 平台　platform

位于壳体外侧，供设备检修及人员走动的设施。平台边缘一般均应设置栏杆和护板。

第四节 阳极系统（收尘系统）术语

1. 阳极板（集尘板） collecting plate

极板 plate electrode

阳极系统的组成单元，是电除尘器的接地电极。带负电荷的粉尘在电场力的作用下移向并被吸附其上。

2. 阳极振打装置 collecting electrode rapper

使阳极板产生冲击振动或抖动，以使沉积在阳极板上的粉尘振落的装置。

第五节 阴极系统（电晕放电系统）术语

1. 阴极线 discharge electrode

极线 wire electrode

电晕线 emitting-electrode

与阳极板相对设置，由负高压电源供电，在除尘器内建立电场，使气体电离、粉尘荷电并产生电场效应的构件。

2. 阴极振打装置 discharge electrode rapper

使阴极产生冲击振动或抖动，以使沉积在阴极上的粉尘振落的装置。

3. 阴极系统支承绝缘子 high voltage system support insulator

对阴极系统在结构上起支承作用，在电气上起绝缘作用的器件。

4. 振打绝缘轴 shaft insulator

在电气上起绝缘作用，在机械上传递阴极系统所需的扭矩、振动或冲击力的绝缘器件。

第六节 电除尘器电气术语

1. 高压硅整流变压器 high voltage silicon transformer-rectifier

集升压变压器、硅整流器为一体的供电除尘器用的变压器。

2. 高压控制柜 high voltage control cubicle

用于控制并调节高压硅整流变压器输出直流电压的电控设备。

3. 高压隔离开关 high voltage isolating switch

用来隔离直流高压电源或转换直流高压电源连接方式的不带负荷操作的开关。

4. 阻尼电阻器 damping resistor

用于消除整流变压器二次侧产生的高频振荡，保护整流器或高压电缆不被击穿的电阻器。

5. 低压控制设备 low voltage control equipment

用于控制振打、卸灰、加热并具有保护、检测功能的电控设备。

6. 高压电缆　high voltage cable

直流电压在 60kV 及以上电压等级的电除尘器专用电缆。

7. 安全联锁　key interlocking system

由钥匙旋转的主令电器与机械锁组成的安全联锁系统。

8. 火花跟踪　spark tracing

自动控制整流输出电压接近火花放电电压的一种控制方式。

9. 上位机控制系统　intelligent pricipitator control system

由中央控制器、高压控制柜、振打控制器、烟气浊度监测仪组成的全自动计算机智能监控系统。

10. 辉光放电　glow discharge

当电场强度超过某值时，以发光表现出来的气体中的电传导现象，此时没有大的嘶声或噪声，也没有显著的发热或电极的蒸发。

11. 电晕　corona

发生在不均匀的、场强很高的电场中的辉光放电。

12. 火花放电　spark discharge

由于分隔两端子的空气或其他电介质材料突然被击穿，引起带有瞬间闪光的短暂放电现象。

13. 电弧放电　arc discharge

火花放电之后，电场强度继续升高，直至出现贯穿整个电场间隙的持续放电现象。发生火花放电时，电流密度很大，并伴有高温和强光。

14. 反电晕　back corona

沉积在集尘极表面的高比电阻粉尘层内部的局部放电现象。

15. 电晕电流　corona current

发生电晕时，从电极间流过的电流。

16. 电晕功率　corona power

电场的平均电压和平均电晕电流的乘积。

17. 电晕闭塞　corona block

电晕封闭

当电场中的烟尘浓度（或空间电荷强度）达到某一极值时，在静电屏蔽作用下使电晕电流几乎降到零的现象（发生电晕闭塞时，电场条件极度恶化，收尘效率急剧下降）。

18. 闪络　flashover

在高电压作用下，气体或液体介质沿固态绝缘体表面发生的从一个电极发展到另一个电极的放电现象。发生闪络后，电极间的电压迅速下降到零或接近于零。

19. 一次电压　primary voltage

施加于高压整流变压器一次绕组的交流电压（有效值）。

20. 一次电流　primary current

通过高压整流变压器一次绕组的交流电流（有效值）。

21. 二次电压　secondary voltage

高压整流变压器施加于电除尘器电场的脉动直流电压（平均值）。

22. 二次电流　secondary current

高压整流变压器通向电除尘器电场的直流电流（平均值）。

23. 空载电压　no-load voltage

施加于空气介质的电除尘器电场的二次电压。

24. 空载电流　no-load current

当以空载电压施加于电场时流过的二次电流。

25. 伏安特性　voltage-current characteristic

二次电流与二次电压之间的关系曲线。

第三章

电除尘器本体结构

电除尘器主要由两大部分组成：一部分是电除尘器本体，用于实现烟尘净化；另一部分是产生高压直流电的装置和低压控制装置。

电除尘器的高压、低压电气设备将在第五章中详细介绍，本章只对电除尘器本体的结构及其功能作全面介绍。

目前，应用最广泛的是板卧式电除尘器，其一般结构如图 3-1 所示。主要部件包括壳体、阳极系统、阴极系统、阳极振打装置、阴极振打装置、气流分布装置和排灰装置等，这些部件在电除尘器中有着各自的特点和功能。

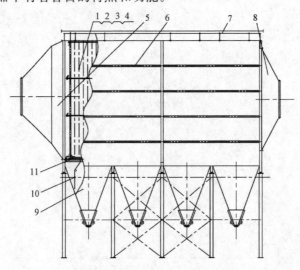

图 3-1　板卧式电除尘器的一般结构

1—阳极系统；2—阳极振打；3—阴极系统；4—阴极振打；5—进口封头（内含气流分布板）；6—壳体；
7—顶盖；8—出口封头（含气流分布板）；9—灰斗；10—灰斗挡风；11—尘中走道

第一节　电除尘器型号及组成

一、电除尘器产品型号及编制举例

电除尘器的产品型号是用字母、数字等来表示电除尘器产品的形式、规格的一种符号。

到目前为止，由于尚未收集到国际上电除尘器产品型号编制方法的 ISO 标准，也没有统一的国家标准和地区标准，因此各个电除尘器制造公司（厂家）的产品型号的编制方法也不一样。

以浙江菲达环保科技股份有限公司为例，其电除尘器型号编制如下：

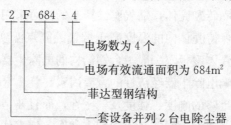

2 F 684 - 4

电场数为 4 个
电场有效流通面积为 684m²
菲达型钢结构
一套设备并列 2 台电除尘器

二、电除尘器本体主要部件组成

电除尘器本体主要部件组成见表 3-1。

表 3-1　　　　　　　　　　　电除尘器本体主要部件组成

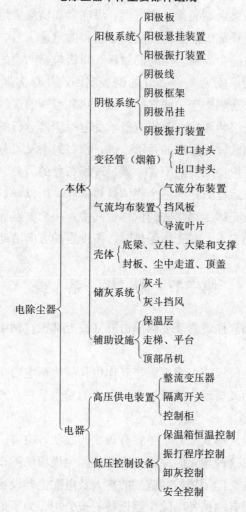

电除尘器
- 本体
  - 阳极系统
    - 阳极板
    - 阳极悬挂装置
    - 阳极振打装置
  - 阴极系统
    - 阴极线
    - 阴极框架
    - 阴极吊挂
    - 阴极振打装置
  - 变径管（烟箱）
    - 进口封头
    - 出口封头
  - 气流均布装置
    - 气流分布装置
    - 挡风板
    - 导流叶片
  - 壳体
    - 底梁、立柱、大梁和支撑
    - 封板、尘中走道、顶盖
  - 储灰系统
    - 灰斗
    - 灰斗挡风
  - 辅助设施
    - 保温层
    - 走梯、平台
    - 顶部吊机
- 电器
  - 高压供电装置
    - 整流变压器
    - 隔离开关
    - 控制柜
  - 低压控制设备
    - 保温箱恒温控制
    - 振打程序控制
    - 卸灰控制
    - 安全控制

第二节　壳　　体

电除尘器壳体是密封烟气、支承全部内件重量及外部附加载荷的结构件，其作用是引导烟气通过电场，支承阴、阳极和振打设备，形成一个与外界环境隔离的独立的收尘空间。

壳体的材料根据被处理烟气的性质而定，一般用钢材制作，因其安装周期短、施工方便。个别的用钢筋混凝土和砖砌壳体。烟气腐蚀严重的，可采用砖、混凝土或耐腐蚀钢制作或用以作壳体内衬。为保持壳体内的温度高于烟气的露点温度，壳体要求外敷保温层，否则，尘粒凝聚后会腐蚀壳体钢板。一般一台钢结构的电除尘器壳体的耗钢量占总质量的40%～60%，所以它是影响电除尘器经济性的重要因素。

　　壳体的结构不仅要有足够的刚度、强度及气密性，而且要考虑工作环境保护下的耐腐蚀性和稳定性，同时要结合选材、制造、运输和安装等，使壳体结构具有良好的工艺性和经济性。一般要求壳体的气密性（即漏风率）小于5%。

　　壳体可分为两部分：一部分是承受电除尘器全部结构重量及外部附加载荷的框架，一般由底梁、立柱、大梁和支承构成。电除尘器的内件重量全部由顶部的大梁承受，并通过立柱传给底梁和支承。底梁由端底梁、侧底梁、纵底梁和横底梁组成，它除承受电除尘器全部结构自重外，还承受外部附加载荷及灰斗中物料的重量。另一部分是用以将外部空气隔开，形成一个独立的电除尘器除尘空间的封板。封板包括两边的侧墙板，端封板，顶盖和进、出口封头，一般用厚度为4～5mm的钢板制作，并焊上加强筋。通常，主筋布置在跨度较小的方向上，次筋则嵌于主筋之间。采用热轧型钢筋最经济，常用的有角钢、槽钢和工字钢，一般在现场组装而成。封板应能承受电除尘器运行的负压、风压及温度应力等，同时还要满足检修和敷设保温后的要求。进、出口封头又可分为平接口、上接口、下接口等三种形式，可按用户要求灵活配置，满足现场布置的需要。

　　电除尘器壳体在热态运行时，因整个壳体受热膨胀，所以，每台电除尘器的底梁下面装有一套活动支承来补偿壳体受热膨胀的位移。其中，一个支点固定，其余各支点按不同位置安装不同结构的活动支承，在壳体受热时，按设定的方向滑动。

第三节　阳　极　系　统

　　阳极由阳极板、上部悬挂装置及下部撞击杆（或上部振打砧梁）等零部件组成。

一、阳极板

　　阳极板通常又称收尘极板或沉淀极板，其作用是捕集荷电粉尘，通过振打机构冲击振打，使极板发生冲击振动或抖动，将极板表面附着的粉尘呈片状或团状脱离板面落到灰斗中，达到除尘的目的。

　　卧式电除尘器的阳极从形式来看，主要有板状和管状，也有一些其他形状。板状极板的断面线种类很多。造成这种现象的原因一方面是因为极板的工作温度不同；另一方面是随着电除尘器技术的发展、应用领域和范围的扩大及电除尘器设备的大型化，需要某些性能更好的极板断面线。还有的国外电除尘器设备制造公司，为了形成各自的专利而出现了一些性能相近、断面线不同的阳极板。

　　在处理烟气温度高的高温型电除尘器中，如果采用板状的阳极板，则易产生变形。因此，往往采用圆钢将其排成一组呈管帷式的阳极。

　　在处理烟气温度不高的常规型电除尘器中，各制造厂家往往采用板状阳极板，但也有少量采用圆钢组成的管帏式阳极的，如日本的原式电除尘器就采用管帏式阳极。管帏式阳极的要比板状极板重，而且振打时较易引起粉尘的二次飞扬，因此，电场风速不宜过高。

随着电除尘器处理烟气量的增大，电除尘器设备也相应加大，为尽量减少设备的占地面积，要增加阳极板的高度，缩小电场的宽度和长度。早期电除尘器采用平直钢板作阳极，虽然其电气性能较好，但由于钢板面积较大，使用时在受热和受冷的情况下各点的温度不均匀，将发生钢板的翘曲；而且用整块钢板作极板，会给制造、安装带来很多不便。平直的钢板作阳极时，极板表面附着的粉尘直接裸露在烟气中，粉尘极易重新进入烟气而引起二次飞扬。因此，人们在实践中逐渐把阳极板改成在薄钢板上轧制若干条长条形、有一定断面线的板状极板。这样既提高了极板的刚度，又提高了极板防止粉尘二次飞扬的性能。

对收尘板性能的基本要求是：

（1）极板表面的电场强度分布比较均匀；

（2）极板受温度影响的变形小，并且有较好的刚度；

（3）有良好的防止粉尘二次飞扬的性能；

（4）振打力传递性能好，且极板表面的振打加速度分布较均匀，清灰效果好；

（5）与放电极之间不易产生闪络放电；

（6）在保证以上性能的情况下，质量要小。

卧式电除尘器的阳极板形式较多，如鱼鳞形、波纹形、棒帏形、Z形、小C形、大C形（480C、735C）等，如图3-2所示。目前国内普遍生产和应用的为C形、ZT形、W形、Z形极板。

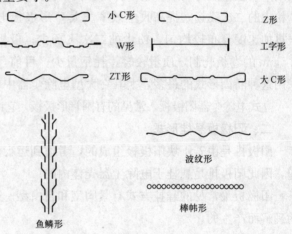

图 3-2 卧式电除尘器的阳极板断面形状

鱼鳞形板状极板由三层钢板组成，两侧的薄钢板上做出了许多鱼鳞片似的缺口和凸起，缺口斜向上对着气流方向。从理论上讲，这种极板防止粉尘二次飞扬的性能是比较好的，但其板面振打加速度分布均匀性较差，实际使用下来，鱼鳞板的缺口易被积灰所堵塞，起不到防止粉尘二次飞扬的作用。这种极板的耗钢量大，是C形极板的2～3倍，制造这种极板的工艺也较复杂，目前国内外的电除尘器已不采用这种极板。

波纹形极板是将薄钢板压成波纹形的极板。它的质量较小、刚度较大，但因其防止粉尘二次飞扬和振动性能较差，一般也不采用。

棒帏形极板是由一排若干根 $\phi8$ 或 $\phi10$ 圆钢组成的极板。它在高温下使用不易变形、收尘面积大、耐腐蚀，但自重大、耗钢材多、粉尘的二次飞扬大，所以电场风速应小于0.8m/s，目前主要应用于高温电除尘器。

Z形极板是将薄钢板轧制成的Z字形的极板。这种极板从断面形状组成来看，基本是由两部分组成，中间比较平直，两边做成弯钩形（通常称防风沟），目的在于减少粉尘的二次飞扬。这种极板由于两端的防风沟朝向相反，因此极板在悬吊后容易出现扭曲。

ZT形极板是将薄钢板轧制成的 ZT 形状的极板，也称 W 形极板。这种极板采用半圆弧逐渐过渡到梯形，设计断面时还做到在极板表面上的任一点都与电晕线之间保持等距离，从而获得理想的电晕电流密度分布，但实际上由于存在制造及安装偏差，最佳电流密度分布较难保证，如超出形位公差允许范围，电流密度分布反不及 C 形、Z 形，但其质量轻，一般采用厚度为 1.2mm 的卷板轧制而成。

小 C 形极板（又称槽形板）是 20 世纪 60 年代初期出现的一种极板，它由钢板压成，板面宽度为 230mm。由于这种极板的一个面裸露于烟气中，直接受气流冲刷，易引起粉尘二次飞扬，因此很快就被 Z 形和 C 形极板所代替。

大 C 形极板是用薄钢板在专用轧机上将板的断面轧成的 C 字形的极板。C 形极板目前按宽度方向的大小可分为 480C 型和 735C 型两种。480C 型极板是 20 世纪 70 年代末元宝山电厂从西德引进的 173m² 电除尘器中采用的极板，目前国内有许多电除尘器制造厂能制造。735C 型极板是我国于 20 世纪 80 年代初引进瑞典菲达公司技术生产的。大 C 形极板从其断面形状组成来看，基本上也是由两部分组成，中间凹凸条槽较小，平直的部分较大，两边做成弯钩形，通常称防风沟。防风沟能防止气流直接吹到极板表面，这样可减少粉尘的二次飞扬，提高收尘效率。大 C 形极板电气性能较好，有足够的刚度，板面的振打加速度分布较均匀，粉尘的二次飞扬少；极板一般采用普通碳素钢、厚度为 1.2～1.5mm 的卷板轧制，质量较轻，耗钢量少。目前，国内电除尘器制造厂在设计、生产中采用这种断面形式的最多，尤其在大型电除尘器中，几乎全部采用这种大 C 形极板。

立式电除尘器阳极板，常见的有圆管形极板，它由直径为 250～280mm 的钢管制作而成。

二、阳极板悬挂形式

阳极排是由若干块阳极板组成的，考虑到运行温度下，阳极排的热膨胀及振打力的传递，因此阳极排是悬吊于电除尘器壳体内的。

阳极板最常见的悬挂方式有紧固型和自由型。这两种方式是基于对振打机理不同角度的理解而产生的。

1. 紧固型悬挂式

如图 3-3 所示，极板上、下端均用螺栓加以固定，使极排组成一个整体，借助垂直于极板表面的法向振打加速度，固有频率高，振打力从振打杆到极板的传递性能好。这种极板连接形式，极板表面最小点的法向振打加速度值应在(150～200)g 范围内。为了使同一排极板有良好的加速度分布，安装时必须注意各个螺栓拧紧力要一致，并且拧紧力要符合设计要求，一般拧紧力矩为 130～150N·m。安装时，要采用力矩扳手来拧极板的各紧固螺栓。

这种紧固型悬挂方式，由于阳极板顶部是固接的，极板远离振打点位置的振打加速度衰减较快，若振打力选择不当，容易使远离振打点位置的局部区域得不到清灰所需的足够的振打加速度，进而影响极板的清灰效果。

紧固型悬挂的另一种方式是将极板上的悬杆固定在一根弹性梁上，如图 3-4 所示。弹性梁是由两片薄钢板压制成柔性结构，其下端可随极板振动而振动，传递冲击振打时允许

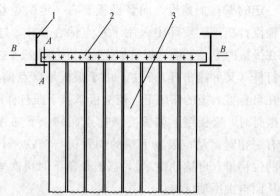
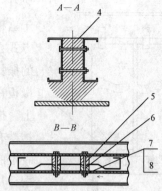

图 3-3 紧固型悬挂

1—壳体顶梁；2—C形悬吊梁；3—极板；4—支承座；5—凸套；6—凹套；7—螺栓；8—螺母

有轻微的弹性变形。弹性梁的尺寸取决于悬挂极板的自重及极板粘灰的荷重。采用这种结构能提高极板顶端的振打加速度值，并使板面的振打加速度值分布较均匀。

2. 自由悬挂式

自由悬挂又分为不偏心悬挂和偏心悬挂两种。

（1）不偏心悬挂。如图3-5所示，此阳极悬挂方式是在极板上端部冲出两个方孔，在与挂钩接触的方孔一边加一保护卡子，卡子用2mm厚左右的钢板压制而成。安装时，只要将极板两方孔插入悬挂角铁上的两个钩子上即可，下部固接。极板受热伸长时，由于上端不是固接，因此影响异极距的可能性小得多。这种悬挂方式与紧固型悬挂的固有频率不同，具有极板上端部分的振打加速度值衰减相对较少，并使极板表面振打加速度值分布较均匀，制造简单，安装方便等优点。极板表面最小点法向振打加速度应在$(120\sim150)g$范围内，是目前国内最先进、最理想的极板连接形式。

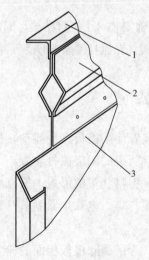

图 3-4 弹性梁结构

1—悬挂角铁；2—弹性梁；3—极板

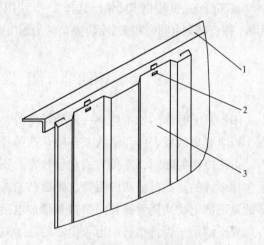

图 3-5 不偏心悬挂

1—悬挂角铁；2—极板挂钩；3—阳极板

（2）偏心悬挂方式。如图3-6所示，要使附着在极板表面的粉尘层从板面分离，不仅

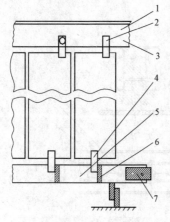

图 3-6　单点偏心悬挂

1—上加强板；2—销轴；3—悬挂梁；4—下加强板；5—撞击杆；6—挡块；7—承击砧

要有一定的振打加速度，而且极板要有一定的位移量，基于这种振打机理，实际中采用了单点偏心悬挂。这种悬挂方式在极板的上、下端均焊有加强板，下加强板 4 插入下部的振打杆（又称撞击杆）5 中。由于极板是单点偏心悬挂，极板在自身重力矩的作用下，使极板紧靠于振打杆的挡块 6 上。振打时，极板绕上端偏心悬挂点回转，下加强板对于挡铁有一相对运动，极板下端的加强板与挡铁离开，产生一定的位移量（可达几毫米），当极板落下时再次与挡铁撞击，从而再次振动极板。

单点偏心悬挂的极板振打时位移量较大，振打力虽较小、板面振打加速度不大，但比较均匀，因此清灰效果好。这种悬挂方式适用于烟气温度较高的场合，板面振打加速度只要在 $(60 \sim 100)g$ 之间即可，但是，这种结构极板两端的加强板与极板的连接容易脱开。由于极板与加强板的厚度相差很大，因此，采用焊接连接时，焊接工艺难以保证。若用铆接，不但铆接工作量大，而且铆孔处易裂开，安装中调整也比较复杂，目前新设计的电除尘器已不采用这种悬挂方式。

三、撞击杆与承击砧

按阳极振打位置的不同主要分侧部振打和顶部振打两种方式。

侧部振打阳极排的下部由阳极振打杆固接，振打杆一侧装有承击砧。振打杆的形式，目前国内主要有两种：一种是由两片扁钢组成；另一种是由一根角钢组成。前者制造成本高、安装连接为螺栓加焊接，调整较复杂，但可靠性好；后者制造、安装简便。一般为虎克螺栓连接，并需专用工具。承击砧是由经过热处理的钢块或用铸钢精铸而成，表面硬度较高，作用是在运行时振打锤敲击时承受其冲击力。

顶部振打方式根据实际情况选择 2～5 块阳极板排，上部安装一个振打砧梁，周边焊接传力板。振打砧梁由圆钢和工字钢组成，传力板由楔形钢板做成，在振打锤敲击时受其冲击力。

第四节　阳极振打装置

阳极板上黏附的粉尘达到一定的厚度时，应有一种装置使阳极板产生抖动，从而使极板上粉尘脱离极板表面而落入灰斗中，这种装置就是通常所说的阳极振打装置。

由于极板的断面、连接方式和悬挂方式不同，因此，振打装置的形式、振打的位置也是多种多样的，如机械切向振打、弹簧凸轮振打和电磁振打等。电除尘器制造厂家采用最多的是下部电动式挠臂锤切向振打和顶部电磁振打。

极板清洁与否直接影响电除尘器的除尘效率，因此，为了清除极板板面的粉尘，极板需要进行恰当的周期性振打，通过振打使吸附于极板上的粉尘落入灰斗并及时排出，这是保证电除尘器有效工作的重要条件之一。振打装置的任务就是随时清除黏附在电极上的粉尘，以保证电除尘器正常运行。

对振打装置的基本要求是：

（1）应用适当的振打力；

（2）能使极板获得满足清灰要求的加速度；

（3）能够按照粉尘的类型和浓度不同，适当调整振打周期和频率；

（4）运行可靠，能满足主机大、小修的周期要求。

由于弹簧凸轮振打机构结构比较复杂，动力消耗也较大，因此 20 世纪 60 年代以后设计制造的电除尘器基本已不采用这种振打机构。

电磁振打装置，虽然结构较电动式挠臂锤振打复杂，但也有其自身的技术特点，从而占有一定份额的市场。

目前，我国电除尘器的阳极基本上采用下部旋转式挠臂锤切向振打装置和顶部电磁振打装置。旋转式挠臂锤切向振打装置安装于阳极板下部，从侧面振打，振打机构由传动装置、振打轴轴承、振打轴和振打锤等四部分组成。顶部电磁振打装置安装于阳极板上部，从顶部向下振打，振打机构由电磁锤振打器、振打砧梁、传力装置等三部分组成。

一、阳极下部旋转式挠臂锤切向振打装置

1. 传动装置

粉尘在电场内荷电后，在电场力的作用下，向阳极板驱动并吸附其上。实际中不希望粉尘马上脱离阳极板，而是希望粉尘积聚到一定的厚度后，呈片状或团状脱离阳极板。为达到这个目的，要从两方面来解决：一是控制振打力的大小，主要是设计时考虑振打锤的重量，因此在设计振打装置时，锤的质量要适当，避免选得过重；设计得当，可用最轻的锤，获得需要的振打加速度，既能降低材料消耗，又能提高除尘器运行的可靠性。二是采用合适的周期振打，主要是在传动装置上采用减速比大的减速机构，做到不是频繁地振打，对各个电场的传动装置实行程序控制，根据各台除尘器的实际运行情况进行程序调整，使其达到合理的振打周期，获得理想的收尘效果。

传动装置中的减速机构，目前国内外普遍采用行星摆线针轮减速机，其特点是减速比大、传动效率高、结构紧凑、体积小、重量轻，而且故障少、寿命长。

为了防止减速机承受过大的扭矩而损坏，可在输出轴上装设保险片或保险销。当振打轴受阻而产生过大的力矩时，保险片或保险销可断开，此时，电动减速机、链轮条仍在转动，振打轴不转，以此达到保护减速机的目的。除此之外，在电源控制装置中装有过流保护装置，也起到保护减速机的作用。若振打传动装置中的保险片或保险销断开，现场电气值班人员很难从仪表盘上判断振打机构工作是否正常，所以，值班人员一定要进行定时巡检。目前，还有一个方法是，在从动轴与主动轴之间加装报警装置，若发生保险片或保险销损坏，可以在控制盘上反映出来，使故障得到及时处理。另外，在处理的同时要分析原因，以彻底消除隐患。

小型电除尘器的振打轴都较短，轴受热后产生膨胀的位移量很小，因此，在传动装置中可不设吸收膨胀位移的伸缩节。但对于大型电除尘器，由于通道多、振打轴相对较长，在传动装置中就必须设有能吸收轴向、径向位移的伸缩节。现在大多直接采用汽车用的万向节总成或用有径向位移的柱销联轴节。

传动装置中的摆线针轮减速机的日常维护主要是注意润滑油或脂的添加，维修时应参照使用说明书。

2. 振打轴轴承

振打轴轴承转速低（一般为 0.4～1r/min），所以，对其运行精度要求并不高。但在除尘器壳体内处于温度较高，空间充满含尘气体的条件下工作，使得轴承不能添加润滑油脂。对火电厂、炼钢厂等采用的大型电除尘器而言，不允许轻易停炉检修，这就要求轴承在最恶劣的环境下可靠性要高，并且使用寿命要长（需满足主机大修周期要求）。正源于这些特殊要求，所以国内外电除尘器制造厂设计并制造出了多种形式的振打轴轴承，如铸铁滑动轴承、叉式轴承和托辊式轴承等，以设法适应各种不同的恶劣环境。

（1）铸铁滑动轴承。如图 3-7 所示，铸铁滑动轴承为上、下对开式，两端有大坡口，使灰尘不易堵塞，在轴与轴承的接触面上有利于振打轴灵活转动，耐磨损及受热膨胀时不抱轴。该轴承结构简单、制造容易、使用寿命长、成本低，国内外均有采用。其缺点是如果振打轴硬度不高，则长期运行后振打轴容易磨损。改进后，在轴上加 45 号钢的对开式轴套，使振打轴不易磨损，即使轴套长期运行产生磨损，更换也方便。

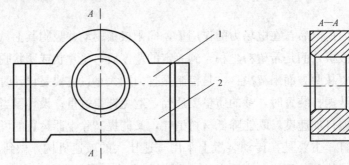

图 3-7　铸铁滑动轴承

1—上轴瓦；2—下轴瓦

（2）叉式轴承。如图 3-8 所示，叉式轴承结构简单，由两片扁钢交叉组成，振打轴与叉式轴承接触的部位有耐磨套，当振打轴转动时，该套可在叉式轴承的托板上滑动。托板耐磨套均经过热处理，使用寿命长。托板磨损严重时，只要变换托板一个面即可继续使用，托板更换或变换一个面均较方便。这种轴承虽然结构简单，但摩擦力较大，目前应用较少。

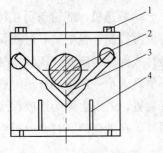

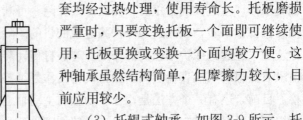

图 3-8　叉式轴承

1—压板；2—耐磨套；3—托板；4—轴承架

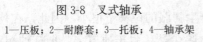

（3）托辊式轴承。如图 3-9 所示。托辊式轴承是将振打轴安放于 2 个或 4 个小滚轮上，且振打轴装有保护轴套，当振打轴转动时，小滚轮也随之转动。这种轴承不易积存粉尘，只有较小的摩擦力，不易产生卡轴现象，使用寿命长且运行安全、可靠，但其结构较复杂、价格较高。从实际使用来看，是较理想的轴承，应用较普遍。

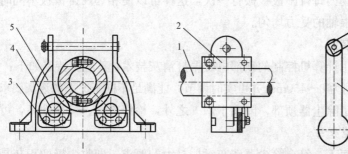

图 3-9 托辊式轴承

1—振打轴；2—耐磨套；3—小滚轮；4—小滚轮销轴；5—轴承架

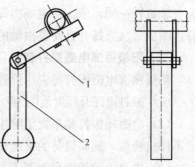

图 3-10 整体锤

1—锤臂；2—锤头

3. 振打锤

振打锤从结构形式上可分为整体锤和组合锤。

（1）整体锤。整体锤是指锤头和锤柄两者合为一体的振打锤，如图 3-10 所示。整体锤采用 40～50mm 厚的钢板整体切割而成，这样组成振打锤的零件少，出故障的几率也小，而且强度大，不易断裂，但耗钢量大。长期运行易造成锤头与极排承击砧钩住而损坏振打系统，这种现象在锤头提升时出现。

（2）组合锤。组合锤是指锤头和锤柄两者是分开加工后再合成的振打锤，如图 3-11 所示。组合锤耗钢量较整体锤省，加工也方便。因其锤头可 360°转动，故锤头提升时不会与承击砧钩住而损坏振打系统。

由于振打锤长期受冲击振打，因此其设计不能单纯作强度计算，而最好通过疲劳试验来确定各零件的材质、尺寸及加工技术要求（如热处理等）。由于各制造厂家选用的材质、热处

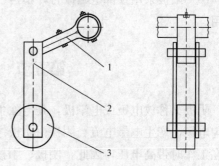

图 3-11 组合锤

1—锤臂；2—锤柄；3—锤头

理方式不同，其寿命也各不相同，但一般振打次数均可达几十万次，甚至一百万次以上。

锤头的重量与电除尘器阳极系统的结构、电除尘器在不同工况下运行所需的最小振打加速度有关，应通过振打试验来确定。

4. 振打轴

振打轴可在振打系统中传递动力，其上安装有振打锤头。振打轴一般用冷拉圆钢加工而成，也有用无缝钢管的。为了便于运输和安装，振打轴一般分数段制造，到安装现场后用套管或联轴器连成整体。为了使现场组装时容易将振打锤与阳极承击砧一一对齐，轴的连接应考虑采用允许有较大径向位移的联轴器。

振打轴穿过电除尘器壳体封板处应有良好的密封结构，否则会从外面漏入冷风，尤其是在高负压条件下运行的电除尘器，这点更为重要。

侧向振打的电除尘器，每电场的各排阳极承击砧相对应的锤都装在一根或两根轴上，也即在径向上所有的振打锤均按一定的角度间隔均布，一般选用 150°～195°的错位角度。

振打轴旋转一周，依次对电场内每排阳极板振打一次，这样可以使相邻两排极板不同时振打，减少二次飞扬并且使整根轴的受力均匀。

二、阳极顶部电磁振打装置

阳极顶部电磁振打是应用计算机控制的顶部电磁振打清灰技术，其主要特点如下：

（1）振打锤提升高度范围为 0～450mm 并可实时调节，能满足不同工况下的清灰要求。

（2）电磁锤振打器布置于除尘器顶部，隔离于烟气之外，检修方便、可靠性高，可实现不停机检修，提高设备的常运率。

（3）振打力的传递自上而下，符合除尘器清灰对振打力的要求，即收尘极的积灰是上端细而薄、下端粗而厚，对振打力的要求是上端大、下端小。这样，用较小的振打力即可满足清灰要求，二次扬尘最小。

（4）由于采用顶部振打，其纵向刚性由成型的防风沟予以保证，横向不承担刚性的要求，所以在极板中间不须轧制加强筋。振打时，极板面产生颤抖，使极板的积灰更易脱落，达到良好的清灰效果。

（5）阳极顶部电磁振打可划小振打区域，针对各电场、各区域的积灰特点采取不同的振打制度，区别应用减功率或断电振打控制技术，进一步提高振打清灰效果。

（6）阳极采用顶部电磁振打，不再占用电场，使得电除尘器本体空间得到最大限度的利用。

第五节　阴　极　系　统

阴极又称放电极或电晕极，是电除尘器的主要部件之一，其作用是与阳极一起形成非均匀电场，产生电晕电流。阴极由阴极线、阴极框架、阴极吊挂装置等部分组成。由于阴极在工作时带高电压，因此，阴极、阳极及壳体之间应有足够的绝缘距离和绝缘装置。

一、阴极线

阴极线又称放电线或电晕线，该线是在电场中产生电晕电流的零件。阴极线有多种形式，目前国内常用的几种形式如图 3-12 所示。

阴极线性能的好坏，直接影响到电除尘器的性能。故对于阴极线来说，在相同工况条件下，应具备以下特性：

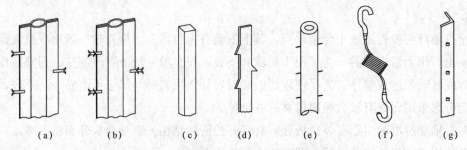

图 3-12　目前国内常用的几种阴极线形式

(a) 管形芒刺线；(b) 新型管形芒刺线；(c) 星形线；(d) 锯齿线；

(e) 鱼骨针刺线；(f) 螺旋线；(g) 角钢芒刺线

（1）牢固可靠、机械强度大、不断线、不掉线。每个电场往往有数百根至数千根阴极线，其中只要有一根折断或脱落便可造成整个电场短路，使该电场停止运行或处于低除尘效率状态下运行，从而影响整台电除尘器的除尘效率，使出口排放浓度提高，导致引风机叶片的磨损，寿命缩短。因此，阴极线在设计、制造时应考虑具有足够的机械强度。

（2）电气性能良好，阴极线的形状和尺寸可在某种程度上改变起晕电压、电流和电场强度的大小和分布。良好的电气性能通常是指使阳极板上的电流密度分布均匀、平均电场强度高；对于含尘浓度高、粉尘粒径细及高比电阻粉尘，均表现出极大的适应性。

（3）伏安特性曲线理想。指每个独立供电的电场或室通电后，伏安特性曲线的斜率要大，这意味着在相同的电压下粉尘荷电的几率大。

（4）振打力传递均匀，有良好的清灰效果。电场中带正离子的粉尘在阴极线上沉积，积聚达到一定厚度时，会大大降低电晕放电效果，故要求极线黏附粉尘要少。也就是说，通过振打，极线上积聚的粉尘能轻易地脱落。

（5）结构简单、制造容易、成本低。

下面介绍几种常用阴极线及其特点。

1. 管形芒刺线（RS线）

管形芒刺线主材一般采用冷轧薄板轧制点焊而成，先轧制两个半圆管并点焊成圆管作为主干，再在圆管上焊上（或冲击）若干个芒刺，最后主干两头加装连接管。

在电场内，当芒刺线通上高压直流电时，在刺尖能产生强烈的电晕放电。强烈的离子流能破坏负空间电场效应，避免出现电晕闭塞；同时，强烈的离子流还能产生速度很快的电风，电风能促进带电粉尘向阳极板移动，大大地增高了粉尘的驱进速度，从而提高除尘效率。实践证明，只要芒刺线的结构及振打加速度选择合理〔一般芒刺线上的法向加速度值最小点应在(50~100)g范围内〕，安装正确，使用工况在正常范围内，一般不会产生刺尖结瘤。

在相同条件下，起晕电压越低就意味着单位时间内的有效电晕功率越大，除尘效率越高。管形芒刺线的起晕电压为15kV，是起晕电压最低的极线之一，其极线强度好，在热态运行情况下不易变形；振打力传递及清灰效果好，不易断线；对烟气变化的适应性强，在含尘浓度高时不发生电晕封闭，对含尘浓度低、粒径细的粉尘也表现出极大的适应性。此外，该极线制造容易、质量小，材料采用碳钢，成本低，安装也较方便。

但是，管形芒刺线的线电流密度不够均匀，降低了有效的收尘面积，也即降低了阳极板的有效利用率，因为圆管区域没有放电尖端，不产生电晕放电，在阳极板上存在电流为零的"死区"。这种新型管形芒刺线（见图3-12）原为两刺芒刺，现在芒刺根部增加两个小刺改为四刺芒刺，从而改变了该区域电流死区的现象，达到了提高线电流密度均匀性的目的。在不改变原极间距的情况下，配以该极线就能提高除尘效率。由于管形芒刺线具有以上优点，因此是目前国内应用最广泛的极线。

2. 螺旋线

螺旋线是用直径为2.2~3.5mm的高镍不锈钢或其他材料，在专用机器上绕成弹簧状，两端有做成弯钩形的螺旋线保护套管作为连接。安装时用专用工具，将弹簧状螺旋线拉伸后，将两端的弯钩钩入阴极框架的上、下两挂钩孔内即可，注意螺旋线不得过拉。螺旋线是靠拉伸后螺旋线自身的弹力来限制极线的横向移动，振打时极线会产生抖动，使其保持清洁。螺旋线上的振打加速度最小点应在$(30\sim50)g$范围内。

螺旋线的曲率半径较大，能产生强烈的电晕放电，与极板间能产生较均匀的板电流，使极板收尘区域大且分布均匀，所以能大大提高除尘器的除尘效率；对高烟气流速、高比电阻和较细的粉尘适应性强，安全可靠性高，振打力的传递和清灰效果好，制造简单，包装运输方便，还有一个最大的特点是安装容易，只要将极线两端的钩子钩在阴极框架上的挂钩孔内即可，并且不需要调整极线的直度，大大缩短了安装时间。

3. 星形线

星形线有两种形式，一种是星形直线，另一种是星形扭线，性能相似。

星形线常用4或6mm的方钢制成，有的将其断面轧制成四边内凹、四菱角突出的星形，两端有螺纹段，用螺栓连接。

星形线的优点是易于制造、成本较低、包装运输方便、放电均匀，适用于靠后电场或含尘浓度低的场合，缺点是截面小、易断线、运行中容易吸附粉尘而产生极线肥大现象。由于该极线存在牢固性差、对不同含尘浓度烟气的适应性差等缺点，因此目前国产电除尘器中使用星形线的逐步减少，趋向是以其他极线所替代。

4. 锯齿线

锯齿线是用厚度为2mm左右的普通碳素钢板冲制成形的，主干与芒刺同时冲成一整体，两端焊上两个螺栓作连接。

锯齿线的电气特性较好，即起晕电压低、伏安特性好、制造容易、成本低、包装运输方便，对较高的烟气流速适应性强，对较高比电阻的粉尘适应性也较好。但从国内目前的应用情况来看，断线率较高，原因：①国产锯齿线宽度窄（最小宽度为5mm）、强度小；②在轧制过程中产生机械损伤；③锯齿线两端连接方式存在问题。但锯齿线目前还有一定数量的采用。

5. 鱼骨针刺线

鱼骨针刺线是以一个圆管作为主干，在主干上穿入鱼骨针后，在针的根部端点焊或挤压，两端加连接板制作而成，是一种刚性极线。

鱼骨针刺线起晕电压低，强度高，在高温下不变形，振打力传递及清灰效果好，对高的烟气流速及高的粉尘浓度适应性都较好。但从国内应用情况来看，其主要问题是易掉针，制造较复杂，运输过程中鱼骨针易歪斜变形，逐根校正费工费时。

鱼骨针线一般以辅助电极或锯齿线组合使用，目前国内有些制造厂家仍采用这种极线。

6. 角钢芒刺线

角钢芒刺线是用小角钢作主干，直接在主干两侧按一定间距冲出10mm左右的芒刺，两端焊上连接螺栓制作而成。

该极线的刚度大，能产生强烈的电晕，对高浓度粉尘的适应性强，电气伏安特性曲线较理想，制造比管形芒刺线容易，成本较低，起晕电压与锯齿线相近，但振打力传递性较差，目前国内应用较少。

在同极距为400mm的情况下，以上6种常用阴极线的起晕电压与板电流密度见表

3-2，伏安特性见图 3-13。

表 3-2　　　　　　　　常用阴极线起晕电压和线电流密度

名称	起晕电压（kV）	线电流密度（mA/m）	名称	起晕电压（kV）	线电流密度（mA/m）
管形芒刺线	15	1.3	角钢芒刺线	20	2.02
鱼骨针刺线	15	1.243	螺旋线（ϕ2.7）	28	0.87
锯齿线	20	1.88	星形线	35	0.993

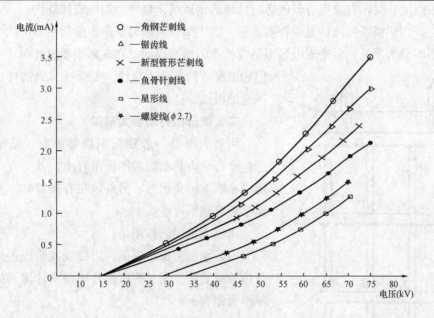

图 3-13　常用阴极线的伏安特性曲线

在相同的试验条件下，从不同的角度对管形芒刺线、鱼骨针刺线、锯齿线、角钢芒刺线、螺旋线、星形线作一比较后得出（按由好到差的顺序排列）：

（1）按牢固可靠程度及机械强度大小，排列顺序是：鱼骨针刺线、新型管形芒刺线、螺旋线、角钢芒刺线、星形线、锯齿线；

（2）按起晕电压低的程度，排列顺序是：新型管形芒刺线、鱼骨针刺线、角钢芒刺线、螺旋线、星形线；

（3）按板电流密度的分布均匀性，排列顺序是：螺旋线、星形线、新型管形芒刺线、管形芒刺线、锯齿线、鱼骨针刺线、角钢芒刺线；

（4）按伏安特性曲线的优劣，排列顺序是：角钢芒刺线、锯齿线、新型管形芒刺线、鱼骨针刺线、螺旋线、星形线；

（5）按对高浓度粉尘的适应性，排列顺序是：角钢芒刺线、锯齿线、新型管形芒刺线、鱼骨针刺线、螺旋线、星形线；

（6）按振打力的传递性能，排列顺序是：螺旋线、鱼骨针刺线、新型管形芒刺线、角钢芒刺线、星形线、锯齿线；

（7）从经济角度考虑，排列顺序是：星形线、锯齿线、角钢芒刺线、新型管形芒刺线、鱼骨针刺线、螺旋线。

从以上不同角度的比较可以看出，每种阴极线都有其自身的优点。从牢固可靠性、对各种烟气的适应性和经济性等综合来看，排列顺序应是：新型管形芒刺线、锯齿线、管形芒刺线、螺旋线、角钢芒刺线、鱼骨针刺线、星形线。另外应强调的是，对于不同的烟气性质和除尘器结构应选择不同的阴极线。例如，一电场含尘浓度较高时，容易产生电晕封闭，因此宜选用新型管形芒刺线或螺旋线；而对于后几个电场或末电场，由于烟气含尘量较低、灰尘粒度细、黏性大，比电阻较高等特点，宜选用螺旋线；电场内烟气流速高（1.3m/s 以上）时，宜选用对风速适应性强的锯齿线、鱼骨针刺线或螺旋线。

总之，在阴极线的选择上要特别慎重，因为阴极线断裂所产生的后果对电除尘器正常运行的影响最为严重，会造成电场短路或严重闪烁。因此，在电除尘器设计中，应根据不同的工况条件，从适应性、安全性、经济性出发，合理选配极线。

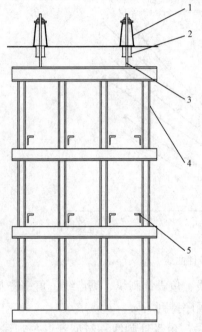

图 3-14　阴极大框架

1—电瓷套管；2—防尘套；3—吊杆；
4—阴极大框架；5—轴承底座

二、侧部振打阴极大框架

阴极大框架一般用型钢拼装而成（见图 3-14），悬挂于每个电场前后的阴极吊杆上。其上有用以安装阴极小框架的角钢等，另外，在有振打轴一侧的大框架上装有轴承底座。

阴极大框架的作用是：

（1）承担阴极小框架、阴极线及阴极振打轴和振打锤的荷重，并通过阴极吊杆把荷重传递到绝缘支柱或绝缘瓷套上；

（2）按设计要求使阴极小框架在其上定位。

由于电除尘器的大框架的外形尺寸通常超出运输规定，因此，在制造时是分段、分件制造，散件发运，于安装现场与小框架组装成一体。

三、侧部振打阴极小框架

阴极小框架的作用有两个：一是支承并固定极线使之按一定间距和方向排列；二是传递振打力，确保阴极线的清洁。

阴极小框架分为笼式阴极小框架和单元式阴极小框架两种。

1. 笼式阴极小框架

笼式阴极小框架如图 3-15 所示，根据电场高度不同，由 2～4 层小框架组成，小框架由方管与角铁焊接而成。为了便于运输及安装，将框架分成几块制造。方管主要用来固定极线，左右两方管中心间距即为同极距。安装时，只要将小框架对齐固定在大框架上即可组成笼式框架。在电场内，将极线逐根安装在上下相邻小框架之间的方管上，在方管上焊有连接件，极线安装方便。极线清灰是将振打锤直接振打于连接中层小框架的角铁上。

笼式阴极小框架与大框架是融合成一体的组合，通过安装在框架竖梁上的拉杆来调整框架安装精度，操作方便。

笼式阴极小框架是目前应用最多的一种结构形式。该结构一般与阳极板为自由悬挂方式配合使用。

2. 单元式阴极小框架

单元式阴极小框架（见图 3-16）一般是由直径为 30mm 左右的钢管焊接而成。为了便于运输，在宽度方向（沿电场烟气方向）分为上下两半制造，安装现场拼装成一体。对安装锯齿线的小框架，为防止极线过长而发生断线，框架沿高度方向分成 4 个间隔，每个间隔一般为 1.2～1.4m；对安装管形芒刺线或鱼骨针刺线的小框架，则把每个框架沿高度方向分为 2 个间隔，每个间隔一般为 2.5～3.5m。在框架上还装有阴极振打承击砧和支架，承击砧用来承受阴极振打锤的冲击力，支架则用来把小框架固定在阴极大框架上。

该结构在阳极板为紧固型悬挂和自由悬挂方式中均可使用。

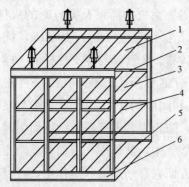

图 3-15 笼式阴极小框架

1—上层小框架；2—角铁；3—中层小框架；4—方管；
5—下中层小框架；6—阴极大框架

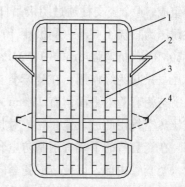

图 3-16 单元式阴极小框架

1—框架；2—支架；3—阴极线；
4—振打承击砧

四、顶部振打阴极刚性小框架

顶部振打阴极刚性小框架是由焊接管拼接而成，它一般采用单桅杆形式，上、下安装加强杆，中间一般间隔 1.2～2.0m 布置一根横管，横管之间用于极线的安装。刚性小框架采用上吊下垂结构，振打力通过中间主桅杆从上往下传递，振打加速度分布比较均匀，可防止极线剪切破坏、变形及断线等问题，同时也可有效抑制由热产生的热延伸变形。

五、阴极吊挂装置

阴极吊挂的作用有两个：一是承担电场内阴极系统的荷重及经受振打时产生的机械负荷；二是使阴极系统与壳体之间绝缘，并使阴极系统处于负高压工作状态。

目前，阴极吊挂有套管型和支柱型两种形式。

1. 套管型吊挂装置

侧部振打套管型吊挂装置的结构如图 3-17 所示。每个电场或室有 4 个电瓷套管或石英套管，装在每个电场或室的内顶盖上。每个吊点用一个套管，通过阴极吊杆将阴极系统的荷重及振打时的机械负荷，直接吊挂在电瓷套管或石英套管上。套管承受荷重，又起壳体绝缘的作用，套管与内顶盖及上部承压金属盖之间用密封圈密封，金属盖板一般无须留热风吹扫孔，检修时旋转金属盖板，使上下孔对应，擦清瓷套管内壁少量粘灰即可。如粉尘黏性较大，瓷套内可能积灰严重，可考虑金属盖板与支承板预留 5mm 左右的间隙，利用电除尘本体负压形成自动吹扫，防止积灰。

顶部振打套管型吊挂装置不但要考虑吊挂，也要考虑顶部振打力的传递，它主要由吊梁、悬吊管、悬吊螺母、支承盖和承压绝缘子构成，阴极系统通过砧梁悬挂在阴极吊梁上。悬吊螺母底部增设了球面接触装置，可使阴极悬吊始终保持铅垂状态，解决了由于安装或变形等引起的系统移位影响设备安全运行等问题。传力采用吊梁与砧梁这种吊打分开式的阴极悬挂振打系统，振打配置灵活、着力点位置合理、传力效率高。

2. 支柱型吊挂装置

支柱型吊挂装置的结构如图 3-18 所示，每个电场或室有 4 组绝缘支柱，安装在每个电场或室的前后大梁中，而每组绝缘支柱又由 4 个瓷支柱、1 个瓷套管、阴极吊杆及防尘套等组成。4 个瓷支柱通过阴极吊杆和横梁承担了阴极系统的荷重及振打时的机械负荷。瓷柱耐压为直流 100kV（同极距 400mm 及以下时），抗压强度 440～540MPa，抗拉强度 30～50MPa，抗弯强度 60～100MPa，耐温 150～250℃。瓷套管与瓷支柱材质一样，但它不承压，只起绝缘作用。在瓷套管上有一法兰盖，有的不开孔。不开孔的法兰盖在安装时，需与瓷套管上平面留有 10mm 左右的间隙，孔和间隙的作用都是为了使大梁中干净的正压热空气由此进入瓷套管，对其进行热风吹扫，防止瓷套内壁粘灰结露而引起表面电击穿。在瓷套管的下端有钢制防尘套，它处于电场烟气中，其作用一方面是能防止烟气直接吹入瓷套管内部，以免造成瓷套内壁粘灰；另一方面它有一定的收尘作用，可以减少粉尘进入瓷套管内。阴极吊杆上端有一组螺母和蝶形弹簧垫圈，固定在瓷支柱上面的横梁上，下端与阴极大框架相连接，从而达到承重和绝缘的目的。

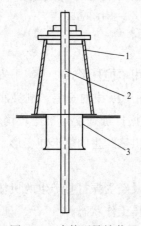

图 3-17　套管型吊挂装置

1—瓷套管；2—吊杆；3—防尘套

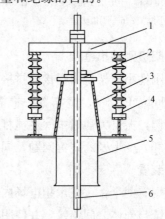

图 3-18　支柱型吊挂装置

1—横梁；2—法兰盖；3—瓷套管；4—瓷支柱；5—防尘套；6—吊杆

3. 电瓷与石英套管

（1）电瓷套管。电瓷套管在低温下具有良好的电绝缘性能，一般用于烟气温度不超过 250℃的电除尘器上，其抗压强度、抗冲击性能均比石英套管优越（瓷套在室温下的压缩破坏负荷不小于 500kN），同时运行安全可靠、造价低、安装方便，而且适用于各大、中、小型电除尘器，是目前国内常规电除尘器中应用最广泛的绝缘套管。

（2）石英套管。石英套管在高温（可达800℃）下具有良好的电绝缘性能，可用于烟气温度较高（250℃以上）的电除尘器上。但其抗压强度、抗冲击性能相对较差，且价格高，一般只用于特殊工况的小型电除尘器上，目前国内应用很少。

第六节　阴极振打装置

工业电除尘器一般都采用负电晕制。电除尘器工作时绝大多数粉尘是吸附负离子，在电场力作用下向阳极沉积，但也有少量的粉尘吸附了阴极线附近的正离子而沉积在阴极线上。当粉尘沉积到一定厚度时，会大大降低电晕效果。所以，必须及时清除阴极线上的积灰，保证阴极线正常放电，使电除尘器能正常运行。

阴极振打装置的作用是连续或周期性地敲打阴极小框架，使附着在阴极线和框架上的粉尘被振落，其主要目的是阴极系统的清灰而不是收尘。

阴极振打与阳极振打的振打原理基本相同，主要区别在于：阴极振打轴和振打锤带有高压电，所以必须与壳体及传动装置相对绝缘，每排阴极线所需振打力比阳极排小，故阴极振打锤相应比阳极振打锤轻。

阴极振打与阳极振打一般均要求间断振打，阴、阳极振打及前后相邻电场振打时间尽量错开，以避免引起较大的二次飞扬而影响效率。

阴极振打装置的形式很多，下面介绍几种常用的结构。

一、旋转挠臂锤振打的传动装置

在每电场或室的一个阴极大框架上安装一根或数根水平振打轴，轴上安装若干副振打锤。当轴旋转时，锤头被背起，锤头的运动与挠臂锤一样，当锤头落下时，即打击到安装在框架上的承击砧上，从而达到振打清灰的目的。旋转挠臂锤振打传动装置常用的有侧面传动与顶部传动，如图3-19所示。

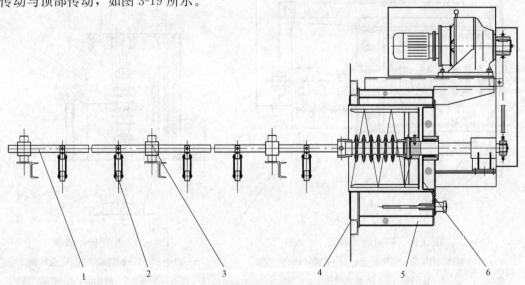

图3-19　旋转挠臂锤振打传动装置

1—振打轴；2—挠臂锤；3—尘中轴承；4—本体壳体；5—保温箱；6—阴极振打传动装置

1. 侧面传动装置

这种振打与阳极振打的传动方式相同，只是振打装置安装在阴极小框架的中部。传动装置如图 3-20 所示，减速电动机通过一链轮传动，促使装在大链轮上的短轴回转；短轴经过万向节与电瓷转轴连接，然后与振打轴相接。由于振打轴和阴极大框架在电场内受烟气的热膨胀会伸长，因此为防止出现锤头错位和轴转动卡死现象，用万向联轴节或有径向位移的柱销联轴节来补偿热膨胀位移；传动装置的绝缘通过电瓷转轴来实现。电瓷转轴应能承受 60～100kV 的直流电压以及大于 600N·m 的扭矩，一般用保温箱加管式电加热来加热并保温。保温箱内电瓷转轴部位的清灰可采用两种方式：一种是通过保温箱内装螺旋装置来实现，螺旋装置的转向与振打轴的转向相反，运行时使进入保温箱的粉尘能不断排入电场内，此方式目前应用较多。另一种是通过绝缘密封板来实现，绝缘密封板一般采用 5mm 厚的、具有良好绝缘性能的聚四氟乙烯板制成，它不仅起到与壳体绝缘的作用，而且起到电瓷转轴保温箱与电场内含尘烟气隔绝的作用，但绝缘密封板积灰后会降低绝缘性能，影响运行。

2. 顶部传动装置

为了改善传动轴绝缘瓷轴的工作条件和减少传动电动机，可将传动装置布置在电除尘器顶部，结构如图 3-21 所示。这种传动装置是通过针轮啮合来传递动力，通过一对 90°交叉的大小针轮将垂直回转变成水平回转，带动带有振打锤的水平振打轴回转，从而实现旋转挠臂锤振打（见图 3-22）。

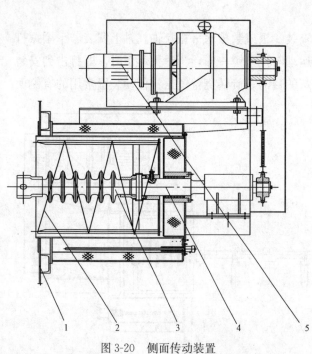

图 3-20 侧面传动装置

1—本体壳体；2—螺旋装置；3—电瓷转轴；
4—传动轴；5—减速电动机

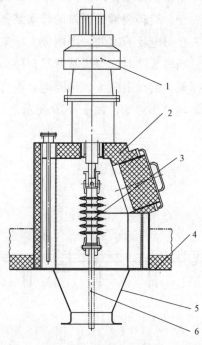

图 3-21 顶部传动装置

1—减速机；2—保温箱；3—电瓷转轴；
4—大梁顶平面；5—防尘套；6—传动竖轴

顶部传动装置补偿框架受热变形和垂直转动轴受热伸长的方法与侧面传动装置相同，

也是通过万向节或有径向位移的柱销联轴节来实现。垂直传动轴的重量由轴端的支承盘来承担，支承盘焊接在阴极竖梁上。

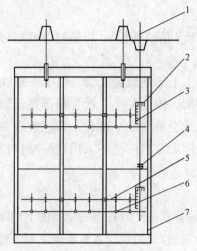

图 3-22 针轮传动振打装置

1—传动竖轴；2—小针轮；3—大针轮；4—轴承；

5—振打轴；6—振打锤；7—阴极大框架

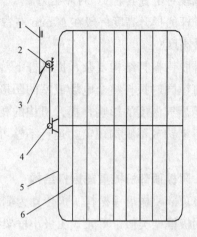

图 3-23 提升脱钩振打装置

1—提升杆；2—转轴；3—曲柄；4—振打锤；

5—阴极小框架；6—阴极线

传动装置放在电除尘器顶部且自带保温箱，采用管状加热器对保温箱加热即可达到电瓷转轴保温的目的。

由于应用了垂直竖轴传递动力，因此在竖轴上可安装两对以上的针轮啮合副，与侧向传动相比，传动电动机可减少 1/2 以上，节省了运行费用和制造成本，减少了安装、维护及检修的工作量。

这种顶部安装减速电动机、通过针轮传动的机构，由于具有以上诸多优点，因此目前国内外应用非常普遍。

二、提升脱钩振打装置

在每电场或室的一个阴极大框架上安装一根水平振打轴，轴上安装若干振打锤，在轴的某一处固定一个曲柄与上下移动的提升杆铰接。当提升杆向上运动时，曲柄转动一个角度，此时固定在轴上的所有锤头同时摆过一个角度而得到提升；当提升杆自由下落时，锤头在重力作用下振打阴极小框架的承击砧，使框架和阴极线产生振动，从而达到清灰目的。提升脱钩振打装置如图 3-23 所示。

提升脱钩振打的典型结构如图 3-24 所示。减速电动机安装在电除尘器的顶部，当转轴 1 作回转运动时，轴上固定的曲柄 2 也作相应运动，曲柄一端连接的链条 3 则上下运动。链条的另一端挂绝缘子 4 及吊钩 5，当链条下落时，提升钩钩住提升杆 6；链条向上运动时，提升钩则提起提升杆，链条升至一高

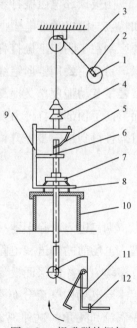

图 3-24 提升脱钩振打
的典型结构

1—转轴；2—曲柄；3—链条；
4—绝缘子；5—吊钩；6—提升
杆；7—减震弹簧支座；8—支
架；9—减轴；10—电瓷套管；
11—锤头；12—承击砧

度后，提升钩的连杆与销轴 9 相碰，摆角过大时，提升杆脱落，从而使锤头 11 敲击小框架相连的承击砧 12，从而达到清灰目的。提升杆脱落时，落在下部装有减震弹簧的支座 7 上，以减缓对电瓷套管 10 的冲击力。

提升杆的提升高度一般在 40mm 左右（小于 2 倍曲柄长），可通过改变销轴 9 的位置调节提升高度。

提升脱钩振打结构复杂，提升杆下落时冲击下部绝缘瓷套管。由于一根轴上安装的所有振打锤同时振打整个电场或室的阴极小框架，因此粉尘二次飞扬严重，影响除尘效率。由于烟气温度的影响，提升机构的相关尺寸会经常发生变化，需经常调节，否则会出现挂不上钩或不脱钩现象，运行不够可靠。因此，目前已不采用这种振打机构和振打方式。

三、阴极顶部机械重锤振打结构

阴极顶部机械重锤振打阴极传动为侧面传动装置，安装在电除尘器的上侧部。电除尘器内部阴极框架类似于单元式阴极小框架结构，振打受力点设置在框架上部，框架通过横梁及吊挂系统支承在内顶上。此结构的特点是电除尘器的高度有所增加，因为把阴极振打放置在了电场顶部位置，所以相同有效长度的电场柱间距大大减小，适用于场地受到限制的项目，特别是改造项目。

四、阴极顶部电磁振打装置

阴极顶部电磁振打装置由振打杆（上、下）、绝缘轴和电磁锤振打器构成，振打原理和特点与阳极顶部电磁振打基本相同，都是应用计算机控制的顶部电磁振打清灰技术，主要区别在于阴极下振打杆带有高压电，必须考虑与电磁锤振打器等其他零部件的相对绝缘，目前主要用锥形绝缘轴来保证绝缘要求，配置上、下刚性可拆卸式锥套连接装置，既减轻了劳动强度，又提高了安装精度。在使用中越打越紧，不会松动，没有应力集中，从而提高了顶部振打传力效果，并从结构布置上解决了阴极振打断轴的问题，使得设备运行可靠性得到进一步提升。

第七节　气 流 分 布 装 置

烟气进入电除尘器一般都是从小断面的烟道过渡到大断面的电场内。所以，要在烟气进入电场前的烟道和电除尘器的进口封头处加装导流板和气流分布板，使进入电场的烟气分布均匀，才能保证设计所要求的除尘效率。

若电场内气流分布不均匀，则意味着烟气在电场内存在高、低速度区，某些部位存在涡流和死角。这种现象的出现，在流速低处所增加的除尘效率，远不足以弥补流速高处除尘效率的降低，因而平均后的总除尘效率降低；此外，高速气流、涡流会产生冲刷作用，使阳极板和灰斗的粉尘产生二次飞扬。因此，不良的气流分布会严重影响电除尘器效率。

关于电除尘器气流分布均匀性的评定，目前国际上尚无统一标准，而我国采用的是相对均方根法。相对均方根差系数 σ_r 可用下式表示，即

$$\sigma_r = \sqrt{\frac{1}{n-1}\sum_{i=1}^{n}\left(\frac{v_i-\overline{v}}{\overline{v}}\right)^2} \tag{3-1}$$

式中　v_i——测点上的流速；

　　　$\overline{v}$——断面平均流速；

　　　n——断面测速点数。

气流分布完全均匀时 $\sigma_r=0$，实际上工业电除尘器的 σ_r 值处于 0.1～0.4 之间。我国机械行业标准规定：第一电场进口截面测得的相对均方根差系数 $\sigma_r \leqslant 0.25$，各封头（室）的流量和理想分配流量的相对误差不超过±5%。

因大多数电除尘器烟道走向不同，要解决气流分布均匀性问题，可通过经验、物模试验、数模试验等来确定气流分布装置的结构形式和技术参数。物模试验用模型的设计应符合与实体几何相似的准则，模型比不小于 1：16，模型中应设模拟极板。

气流分布装置由分布板、导流板组成，有的还设有分布板振打。

一、分布板

分布板又称多孔板，其作用是把分布板前的大规模紊流分割开来，在分布板后形成小规模紊流，而且在短距离内使紊流的强度减弱。分布板的开孔率（圆孔面积与整个分布板面积之比）、设置层数及分布板之间的距离，应通过经验或试验确定。进口封头一般设置 2～3 层分布板，平接口封头设置 3 层分布板，上接口或下接口封头设置 2 层分布板，出口均设置 1 层无孔气流分布板。

进口分布板采用厚度为 2.5～3mm 的钢板制作，并在分布板上按要求打孔。为了防止粉尘堵塞气流孔，有些公司采用直径为 85mm 的大孔径，每块分布板投影宽度约 360mm，沿高度方向可以分段加工，到现场拼装。为加强分布板的刚度和导流作用，每块分布板两侧有折边，折边的宽度可根据需要确定。一般分布板上端用螺栓连接到进、出口封头内，下端与封头下封板保持 120mm 左右的垂直间隙，整个分布板呈自由悬挂状态。

二、导流板

导流板分烟道导流板和分布板导流板。

烟道导流板安装在气流改变方向的弯头或改变速度的变径烟道内，一般采用厚度为 6～8mm 的钢板制作，其作用是将烟道内的气流在进入电除尘器前分割成大致均匀的若干股。

分布板导流板安装在分布板上，一般采用厚度为 2.5～3mm 的钢板制作，其作用是将斜向气流导向成与分布板垂直的气流，使气流能水平地进入电场，同时使电场区的气流分布均匀。

三、分布板振打

除粉尘黏度大的电除尘器外，一般的电除尘器都不设分布板振打；而对于粉尘黏度较大的电除尘器，可以设置分布板振打。

气流分布板和导流板的安置如图 3-25 所示。

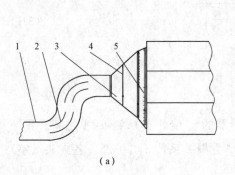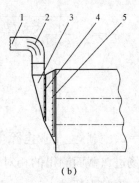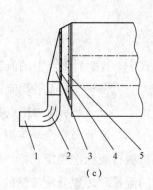

（a） （b） （c）

图 3-25 气流分布板和导流板的安置

（a）平接口形式；（b）上接口形式；（c）下接口形式

1—进口烟道；2—烟道导流板；3—进口封头；

4—气流分布板；5—分布板导流板

第八节 灰斗与灰斗挡风

一、灰斗

灰斗是收集并短时储存灰尘的容器，位于壳体下部，焊接在底梁上，其形状分为锥形、槽形（船形）两种形式。为了使粉尘能顺利下落，灰斗壁与水平面的夹角一般不小于60°；对于与造纸碱回收、燃油锅炉等配套的电除尘器，由于其粉尘细、黏度大，因此灰斗壁与水平面的夹角一般不小于65°。

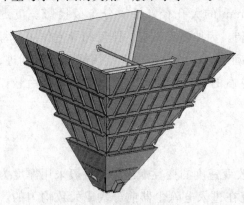

图 3-26 锥形灰斗

1. 锥形灰斗

锥形灰斗应用广泛，其外形如图 3-26 所示。每个灰斗的长度对应于一个电场，灰斗下口一般为正方形，常用的接口尺寸为 400mm × 400mm、500mm × 500mm、300mm × 300mm，也可用圆形接口。灰斗的容积根据所捕集的粉尘密度、粉尘量与安息角决定。实际上，在正常运行中灰斗不可能储满灰，特殊情况是棚灰或输灰系统发生故障堵灰而满斗，甚至满灰至阴阳极系统，造成搭桥短路、极板脱

钩、振打轴断裂等事故。因此，运行中需密切关注灰斗内灰量的变化，避免灰位过高。灰斗排灰最好是连续进行，如输灰系统不能满足此要求而为间隔排灰，则间隔时间不宜太长。灰斗一般由普通低碳钢钢板（厚度为 5mm 左右）加工制作，并在外壁焊上加强筋，斗内再用管撑加强。灰斗四角内边贴焊 R200 圆弧板，一方面有利于粉尘下落，另一方面也可增加角部强度。灰斗上部连接底梁，下部连接输灰系统，一般要求严格密封。

2. 槽形灰斗

槽形灰斗应用很少，其灰斗的长度较长，一般每个灰斗的长度对应于两个或两个以上电

场。目前，槽形灰斗主要应用于造纸碱回收电除尘器，因为碱回收粉尘具有细、轻、黏的特点，所以很多用户都倾向于用槽形灰斗配刮板机来输送粉尘，其目的是避免粘灰、堵灰。

二、灰斗附件

1. 灰斗加热

灰斗加热设置在灰斗下部（小灰斗），可分为电加热和蒸汽盘管加热两种形式，其目的是通过加热使斗内粉尘热量不至于散失过快，避免粉尘冷却黏结，有利于粉尘顺利排放。一般电除尘器均要求设置灰斗加热。

（1）电加热，电加热又可分为管式加热和板式加热。

1）管式加热：灰斗下部（小灰斗）制作成双层结构，形成一个密闭的环形空间，每只灰斗用 n 个 1.5kW 的灰斗专用管式加热器插入到环形空间加热空气，加热器采用抽屉式结构。此加热方式具有加热效果好、能耗低、检修与更换非常方便的特点，是目前应用最多的一种加热方式。

2）板式加热：板式加热是由若干块状加热板直接贴在灰斗下部（小灰斗）壁上进行加热，外部敷设保温结构。板式加热虽然具有较好的加热效果，但其检修及更换工作量较大，需拆除保温结构，且能耗较大，一般一只灰斗需 10kW 功率加热。

（2）蒸汽盘管加热。在灰斗下部（小灰斗）的三面外壁上安装盘绕无缝管，盘管上端与进汽管连接，下端与出汽管连接，主要通过向盘管内不断输送具有一定压力和温度的蒸汽来达到加热的目的。盘管外侧敷设钢板网后再做保温结构。采用此加热方式的，用户需提供汽源，在制作、组装时要求管子耐压、不漏风，在此前提下，可以长期稳定地运行，减少检修工作量。

2. 灰斗保温

为了避免粉尘冷却后黏结，灰斗外壁需全部保温，保温材料及厚度可根据用户要求及计算确定。为了取得更好的保温效果，保温棉一般分两层且错缝敷设。

3. 气化板

气化板安装在灰斗出口附近，一般每个灰斗对称安装两件。外加的热空气通过气化板进入灰斗，可增加出口处粉尘的流动性，同时可防止粉尘由于温度下降而受潮结块，对出口处顺畅排灰起到辅助作用。气化板可根据用户要求确定是否设置。

4. 其他

在灰斗下部需设置捅灰管，如果发生灰斗出口堵塞，运行时可通过捅灰管进行人工疏通；另外，还可在壁上设置手动敲击的振打砧，但不宜设置仓壁振动器。从安全角度考虑，灰斗一般不设人孔门，而在靠近出口处设置一取物手孔，主要是为了安装及检修时杂物掉落后方便拾取，也可作为应急排灰口。

三、灰斗挡风

为了防止烟气流经灰斗旁路串气而降低除尘效率，灰斗内部通常装有挡风板，又称为灰斗阻流板。如图3-27所示，每个灰斗前后均设置两道挡风板，挡风板一

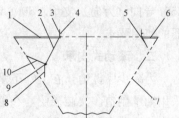

图 3-27　灰斗挡风

1、6、10—拉杆；2、3、5、8—挡板；
4—槽钢；7—灰斗；9—钢管

般采用 3mm 厚的碳钢板制作，设计及安装时需注意挡板角度及落灰间隙，避免粉尘在挡风板上堆积。

第九节 电除尘器的支承

电除尘器的支承是电除尘器本体立柱与基础（或钢支架上平面）的连接件，除支承电除尘器本体及灰载、风载等载荷外，还要求能适应电除尘器工作过程中由于温度影响、壳体热胀冷缩的位移要求。

电除尘器的支承是通过支承内的上下承压件来接受电除尘器的垂直压力。当温度变化时，除尘器壳体的伸缩引起立柱的水平位移，从而使支承产生一个相应的水平推力。该水平推力克服上、下承压件之间的摩擦阻力，使上、下承压件之间产生相对运动，以满足主机正常工作的需要。

按照承压板的摩擦形式不同，电除尘器的支承可分为滑动式支承与滚动式支承；根据移动方向不同，又可分为固定式、导向式及万向式。一台电除尘器的支承有几个到几十个不等，通常一个为固定式支承，限制支承的各方向移动；与固定式支承水平连接线的支承以及垂直于固定式支承水平线的支承均为导向式支承，它只允许支承向一个方向移动；其余为万向支承。

一、滑动式支承

滑动式支承是目前应用最广泛的一种的支承，上、下承压面之间嵌有减摩材料制成的承摩片与对偶件。滑动式支承的承摩片，有采用聚四氟乙烯、铜基粉末冶金的，还有采用铜合金聚四氟乙烯粘合摩擦片，对偶材料为不锈钢，通过承摩片与不锈钢之间的相对滑动来满足除尘器立柱位移的要求，这种支承结构承载能力大、尺寸稳定。

1. 导向滑动支承

导向滑动支承由顶板、导轨、摩擦片、不锈钢垫板、密封圈、球面轴承及轴承座组成，并带有注油孔，如图 3-28 所示。其中，球面轴承可自动调节顶板平面度，在重载和低速滑动时摩擦系数最大为 0.05，安装时在球面和摩擦面涂上润滑脂。

2. 万向滑动支承

万向滑动支承无导轨，其余结构与导向滑动支承相同，如图 3-29 所示。

根据电除尘器大小及载荷不同，滑动式支承可分为三类：100t 导向（万向）支承、250t 导向（万向）支承、500t 导向（万向）支承，共六种标准支承，可满足所有电除尘器的使用要求。

二、滚动式支承

为减少摩擦力，在上、下承压件中放上钢球，使之成为点接触。钢球及上、下承压件采用轴承制造。实测表明，在静态或位移极小的状态下，支承负荷达到使滚动面出现的变形小于钢球直径的万分之一时，不影响支承使用。滚动式支承底座与基础（或钢支架上平面）连接，上部与本体立柱相连，支承块上部为一球形表面，以防立柱歪斜时钢球受力不均。当除尘器壳体热胀冷缩时，其立柱连同调整推动支承块在钢球上移动，以消除壳体的热应力。

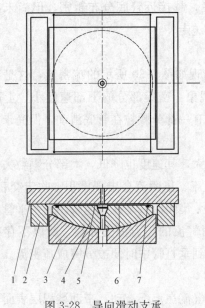

图 3-28 导向滑动支承

1—顶板；2—导轨；3—轴承座；4—轴承；

5—垫板；6—摩擦片；7—O 形密封圈

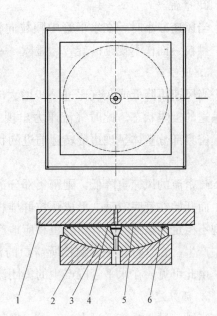

图 3-29 万向滑动支承

1—顶板；2—轴承座；3—轴承；4—垫
板；5—摩擦片；6—O 形密封圈

滚动式支承的最大优点是摩擦阻力小，其摩擦系数一般小于 0.005，但结构复杂、体积大、成本高，且只能应用于小型电除尘器，如载荷超过 80t 就不宜使用滚动式支承，因此目前已很少应用。

第十节 电除尘器下出灰系统

一、概述

电除尘器下出灰系统分为干出灰系统和湿出灰系统两种。湿出灰系统即水冲灰系统，该系统相对简单，本节不再详细阐述。

干出灰系统分为机械出灰系统和气力出灰系统。

机械出灰系统就是采用刮板机、螺旋输送机等机械设备来输送电除尘器除下来的粉煤灰。它的主要优点是投资较低、结构简单，缺点是输送距离短、漏灰点多、污染大。

气力出灰系统是以气体为载体，通过密闭式的管道把飞灰从甲地输送到乙地所需的全套装置。

二、气力出灰系统的分类和技术特点

根据飞灰在管道中的流动状态，气力出灰方式分为悬浮流（均匀流、管底流、疏密流）输送、集团流输送、部分流输送和栓塞流输送。

1. 悬浮流（均匀流）

当输送气流速度较高、灰气比很低时，粉粒基本上以接近于均匀分布的状态在气流中悬浮输送。

2. 管底流

当风速减小时，在水平管中颗粒向管底聚集，越接近管底分布越密，但尚未出现停滞。颗粒一面作不规则的旋转、碰撞，一面被输送走。

3. 疏密流

当风速再降低或灰气比进一步增大时，会出现如图 3-30 所示的疏密流，这是粉体悬浮输送的极限状态。此时气流压力出现了脉动现象：密集部分的下部速度小，上部速度大；密集部分整体呈现边旋转边前进的状态，也有一部分颗粒在管底滑动，但尚未停滞。

4. 集团流

疏密流的风速再降低，则密集部分进一步增大，其速度也降低，大部分颗粒失去悬浮能力而开始在管底滑动，形成颗粒群堆积的集团流。集团流会出现堆积、吹走交替进行，呈现不稳定的输送状态，压力也相应地产生脉动。集团流只是在风速较小的水平管和倾斜管中产生。在垂直管中，颗粒所需要的浮力已由气流的压力损失补偿，所以不存在集团流。由此可见，在水平管段产生的集团流，运动到垂直管时便被分解成疏密流。

5. 部分流

当风速过小或管径过大时，常出现部分流，气流在上部流动，带动堆积层表面上的颗粒，堆积层本身是作沙丘移动似的流动。

6. 栓塞流

栓塞流的输送是靠料栓前后压差的推动。与悬浮流输送相比，在力的作用方式和管壁的摩擦上都存在原则性区别，即悬浮流为气动力输送，栓塞流为压差输送。

传统的大仓泵正压气力除灰系统属于悬浮流输送，小仓泵正压气力除灰系统和双套管紊流正压气力除灰系统界于集团流输送和部分流输送之间。脉冲气刀式气力输送属于栓塞流输送。

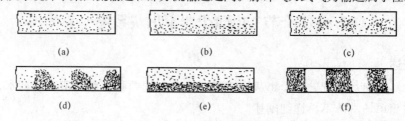

图 3-30　管道流态图

(a) 悬浮流（均匀流）；(b) 管底流；(c) 疏密流；(d) 集团流；(e) 部分流；(f) 栓塞流

根据输送压力不同，气力出灰系统又分为正压出灰系统和负压出灰系统两类。其中，正压气力出灰系统包括大仓泵正压输送系统、气锁阀正压气力出灰系统、小仓泵正压气力出灰系统、双套管紊流正压气力出灰系统、脉冲气刀式栓塞流正压气力出灰系统等。

根据出料口方位不同，气力出灰系统又分为上引式出料系统和下引式出料系统。

气力出灰方式与传统的水力除灰相比主要具有下列优点：

（1）减少灰场占地；

（2）节省大量的冲灰水；

（3）便于长距离定点输送；

（4）自动化程度高，所需的运行人员少；

（5）不存在灰管结垢及腐蚀问题；

（6）灰的基本性质不会改变，不影响灰的综合利用等。

主要缺点如下：

（1）功耗较大，磨损较大；

（2）输送距离受到一定的限制；

（3）运行人员技术要求高；

（4）对纯粗灰、重灰、湿灰不适宜等。

三、气力出灰系统的一些常规定义及基本参数

1. 概念性定义

（1）固气两相流动：自然界物质有四相（气体、液体、固体及等离子体），其中气体和固体颗粒两者不相溶物质的混合流动称为固气两相流动，简称两相流。

（2）正压输送：管道中，两相流动的压力高于环境大气压的输送称为正压输送。

（3）灰气比 μ_0（亦称料气比或混合比）：被输送飞灰的质量流量与输送用空气的质量流量之比称为灰气比，即 μ_0＝被输送飞灰的质量流量/输送用空气的质量流量。

（4）平均灰气比：在整个输送周期内，被输送飞灰的平均质量流量与该周期内的输送用空气平均质量流量之比称为平均灰气比。

（5）瞬时灰气比：在输灰期内某一瞬间被输送飞灰的质量流量与该瞬间的输送用空气质量流量之比称为瞬时灰气比。

（6）浓相输送：平均灰气比不小于 20 的输送称为浓相输送。

（7）流态化：当空气由下而上以一定的压力、流速通过散状物料自由堆积的料层时，料层呈"沸腾"状，具有一般流体的流动特性，称为流态化。

2. 飞灰性质定义

（1）粒径 d_s：d_s 表示粉尘颗径的大小。这里专指用重力沉降（或离心沉降）测定的同质球体直径。

（2）粒度分布：粒径的频率分布，以百分含量表示。

（3）空隙率 ε：空气占据的空隙体积占料层总体积的百分比。

（4）外形系数 ψ：当量球形表面积 S_e 与不规则形状颗粒表面积 S_s 之比。

（5）真实密度 ρ_s：飞灰颗粒的质量除以颗粒体积（不包括颗粒内孔体积和颗粒间隙体积）。

（6）容积密度 ρ_b（又称堆积密度）：以一定的方法将颗粒充填到已知容积的容器中，容器中颗粒的质量与容器容积的商。

（7）安息角 β（又称休止角）：散体堆积层的自由表面在静止平衡状态下与水平面形成的最大角度。

（8）内摩擦角 ψ_1：飞灰颗粒相互间的摩擦角，表达式为

$$\psi_1 = \arctan f_i \tag{3-2}$$

式中 f_i——内摩擦系数。

（9）壁面摩擦角 ψ_w：飞灰与壁面间的摩擦角，表达式为

$$\psi_{\mathrm{w}} = \arctan f_{\mathrm{w}} \tag{3-3}$$

式中 f_{w}——壁面摩擦系数。

3. 工艺参数定义

（1）输送量 G_{s}：单位时间所输送灰的质量，单位为 t/h。

（2）输送距离 L：输送管路入口到出口的几何长度，单位为 m。

（3）提升高度 H（简称爬高）：灰管出口相对于入口的垂直升高距离，单位为 m。

（4）弯头数：输灰管路中弯头个数之和。

4. 技术参数定义

（1）设计输送量（出称出力）G_{m}：设计所确定的质量流量，单位为 t/h。

（2）各类管道附件的当量长度 L_{p}：与各类管道附件（弯头、阀门、渐扩管、渐缩管等）阻力相等的对应直管长度。

（3）输灰管道的当量长度 L_{e}。

（4）气流速度 v：两相流中气体的运动速度。

（5）飞灰速度 u：两相流中飞灰颗粒群的运动速度。

（6）临界风速 v_{c}（又称经济速度）：灰气比 μ_0 一定时，使输灰管道输送物料压损达到最小的气流速度。

（7）沉降速度 v_{t}（又称悬浮速度）：灰颗粒受到重力、浮力、气流对粒子的阻力，三力平衡时对应的流速。

（8）气、灰混合温度 t：气、灰混合物的平衡温度，单位为℃。

（9）临界条件：不发生堵塞的最大允许灰气比或不发生堵塞的最小允许气流速度。

（10）动力消耗定义：

1）单位出力气耗 $g_{\mathrm{r}}{}'$：输送每吨飞灰消耗的标准状态下的气量，单位为 m³/t。

2）吨·米气耗量 $g_{\mathrm{r}}{}''$：输送每吨飞灰，每米管道长度所消耗的标准状态下的气量，单位为 m³/(t·m)。

3）单位出力电耗 N'：输送每吨灰的耗电量，单位为 kWh/t。

4）动力系数 K（又称吨·米电耗）：每吨飞灰输送 1m 的耗电量，单位为 kWh/(t·m)。

5）系统消耗功率 P

$$P = \frac{q_{\mathrm{va}} p_0}{1000} \quad (\mathrm{kW}) \tag{3-4}$$

式中 q_{va}——系统消耗空气流量，m³/s；

p_0——系统消耗风压（总压），Pa。

5. 程控器有关功能及其整定参数定义

（1）堵管报警：在仓泵输送过程中，若已达到整定的输送时间，泵内压力却尚未降至整定低压而发出的报警，称为堵管报警。

（2）压力报警：在进气升压过程中，若已达到整定的升压时间，泵内压力尚未升至整定高压发出的报警，称为压力报警。

（3）仓泵料位计故障报警：仓泵内输灰完毕，料位指示灯仍闪烁则发出报警，以示料位计故障。

（4）总体报警：堵管报警、压力报警、料位计故障三者居一，即发出总体报警。

（5）欠压报警：储气罐压力低于正常输送所需的最小压力发出的报警，称为欠压报警。

（6）电场优先：输送优先，仓泵输送优先级的选择，即确定哪一只仓泵先输送。

（7）整定高压：打开出料阀时的仓泵设定压力。

（8）整定低压：输送结束，吹扫开始时刻对应的仓泵设定压力。

6. 基本参数

（1）输灰管道的当量长度 L_e

$$L_e = L + CH + \sum nL_p \tag{3-5}$$

式中 L——输灰管道几何总长度；

C——垂直管折算系数，一般取值为 $0.2 \sim 1.5$，管径大和压力大时取大值；

H——垂直输送总高差，其中上升取正值，下降取负值；

n——各类管道附件的数量；

L_p——各类管道附件的当量长度。

（2）设计输送量 G_m，t/h：

1）有其他系统备用时，$G_m = 1.2 G_s$；

2）无其他系统备用时，$G_m = 2 G_s$，G_s 为本系统所要求输送的灰量。

（3）平均灰气比 μ_s 的选取

$$\mu_s = \frac{G_m}{G_{ma}} \quad [\text{kg(灰)/kg(气)}] \tag{3-6}$$

式中 G_{ma}——设计输送空气量，t/h；

μ_s 根据当量长度 L_e 及灰样经验选取。

（4）双仓泵系统出力 q_m

$$q_m = \frac{60 \psi \rho_b v_p}{t_2 + t_3} \quad (\text{t/h}) \tag{3-7}$$

式中 ψ——物料充满系数，上限可取 0.8，下限可按需调节；

ρ_b——煤灰的容积密度；

v_p——仓泵的几何容积，m^3；

t_2——吹送一仓灰所需的时间，min；

t_3——压力回升时间（即仓泵的升压时间），min。

（5）平均耗气量 q_{va}

$$q_{va} = \frac{60 \phi \psi \rho_b v_p}{\mu_s \rho_a (t_2 + t_3)} \quad (\text{m}^3/\text{h}) \tag{3-8}$$

式中 ϕ——供气系数漏风系统，按规则取 $1.1 \sim 1.2$。

（6）空气压缩机容量及备用台数：

1）空气压缩机的流量 q_v 按峰值耗气量的 $125\% \sim 140\%$ 选取；

2）空气压缩机出口压力 p_M 按下式选取

$$p_M = \Phi(\Delta p + \Delta p_P) + \Delta p_a \tag{3-9}$$

式中　Δp——输灰管入口到进入灰库的总压损，Pa；

　　　Δp_P——仓泵压力损失，Pa；

　　　Δp_a——输气管（空气压缩机至仓泵进口处）压力损失，Pa；

　　　Φ——压力富裕系数，取 $\Phi=1.2$。

注：p_M 一般选用 0.7～0.8MPa（单级）。

3）台数。运行一台，备用一台，运行两台以上，备用两台。

（7）空气管路气流速度的选取：平均流速 $v_a=15\sim20\text{m/s}$，最大流速 $v_m=25\text{m/s}$。

（8）速度（输灰管中空气流速 v）：

1）$v=5\sim6\text{m/s}$；

2）$v\leqslant14\text{m/s}$。

（9）吹扫时间 t，一般选取范围为 5～20s。输灰管越长、粒度粗者选大；反之选小。

（10）背压选取为 0.003～0.005MPa。

四、菲达公司气力出灰系统形式

菲达公司气力出灰系统形式较多，主要有以下几种：

（1）正压浓相上引式流态化小仓泵系统。

（2）下引式助推型仓泵系统。

（3）双套管输送系统。

（一）正压浓相上引式流态化小仓泵系统

1. 技术来源及系统组成

正压浓相上引式流态化小仓泵系统是菲达公司根据南市电厂瑞典 ABB 公司流态化泵自主研发而成的。系统主要由气源系统、流态化小仓泵、输送管道、料仓和控制系统组成。其中，气源系统主要由空气压缩机、干燥机、过滤器、储气罐等组成，为整个系统提供一定品质的干燥、洁净的压缩空气，是整个系统的动力源。

正常输送气源的品质为：

（1）压力：$\geqslant0.5\text{MPa}$；

（2）含尘：$\leqslant1\mu\text{m}$；

（3）含油：$\leqslant0.5\times10^{-6}$；

（4）压力露点：低于当地最低温度 10℃。

正常控制气源品质为：

（1）压力：$\geqslant0.5\text{MPa}$；

（2）含尘：$\leqslant0.1\mu\text{m}$；

（3）含油：$\leqslant0.1\times10^{-6}$；

（4）压力露点：小于当地最低温度 10℃。

输送管道由无缝钢管、耐磨弯头、伸缩节、吹堵、切换阀等组成，一般当速度大于 14m/s 时必须扩径，以降低流速。

料仓是输送的目的地，是储存物料的地方，其主要设备由布袋除尘器、人孔门、压力真空释放阀、气化装置、电动锁气机、散装机、双轴搅拌机等组成。

控制系统一般由 PLC 实现，可以实现手动、远方手操和全自动运行。

流态化小仓泵是整个系统的核心部分，为低压容器，由进料阀、流化盘组件、内部输灰管及泵体等组成。

2. 流态化小仓泵工作原理

压缩空气通过气控进气阀进入仓泵底部的气化室，干灰颗粒在仓泵内被流化盘透过的压缩空气充分包裹，使干灰颗粒形成具有流体性质的"拟流体"，从而具有良好的流动性，达到顺利输送的目的。

浓相流态化小仓泵系统采用仓泵间歇式输灰方式，每输送一泵飞灰为一个工作循环，每个工作循环由以下 4 个阶段构成。

（1）进料阶段：进料阀"开"、出料阀"关"、进气阀"关"，料满或到达设定间隔时间后，关闭进料阀，进入下一个阶段。

（2）流化阶段：进料阀"关"、出料阀"关"、进气阀"开"，压缩空气通过流化盘进入泵内，使干灰充分流态化，当到达设定的压力高限 PH 时，进入下一阶段。

（3）输送阶段：进料阀"关"、出料阀"开"、进气阀"开"，灰以连续浓相形式输送，边流化边输送，直到泵内压力降至设定低限 PL 时，进入下一阶段。

（4）吹扫阶段：进料阀"关"、出料阀"开"、进气阀"开"，目的是将仓泵及管道中的残灰清扫干净。

3. 输送曲线

输送曲线见图 3-31。

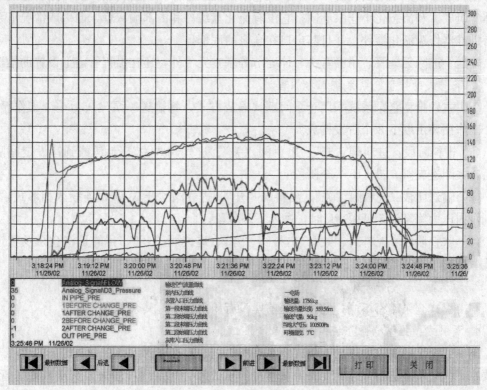

图 3-31　输送曲线

4. 系统的主要特点

（1）优点：

1）采用小仓泵、小管道系统；

2）采用流态化技术，输送耗气量小、能耗小；

3）灰气结合好，不易堵管；

4）输送距离最长可达 1500m，提升高度可达 60m。

（2）缺点：

1）大机组中输灰管道数量较多，因此该系统在大机组中业绩较少，一般多用于 300MW 以下机组。

2）一般一电场一仓泵配一出料阀，二、三电场下细灰可以多仓泵一出料阀，出料阀总体数量较多。

5. 其他

目前该系统技术已相当成熟，是当今国内中小机组中应用最为广泛的技术。该技术中的某零部件，如出料阀、进料阀、透气阀寿命需进一步提高，这样才能使系统更可靠。

（二）下引式助推型仓泵系统

1. 技术来源及系统组成

下引式助推型仓泵系统是菲达公司从美国空气动力公司引进的。系统主要由气源系统、下引式仓泵、输送管道、料仓和控制系统组成。该系统中的下引式仓泵、输送管道两部分是区别于其他系统的关键点。下引式仓泵是低压容器，由进料阀、出料阀、透气阀及泵体等组成。和流态化小仓泵不同，它没有流化盘组件和内部输灰管，但一般情况下泵体外有助推器作为流化器件，并且其出口在仓泵的底部。

输送管道除无缝管、耐磨弯头、伸缩节等基本元件外，还在沿程管道上设置助推器。

2. 下引式助推型仓泵系统工作原理

下引式助推型仓泵系统采用仓泵间歇式输灰方式，每输送一泵飞灰为一个工作循环，每个工作循环由以下 3 个阶段构成。

（1）进料阶段：进料阀"开"、出料阀"关"、进气阀"关"，料满或到达设定间隔时间后，关闭进料阀，进入下一个阶段。

（2）输送阶段：进料阀"关"、出料阀"开"、进气阀"开"，灰以连续浓相形式输送，直到泵内压力降至设定低限 PL 时，进入下一阶段。

（3）吹扫阶段：进料阀"关"、出料阀"开"、进气阀"开"，目的是将仓泵及管道中的残灰清扫干净。

3. 输送曲线

与上引式仓泵略有不同，它在输送前段没有压力回落，其余基本一致。

4. 下引式助推型仓泵系统的特点

下引式仓泵的工作原理与上引式仓泵有所不同，输送管的入口在仓泵底部的中心，不需要在罐内先将灰进行气化，而是靠灰本身的重力和背压空气作用力将灰送入输送管内，而且输送管还带有沿程助推。

（1）主要优点：

1）可采用大仓泵、大管道系统，出力大；

2）大机组管道数量少，易布置；

3）适宜于输送粗灰、重灰、石灰石粉等物料；

4）输送距离最长可达 1500m，提升高度可达 60m；

5）不管粗、细灰，均可多仓泵共用一个出料阀，出料阀数量较少。

（2）主要缺点：

1）无流态化技术，输送耗气量较大，能耗较大；

2）对粗灰，一般需沿程助吹；

3）对沿程助推器的性能要求高。

（三）双套管输送系统

1. 概况

1934 年，德国汉堡莫勒公司（MOLLER）经过多年的研究，成功开发出双套管气力输送系统（简称 TFS），并获得了专利权。双套管研制是基于这样一个目标：在不产生堵塞的情况下，尽可能地降低输送流速，以减少能耗和磨损。

菲达公司双套管技术于 2006 年开发成功，并成功应用于扬州电厂 200MW 机组气力输送上，该系统输送的几何距离为 950m。

2. 原理

把双套管作为输灰管道应用于气力输送的水平管道，可以有效地防止灰管堵塞，其防堵机理就在于双套管的特殊结构。当输送管道中某处发生物料堵塞时，堵塞点前方的输送压力增高而迫使输送气流进入内管，进入内管的输送气流从堵塞点下游的开口以较高的速度流出，从而对该处堵塞的物料产生扰动和疏通作用，保证管内物料的正常输送。

双套管系统区别于其他系统的主要之处就是输送管道系统，其余组成部分，如气源系统、仓泵系统（下引式）、料仓系统，与其他系统一致。

3. 技术特点

（1）可靠性强、不堵管。紊流双套管系统独特的工作原理，保证了除灰系统管道不易堵塞，即使短时的停运后再次启动，也能迅速疏通，从而保证除灰系统的安全性和可靠性。

（2）低流速、低磨损率。紊流双套管系统输灰管内的灰气混合物起始流速 2~6m/s，末速约为 15m/s，平均流速为 10m/s，输灰管道的磨损量为稀相的 1/8~1/16。

（3）输送出力大，输送距离远，试验室输送最长达 3000m。

五、目前国内主要厂家的技术

1. 国电富通公司

下引式仓泵＋全程双套管系统。

2. 克莱德公司

（1）粗灰：

1）下引式仓泵＋单管＋沿程助吹。

2）下引式仓泵＋部分双套管＋部分单管。

（2）细灰：下引式仓泵＋单管。

3. 龙净环保

1）上引式流态化小仓泵技术。

2）下引式助推型仓泵系统。

六、主要参数的性能测试

1. 灰气比测定原理

用容积法测出一仓泵灰的质量 G_s，再用流量法测出输送一仓泵灰所需的空气质量 G_a，就可以根据式（3-10）计算输灰系统的灰气比 μ_s，即

$$\mu_s = \frac{G_s}{G_a} \quad [\text{kg（灰）} / \text{kg（气）}] \tag{3-10}$$

2. 测定方法

灰气比测定装置见图 3-32。

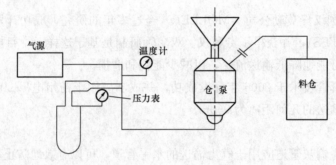

图 3-32　灰气比测定装置示意图

3. 测定位置

空气管道的空气流量测孔应开在平直管道上，测孔与阀门（或弯头）的距离，上游应有 6 倍管径的距离，下游应有 3 倍管径的距离。

4. 测定步骤

（1）测出仓泵中灰的堆积密度 ρ_b，再根据仓泵的容积 V_P 及仓泵的充满系数 ψ，按式（3-11）计算出一仓泵灰的质量 G_s，即

$$G_s = \psi V_P \rho_b \quad (\text{kg}) \tag{3-11}$$

（2）按图 3-32 所示装置，测出仓泵前空气管道的空气温度 t_a、动压 p_d、静压 p_j 及输送一仓泵灰所需的时间 t，而后按式（3-12）、式（3-14）和式（3-15）计算出测点截面的流速 v_a、流量 Q 及输送一仓泵灰所需的空气质量 G_a。

1）测点处空气流速 v_a

$$v_a = 1.4\sqrt{\frac{p_d}{\rho_a}} \quad (\text{m/s}) \tag{3-12}$$

式中　p_d——测点处空气的动压，Pa；

　　　　ρ_a——测点处工况条件下的空气密度，kg/m³。

$$\rho_a = \frac{1.293 \times p_j \times 273}{(273 + t_a) \times 101\ 325} \tag{3-13}$$

式中　1.293——标准状态下的空气密度，kg/m³；

p_j——测点处空气绝对压力，Pa。

2）流过测点截面的空气流量 q_{va}

$$q_{va}=v_aF \quad (m^3/s) \tag{3-14}$$

式中　F——测点处空气管道截面积，m²。

3）输送一仓泵灰所需的空气质量 G_a

$$G_a=q_{va}\rho_at \quad (kg) \tag{3-15}$$

式中　t——输送一仓泵灰所需的时间，s。

5. 灰气比计算

灰气比按式（3-10）计算。

第四章

电除尘器气流分布模拟试验

电除尘器气流分布均匀性不仅与本身的结构有关，而且跟整个配套系统有关。试验一般包括两部分内容：①每台电除尘器各封头（室）之间的气量分配的均匀性；②每台电除尘器电场内的气流分布均匀性。气流分布均匀与否，可通过模拟试验确定。电除尘器现场测定只在必要时进行，如需通过电除尘器现场调试来解决气流分布均匀性，则难度较大。

第一节　物理模型试验

电除尘器气流分布物理模型（简称模型）试验是把通常较大的电除尘器按一定比例缩小成内部几何相似的模型实验台，利用实验台进行气流流动规律的测试和研究。这样做的原因是，在电除尘器上利用试验手段去测试和研究流体的流动规律常常很不方便，甚至很难办到。设计一台新的电除尘器，事先进行模型试验，探索内部的流动规律，然后根据相似原理推广应用于原型设计，可为设计提供依据，少走弯路，节省时间和经费。

一、模型试验方法

在进行模型试验时，为保证模型与原型中的现象相似，应按相似原理规定的条件去设计模型和安排试验。这些条件是：

（1）模型与原型的内廓几何相似。

（2）在模型与原型的对应截面或对应点上，流体的密度与黏度具有固定的比值。

（3）模型与原型进口截面的速度分布相似。

（4）对于黏性不可压缩流体的定常流动，模型与原型进口处按平均流速计算的雷诺数 Re、弗劳德数 Fr 相等。

根据几何相似要求，模型与原型之间按一定比例缩小，最佳比例无法统一。模型比例的选择应考虑到模型的设计制造精度、试验结果的精度要求、测量仪器的测定精度，一般风机能满足要求。根据上述要求，模型比应不小于 $1:16$。

尽管黏性不可压缩流体的定常流动只有两个定性准则，但要在模型试验中使模型和原型的 Re 和 Fr 同时相等，常常也很困难。定性准则数越多，模型设计越困难。

例如，为使模型中的 Re' 与原型中的 Re 相等，即 $\dfrac{v'd'}{v'} = \dfrac{vd}{v}$，必有 $C_{v_1} = \dfrac{v'}{v} = \dfrac{v'}{v} \times$ $\dfrac{d}{d'} = \dfrac{C_v}{C_d}$。如果模型中流动介质的 v' 与原型中流动介质的 v 相差一半，即 $C_v = \dfrac{1}{2}$，则 $C_{v_1} =$

$\dfrac{1}{2C_d}$。这时，如果取模型与原型的尺寸比例为 $\dfrac{1}{10}$，则 $C_{v_1}=5$，即模型中流体的流速应为原型中流体流速的 5 倍。

为使模型中的 Fr' 与原型中的 Fr 相等，即 $\dfrac{v'^2}{g'd'}=\dfrac{v^2}{gd}$，必有 $C_{v_2}=(C_gC_d)^{\frac{1}{2}}$。由于 $g'=g$，$C_g=1$，故 $C_{v_2}=C_d^{\frac{1}{2}}$。这样当 $C_d=\dfrac{1}{10}$ 时，$C_{v_2}=\dfrac{1}{3.16}$。这就是说，为保证 Fr 相等，模型中流体的流速应为原型中流体流速的 $\dfrac{1}{3.16}$，这与第一个要求发生了矛盾。解决这一矛盾的办法是，在模型与原型中用具有不同运动黏度的流体。为此，令 $C_{v_1}=C_{v_2}$，即 $\dfrac{C_v}{C_d}=C_d^{\frac{1}{2}}$，或 $C_v=C_d^{\frac{3}{2}}$。如按原定比例，则 $C_v=\dfrac{1}{31.6}$。即模型中流体的运动黏度应为原型中流体运动黏度的 $\dfrac{1}{31.6}$，这也是很难办到的。另一个办法是，把尺寸比例提高，即把模型做大些，但这又失去了模型试验的优点。

综上所述，当定性准则有两个时，模型中流体介质的选择要受模型尺寸选择的限制。这样必然使模型设计很难进行，甚至根本无法进行。为了解决这一矛盾，工程上常采用近似的模型试验方法。

近似的模型试验就是在设计模型和安排试验时，在与流动过程有关的定性准则中，考虑那些对流动过程起主导作用的定性准则，而忽略那些对过程影响较小的定性准则。例如，流体的受压（强迫）流动，对流动状态起主导作用的是黏滞力而不是重力，这样便可忽略 Fr 准则，而只考虑 Re 准则，从而模型尺寸和介质的选择就自由了。

由于黏性不可压缩流体的定常受压流动具有如下两种特征，因此模化的条件还可进一步简化。这两种特性是：

（1）自模性。例如，Re 小于某一定值（称第一临界值）时，流动处于层流状态，在层流状态范围内，流体的流速分布皆彼此相似，不再与 Re 相关，这种现象称为自模性。如流体在圆管中作层流流动时，只要 $Re \leqslant 2000$（第一临界值），沿横截面的流速分布就都是一轴对称的旋转抛物面；当 Re 大于第一临界值时，流动呈紊流状态。随着 Re 的增加，流体的紊乱程度和流速分布在初期的变化很大，而后逐渐减少，而当 Re 大于某一定值（称第二临界值）时，这种影响几乎不再存在，流体的流速分布皆彼此相似，不再与 Re 有关，流体的流动又进入自模化状态。常将 Re 小于第一临界值的范围叫第一自模化区，而将 Re 大于第二临界值的范围叫第二自模化区。当原型的 Re 处于自模化区以内时，模型的 Re 不必保证与原型的 Re 相等，只要与原型处于同一自模化区即可，这将给试验带来很大的方便。不论原型的 Re 比第二临界值大多少，模型中的 Re 只要稍大于第二临界值即可，这可使风机的容量大大减小。实践证明，工程设备的通道形状越复杂，通道内被其他物件填充的程度越大，进入第二自模化区越早。一般 Re 的第二临界值为 $Re>10^3\sim10^4$。

（2）稳定性。实验证明，当黏性流体在管道中流动时，不管入口处的速度分布如何，在离入口一段距离之后，速度分布皆趋于一致，这种性质称为稳定性。由于黏性流体具有这种性质，因此只要求在模型入口前有一定管段保证入口流体通道几何相似即可，而不必专门考虑入口处速度分布相似。同样，出口速度分布的相似也无须专门考虑，只要保证出口通道几何相似即可。

由于黏性不可压缩流体的定常受压流动具有自模性和稳定性，这就使模化试验必须保证的条件大大简化，使流体动力的模化实验较易实现。

二、模型试验流速

上面已经讲了模型试验理论上的必要条件之一是模型与实体对应的 Re 相等，这是不易实现的。以几何尺寸比为 1∶10 的电厂用电除尘器为例，当模型的 Re 与之相等时，模型电除尘器中的流速应是实体电除尘器中流速的 5 倍。此时模型中局部流速可能大于 70m/s，流体压缩效应已不能完全忽视。

我国国内早期曾经认为模型上的 Re 应是实体 Re 的 1/2。据此，前例的模型流速应是实体的 2.5 倍。然而，美国不少公司取模型流速与实体流速相等，瑞典 Flakt 公司则明确地提出模型分布板上允许的最小雷诺数是 500。

电除尘器中气体的流动一般是紊流。国际公认的模型试验实用准则是保证模型中任意部位空气的流动是充分的紊流。当流速提高，从层流、过渡流发展到完全的紊流，此后，流型就可以认为不随流速的变化而变化了。临界的 $Re \approx 4000$。

通过一系列试验得出：当模型试验流速与实体流速相等时（模型电场区 $Re \approx$ 10 000），试验结果基本相同。在实施模型试验时，还应考虑到测量仪器在低速时的测量精度，因此，在模型试验时尽量控制 $Re \geqslant 10\ 000$。

三、模型的设置

提高电除尘器气流分布均匀性的合理方法之一是进行模型试验。模型的设置，一般能保证进出口管道、进出口喇叭及进出口气流分布元件与实体几何相似，而电场区要保证极板、极线及其他元件与实体的几何相似就比较困难。那么，怎样进行电场区的模拟，才能够使模型气流分布比较接近实体的气流分布？国内某公司在这方面做了试验研究，得到了下述结论。

电场中均匀密布的极板和极线对气流表现为均匀分布的阻力，好比一层厚厚的滤网。根据试验，采用 480C 型阳极板配管形芒刺线时，同极间距为 400mm，阻力系数约为 0.4/m；采用 735C 型阳极板配螺旋线时，同极间距为 300mm，阻力系数约为 0.3/m。

模型中模拟极板设置与否，与电场区气流分布影响大小与气流流向有关。一般情况下，模型中应设置模拟极板。为使模型气流分布与实体气流分布状况比较接近，模型数据比较真实地反映实体情况，在模型设置时应模拟电场阻力。如果模型试验中电场区用不模拟阻力的极板（平板），则会使模型上测得的气流分布比实体差。模型设置时，电场阻力应均匀模拟在整个模拟极板中，如果把阻力集中模拟在一处，则气流分布会产生较大误差。

四、测试仪器

测定电场区域流速用叶式风速仪或热球（线）风速仪。

叶式风速仪是一种能对输入信号自动进行数据处理的新型风速仪。风速传感器采用光电或磁电转换方式，连续自动取样，液晶显示所测风速值。仪器灵敏度高、准确性好、工作稳定、安全可靠、体积小巧、使用方便，且其性能基本不受电源电压、环境温度、湿度的影响，同时，还配置有自动区间修正系统，可保证仪器在整个测量范围内的测量精度。

第二节 数值模拟试验

一、计算流体动力学介绍

计算流体动力学（Computational Fluid Dynamic，CFD）是通过计算机数值计算和图像显示，对流体流动和热传导等物理现象进行分析的一门学科。

CFD 的基本思想可以归纳为：把原来在时间域和空间域上连续的物理量的场，如速度场和压力场，用一系列有限个离散点上的变量值的集合来表示，通过一定的原则和方式（控制方程）建立起关于这些离散点场变量之间关系的代数方程组，然后求解代数方程组并获得场变量的近似值。

CFD 可以看作是在流动基本方程（质量守恒方程、动量守恒方程、能量守恒方程）控制下对流动的数值模拟。通过这种数值模拟，可以得到极其复杂问题的流场内各个位置上的基本物理量（如速度、压力、温度等）的分布，了解各系统的压力损失、流量分配等情况。

二、传统的理论分析方法、试验测量方法与 CFD 数值计算方法

传统的理论分析方法、试验测量方法、CFD 数值计算方法组成了研究流体流动问题的完整体系。

理论分析方法的优点在于所得结果的普遍性，各种影响因素清晰可见，是指导试验和验证新的数值计算方法的理论基础。但是，它往往要求对计算对象进行抽象和简化，才有可能得出理论解。对于非线性情况，只有少数流动才能给出解析结果。

试验测量方法所得的结果真实可信，这是理论分析和数值计算的基础，其重要性不容低估。然而，试验往往受到模型尺寸、流场扰动、人身安全和测量精度的限制，有可能很难通过试验方法得出结果。此外，试验还会遇到经费投入、人力和物力的巨大耗费及周期长等许多困难。

CFD 是研究各种流体流动问题的数值计算方法。以离散化方法建立各种数值模型，并通过计算机进行数值计算和数值试验，得到时间和空间上离散数据组成的集合体，最终获得定量描述流场的数值解。CFD 的应用能解决某些由于试验技术所限难以进行测量的问题，它是研究各种流动系统和流体现象，以及设计、操作的有利工具。

一方面，计算流体动力学（CFD）适应性强、应用面广。首先，流动问题的控制方程一般是非线性的，自变量多、计算域的几何形状任意、边界条件复杂，这使得许多流动问题无法用数学分析的方法求得解析解，但采用数值计算则能很好地解决此类问题；其次，可利用计算机进行各种数值试验，例如，可选择不同的流动参数进行数值试验，或进行物理方程中各项的有效性和敏感性试验，以便进行各种近似处理等。它不会受到物理模型试验规律的限制，从而大大地缩短了设计时间，节省了设计费用，有较强的灵活性。因此，国内外在工程中开始较多地采用数值模拟与试验相结合的方法。另一方面，它依赖于基本

方程的可靠性,且最终结果不是提供任何形式的解析表达式,而是有限个离散点上的数值解,并包含有一定的计算误差。它不像物理模型试验,一开始就能给出流动现象并作定性地描述,而需要通过对原型的观测或对物理模型进行试验,来获得某些流动参数并对建立的数学模型进行验证。所以,计算流体动力学有它自己的原理、方法和特点。数值计算、理论分析、试验观测是互相联系和相互促进的,在研究、探索流动过程的物理机理时,需要将三者有机地结合起来,取长补短。

将电除尘器气流分布数值计算与物理模型试验进行反复对比、验证,确定数值计算模型中各种简化方法及边界条件,建立电除尘器气流分布数值计算试验方法,可使物理模型试验次数减少,甚至不进行试验,分析电除尘器内气流分布及压力损失,为电除尘器的优化提供依据。

三、CFD(FLUENT)软件结构

目前,国外有很多发展成熟的商业 CFD 软件,这些软件一般包括前处理器、求解器、后处理器三个主要部分。

1. 前处理器

在 FLUENT6.0 中,前处理器采用 Gambit 的专用前处理软件,其功能主要包括:

(1)定义所求问题的几何区域;

(2)将计算域划分成多个互不重叠的子区域,形成由单元格组成的网格;

(3)为计算域边界处的单元指定边界条件。

流动问题的解是在单元内部的节点上定义的,解的精度由网格中单元的数量所决定。一般来讲,单元越多、尺寸越小,所得到的解的精度越高,但所需要的计算机内存资源、CPU 要求及计算时间也相应增加。划分网格时,往往作这样的处理:在物理量梯度较大的区域以及人们感兴趣的区域,适当加密计算网格,其他区域网格则可相对稀疏一些,合理把握计算精度与计算成本之间的平衡。

2. 求解器

求解器的核心是数值求解方案,常用的数值求解方案包括有限差分法、有限元法、有限体积法等。FLUENT 采用的数值求解方案为有限体积法,求解步骤大致如下:

(1)定义流体属性;

(2)对所要研究的物理和化学现象进行抽象分析,选择相应的控制方程;

(3)设置边界条件及相关解控参数;

(4)将近似关系代入连续型的控制方程中,形成离散方程组;

(5)求解代数方程组。

3. 后处理器

后处理的目的是有效地观察和分析流动计算结果。随着计算机图形功能的提高,目前 CFD 软件均配备了后处理器,提供了较为完善的后处理功能,包括:

(1)计算区域的几何模型及网格显示;

(2)矢量图(如速度矢量图);

(3)等值线图;

（4）填充型的等值线图（云图）；

（5）XY 散点图；

（6）粒子轨迹图；

（7）图像处理（平移、缩放、旋转等）。

借助后处理功能，还可动态模拟流动效果，直观地了解 CFD 的计算结果。

四、电除尘器气流分布数值模拟方法

1. CFD 总体计算流程

无论是计算流体流动还是热传导问题，无论是单相流还是多相流问题，无论是稳态还是瞬态问题，均可以应用 CFD 软件进行数值模拟计算，其求解过程见图 4-1。下面对各求解步骤作简单介绍。

2. 建立几何模型

CFD 建立几何模型的方式有两种：一是直接通过专门建立模型和划分网格的软件完成；二是通过导入其他软件生成 CAD 的文件来建立几何模型。电除尘器气流分布数值模拟几何模型，一般根据设计院提供的烟道布置图及与之配套设计的电除尘器图建立。

3. 计算区域离散化（划分几何网格）

在指定问题进行 CFD 计算之前，首先要将计算区域离散化，即对空间上连续的计算区域进行划分，把它划分成许多个子区域，并确定每个区域中的节点，从而生成网格。由于工程上所遇到的流动问题大多发生在复杂区域内，因而不规则区域内网格的生成是计算流体力学中一个十分重要的研究领域。实际上，流动问题数值计算结果的最终精度及计算过程的效率，

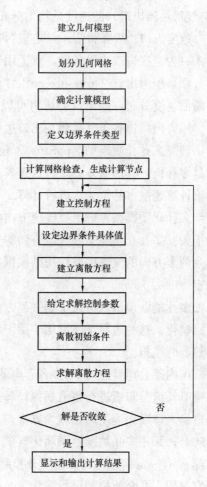

图 4-1　CFD 总体计算流程

主要取决于所生成的网格与所采用的算法。现有的各种生成网格的方法在一定条件下都有其优越性及缺点，各种求解流场的算法也有其适应范围。一个成功而高效的数值计算，只有在网格的生成及求解流场的算法两者之间有良好的匹配时才能实现。

电除尘器气流分布数值模拟试验按照组合坐标体系的网格划分思想，并根据除尘系统的结构特点和流动特点，将整个计算区域划分为 5 段。顺着流动的发展方向，各段依次为进口管段、电除尘器进口喇叭、电场区、出口喇叭及出口管段。FLUENT 提供了非常灵活的网格特性，让用户可以使用结构网格和非结构网格，包括四面体、六体面、金字塔形网格来解决具有复杂外形的流动，还可以用结构及非结构混合型网格。它允许用户根据解的具体情况对网格进行修改（细化或粗化）。

4. 定义边界条件类型

利用 FLUENT 软件进行计算的过程中，边界条件的正确设置是关键性的一步。设置边界条件类型的一般方法是在利用 GAMBIT 建模的过程中设定的，也可以在 FLUENT 中对边界条件进行重新设定。

(1) 速度入口 (velocity-inlet)。电除尘器数值模拟试验中，通常假定进口烟道入口 (空气预热器出口) 的速度是均匀分布的，且为不可压缩流。

速度入口边界条件表示给定进口边界上各节点的速度值，速度分布均匀，因此定义流动入口为速度进口边界条件，且适用于不可压缩流。

(2) 压力出口 (pressure-outlet)。对管道出口来说，气体速度并不均匀，不能确定出口断面速度分布，但出口的压力可以确定，因此出口边界条件一般选用压力出口边界条件。压力出口边界条件需要在出口边界处指定静压。

(3) 多孔介质模型 (porous)。模拟电除尘器的气流分布板时，由于一般的气流分布板是多孔板，其形状复杂，进行建模和生成网格时工作量大，而且网格数量也多，因此会影响计算速度，甚至无法进行计算。

多孔介质模型考虑了顺气流方向的阻力损失，还考虑了其他两个方向的黏性损失和惯性损失。多孔介质模型顺气流方向的气流扩散和阻力损失可以根据试验和经验公式得到；其余两个方向的气流扩散作用则根据喇叭结构 (如扩散角) 的变化，通过计算尝试和分析确定。

多孔跳跃模型只考虑了顺气流方向的阻力损失，本质上是单元区域的多孔介质模型的一维简化，这种边界条件可用于筛子和过滤器的压降的模拟，不考虑扩散及热传导影响的散热器的模拟。

国内某公司曾经对 30 多台套电除尘器分别采用多孔介质模型与多孔跳跃模型简化进口喇叭气流分布板进行数值模拟计算。结果表明：采用多孔介质模型简化气流分布板，第一电场入口断面速度的相对均方根差 σ_r 与实测 σ_r 的相对偏差很小，断面速度分布趋势基本吻合；采用多孔跳跃模型简化气流分布板，第一电场入口断面速度相对均方根差 σ_r 与实测 σ_r 有一定偏差，断面速度分布趋势完全不吻合。因此，电除尘器进口喇叭气流分布板宜采用多孔介质模型进行简化。

(4) 固壁边界 (wall)。固壁是用于限定流体和固体的区域。导流板、模拟阳极板、灰斗挡风等均采用无滑移壁面条件。

5. 利用 FLUENT 进行仿真计算

(1) 读入按上述步骤生成的网格文件，进行网格检查，生成计算节点，确定单位长度。

(2) 建立控制方程。一般的控制方程有动量方程、连续性方程、能量守恒方程等，利用商用的 CFD 计算软件，这些控制方程均已建立。在研究电除尘器气流分布时，在通常的板式电除尘器中，雷诺数 Re 为 10^4 的数量级及以上。在电除尘器内，气流流动大多处于湍流范围，因此，模拟电除尘器气流分布时需选择湍流模型。

(3) 设置流体的物理属性及边界条件具体值。

（4）建立离散方程。在求解域内所建立的偏微分方程，理论上是有真解（精确解或称解析解）的。但由于所处理的问题自身的复杂性，一般很难获得方程的真解。因此，需要通过数值方法把计算域内有限数量位置（网格节点或网格中心点）上的因变量值当作基本未知量来处理，从而建立一组关于这些未知量的代数方程组，然后通过求解代数方程组来得到这些节点值，而计算域内其他位置上的值则根据节点位置上的值来确定。

由于所引入的应变量在节点之间的分布假设及推导离散化的方法不同，就形成了有限差分法、有限元法、有限体积法等不同类型的离散化方法。

（5）给定求解控制参数。在离散空间上建立了离散化的代数方程组，并施加离散化的初始条件和边界条件后，还需要给定湍流模型的经验系数、选择解算器精度、选择求解器类型、对流项离散格式、压力速度耦合方法、亚松弛因子的设定及迭代计算的控制精度。

（6）离散初始条件。给出迭代计算初始值，进行迭代计算。

（7）求解离散方程。进行上述设置后，即生成了具有定解条件的代数方程组。对于这些方程组，数学上已有相应的解法，如线性方程 Gauss 消元法或 Gauss-Seidel 迭代法，而对非线性方法，可采用 Newton-Raphson 方法。在商用的 CFD 软件中，往往提供多种不同的解法，以适应不同类型的问题。这部分内容属于求解器设置的范畴。

（8）判断解的收敛性。对于稳态问题的解，或是瞬态问题在某个特定时间步上的解，往往要通过多次迭代才能得到。有时，因网格形式或网格大小、对流项的离散插值格式等原因，可能导致解的发散。因此，在迭代过程中，要对解的收敛性随时进行监视，并在系统达到指定精度后，结束迭代过程。

（9）显示或输出计算结果。通过上述过程得出计算节点上的解后，需要通过适当的手段将整个计算域上的结果表示出来。这时，可采用线值图、矢量图、等值线图、流线图、云图等方式来表示计算结果。

所谓线值图，是指在二维或三维空间上，将横坐标取为空间长度或时间历程，将纵坐标取为某一物理量，然后用光滑曲线或曲面在坐标系内绘制出某一物理量沿空间或时间的变化情况。矢量图可以是直接给出二维或三维空间矢量（如速度）的方向及大小，一般用不同的颜色和长度的箭头表示速度矢量。矢量图可以比较容易地让用户发现其中存在的旋涡区。等值图是用不同颜色的线条表示相等物理量（如温度）的一条线。流线图是用不同颜色的线条表示质点运动轨迹。云图是使用渲染的方式，将流场某个截面上的物理量（如压力或温度）用连续变化的颜色块（云图）表示其分布。

分析进入电除尘器各室的流量，根据流量分配情况是否需增设导流板，从而为电除尘器优化设计提供依据。

现在的商用 CFD 软件均提供了上述表示方式，用户也可以自己编写后处理程序进行结果显示。

第三节 现场气流分布测定

通过模拟试验确定的烟道导（阻）流板，气流分布板结构尺寸按比例放大设计安装后，实体电除尘器的气流分布结果与模型比较一致，一般情况下不需再作测试调整。如有必要，可对电除尘器进行冷态状态下的测定，这也是模拟试验的一种方式。

一、测量截面、测点的布置

测试截面应避开气流分布剧变区域。气流从进口喇叭进入电场区时，若分布板上未设导流板以校正流向，则上下左右边缘部分的气流往往带有继续扩散的倾向，这意味着流速分布将随测试位置的变动而剧烈变化。因此，为了反映电场入口的气流分布，测量截面应尽量靠近电场入口或伸入电场（不超过900mm）。

为了布置测量截面上的测点，可用纵横等距的平行线将截面划分为 n 个等面积的小方块，在其中点测风速，所得的 n 个数据按上下左右对应位置排列成表，就表示了该截面上的气流分布状况，再以 σ_r 值代表气流的均匀性。每个方块的纵向边长应小于1m，横向边根据同极间距划分。同极间距为300mm时，边长一般可取0.3、0.6m或0.9m；同极间距为400mm时，边长一般取0.4m或0.8m。

二、测试方法

在实体电除尘器上有多种测量方法测定风速，一是直接把风速传感器固定在较长的杆子上，然后根据测点位置的要求，由测试人员移动位置来完成测量任务。这种测量方法测点位置难控制、测试强度较大、安全性较差。二是可在测量通道中沿垂直方向分别拉两根铁丝，下部用弹簧胀紧作为导轨，将风速仪传感器固定在铁丝导轨中，用绳索牵引传感器完成上下各点的测量，如图4-2所示。该测量方法能正确按照预定的测点位置进行测量，人为干预测量数据的可能性大大减少。但是，要安装测量装置，测量前需要较长的准备时间，测试完毕后还需要拆除测量装置，并且需要对电场作较仔细的检查，因为细铁丝很容

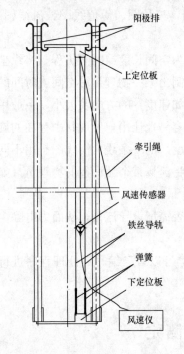

图 4-2　测量装置（一）

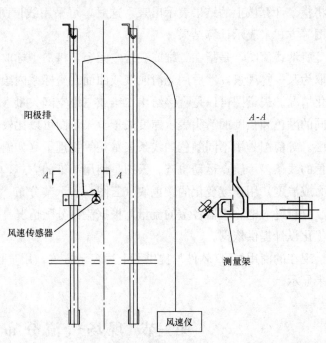

图 4-3　测量装置（二）

易遗留在电场内。三是目前常用的测量方法，即把阳极板作为导轨，将风速仪传感器用专用测量装置卡在阳极板防风沟中，靠其上下移动来完成各点风速的测量，如图4-3所示。该测量方法不但能正确按照预定的测点位置进行测量，而且，不需要测量前的准备时间，测量完毕可很快撤离现场。但是，它不适用于阳极板中间用腰带连接的结构。

第四节　气流均匀性评判标准

中华人民共和国机械行业标准中，电除尘器电场区气流分布均匀性用相对均方根差 σ_r 值来衡量，同时，标准对多封头之间的流量偏差也提出了要求。要求电场区气流分布均匀性 $\sigma_r \leqslant 0.25$，各封头（室）的流量和理想分配流量之相对误差不超过 $\pm 5\%$。σ_r 计算公式如下

$$\sigma_r = \sqrt{\frac{1}{n-1} \sum_{i=1}^{n} \left(\frac{v_i - v}{v}\right)^2}$$

式中　v_i ——测点风速；

$\quad\quad v$ ——平均风速；

$\quad\quad n$ ——截面测点数。

在电除尘器模拟试验中，为了比较直观地了解测量截面流速分布情况以及局部区域与整个截面的关系，采用各行、列平均流速与截面平均流速的百分比来度量上下左右各行列的流速大小，采用各测点流速与截面平均流速的比值所在的大小区域，用符号来表达它的流速大小。这样，可直接从表格上看出局部测点的流速的大小，为调试提供依据。

以相对均方根差 σ_r 值为基础，再对过大、过小风速的要求加以某种限制，就可以构成较全面的气流分布均匀性标准。

第五章

电除尘器电控设备

第一节　电除尘器用高压供电装置

电除尘器供电装置的性能对除尘效率的影响较大。一般来说，电除尘器的除尘效率取决于粉尘的驱进速度，而驱进速度是随着荷电电场强度和收尘电场强度的提高而增大的。要获得最高的除尘效率，需要尽可能地增大驱进速度，也就是需要尽可能地提高除尘器的电场强度。对电除尘器供电装置的要求是：在除尘器工况变化时，供电装置能快速地适应其变化，自动地调节输出电压和电流等参数，使电除尘器在较佳的电压和电流状态下运行；供电装置对闪络、拉弧和过流信号能快速鉴别和作出反应，电除尘器一旦发生故障，供电装置能提供必要的保护。

高压供电装置是一个以电压、电流为控制对象的闭环控制系统，包括升压变压器、整流装置、控制元件和控制系统的传感元件4个部分（见图5-1）。其中，升压变压器的高压整流器及一些附件组成主回路，其余部分组成控制回路。

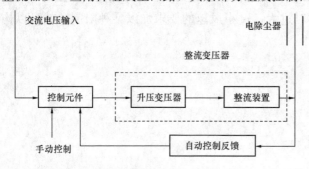

图 5-1　电除尘器用高压供电装置

一、整流变压器

在电除尘器的电气设备中，整流变压器是核心设备。整流变压器是将工频 $0\sim380V$ 交流电升压到 $0\sim72kV$ 或更高的电压，经高压整流器整流输出负直流高压电经阻尼电阻，通过高压隔离开关送至电场。变压器低压绕组通常按用户要求设置抽头，可使整流变压器输出的电压适应工况的需要，使设备在最佳状态下运行。图 5-2 为整流变压器的原理图，图 5-3 为二次电压和二次电流波形图。

整流变压器在实际运行中的安装分为户内式和户外式。户内式安装是将整流变压器安装在专用的电气设备间，输出是通过高压电缆传送到电场内。此安装方式便于电除尘器运行时整流变压器的安全巡查，但专用电气设备间增加了安装成本，而且长距离的高压电缆输送也增加了故障点。户外式安装是将整流变压器安装在电除尘器的顶部，所以整流变压器的防护等级必须符合室外工作的要求。该安装方式的高压输出经过高压隔离开关直接进入电场，中间没有高压电缆的连接，在安全运行和维修方面远远优于户内式安装方式，所以，现在电除尘整流变压器大都采用户外式安装。

　　整流变压器还有高阻抗、中阻抗和低阻抗之分。低阻抗整流变压器的一次侧串有电抗器，以限制短路电流和平滑晶闸管输出的交流波形。电抗器有若干个抽头，以便根据不同高压负载电流进行换接，使高压供电稳定运行，这种整流变压器在现在的电除尘器当中已经应用得很少。目前电除尘器中使用的整流变压器一般为高阻抗或中阻抗，它们在运行中不需串接电抗器。中阻抗整流变压器融目前国内高、低阻抗整流变压器的优点为一体，在电场工况比较恶劣和负载变化比较大的情况下有

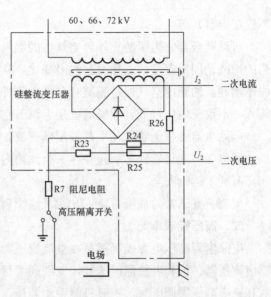

图 5-2　整流变压器原理图

较好的适应性；高阻抗变压器设计的回路总阻抗为 $35\%\sim40\%$，利用主回路总阻抗的积分特性，改善整流输出电压波形系数，以得到较低的峰值对平均值比，总阻抗值越高，则波形改善越明显，输出的电晕功率越高，使除尘器具备较高的效率。

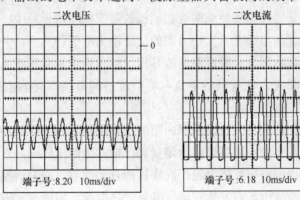

图 5-3　二次电压和二次电流波形图

　　实际运行中的整流变压器难免出现故障，为了不使故障扩大而造成难以挽回的损失，变压器常设有安全保护装置。整流变压器的主要安全保护装置有油温保护、瓦斯保护等。

　　油温保护一般设置警告报警和跳闸报警。油温保护的装置常用为双金属触点温度计。

　　瓦斯保护是变压器内部故障的主要保护元件，对变压器匝间和层间短路、铁芯故障、套管内部故障、绕组内部断线及绝缘劣化和油面下降等故障均能灵敏动作。当油浸式变压器的内部发生故障时，电弧将使绝缘材料分解并产生大量气体，其强烈程度随故障的严重程度不同而不同。瓦斯保护就是利用反应气体状态的瓦斯继电器（又称气体继电器）来监测变压器内部故障的。瓦斯保护一般有轻瓦斯保护和重瓦斯保护之分，运行中轻瓦斯动作时报警，重瓦斯动作时跳闸。

　　整流变压器上部装有高压绝缘套管、低压绝缘套管和吸湿呼吸器（全密封整流变压器

不设吸湿器）等。

吸湿呼吸器是为了防止外界空气中的湿气侵入，特加入硅胶以吸潮。因为整流装置负荷的增减、周围温度的变化引起油温变化，从而使绝缘油产生膨胀和收缩。膨胀时，油箱内压增高，油箱内空气通过吸湿呼吸器逸往外部，不致引起内压升高；收缩时，外部空气流入，不致使内压过低。呼吸器就是为调节空气的进出而设置的。

电除尘器的整流装置几乎都采用硅整流，它具有体积小、质量轻、寿命长和省电的优点。还可以与变压器铁芯一起浸在一个油箱内，使高压设备集中、结构紧凑，减少占地空间，有利于运行安全。

整流装置通常为油浸自冷式，除了绝缘套管外，其他器件都放在油中。

二、高压控制单元

电除尘器高压电源控制都是在整流变压器的输入端进行的。调压元件从电阻调压器、感应调压器、饱和电抗器调压器，发展到了目前普遍采用的晶闸管调压器。采用电阻调压器和感应调压器调压时，一般只能手动调压，而采用晶闸管作为调压元件，响应速度快，能够使整流器的高压输出随电场烟气条件改变而变化，很灵敏地实现自动跟踪调节。

晶闸管自动控制高压硅整流装置包括主回路和自动控制回路两部分。主回路的工作原理一般是：单相380V的工频电源经过主开关、主接触器、两只反向并联的晶闸管送至整流变压器。晶闸管控制极获得正向触发信号之前，晶闸管不导通，获得正向触发信号后，承受正向电压的晶闸管导通。只要使晶闸管控制极的触发脉冲信号发生变化，就能改变晶闸管的导通角，即可在其输出端获得大小可调的交流输出电压。

由晶闸管输出的交流电压，经整流变压器升压、整流后成为高压直流。

为防止谐振和限制瞬时火花放电的电流，将整流桥的负高压直流输出端经阻尼电阻后，再接至电除尘器的放电极。

自动控制回路的工作原理是：自动控制回路的作用是控制晶闸管的导通角，从而达到控制输出高压电的目的。自动控制回路以给定量和反馈量为调压依据，自动调节晶闸管的导通角，使高压电源输出的电压跟随电场工况变化而自动调节。同时，控制回路还具备各项保护功能，使高压电源或电场在发生短路、开路、过电流、偏励磁、闪络和拉弧等情况时，对高压电源进行封锁或保护。

三、高压供电装置的控制方式

高压供电装置的供电特性和供电方式直接影响电除尘器的放电性能，因此要求高压装置具备各种供电特性，以适应不同的烟尘性质，获得更高的收尘效率。电除尘器高压电源的供电特性一直沿袭着三种主要的控制方式，分别为火花频率控制方式、最佳电压方式与间歇供电方式。

1. 火花频率控制

以控制最佳火花频率为出发点的电压自动跟踪调节控制方式的硅整流装置，是目前国内外使用最普遍的一种高压电源。这种控制方式的主要特点是，利用电场的高压闪络信号作为反馈指令（见图5-4）。检测环节把闪络信号取出，送到整流器的调压控制系统中去，自控系统得到反馈指令后，使主回路中的晶闸管迅速切断输出，并让电场介质绝缘强度恢复到正常值。通过调节电压上升速率和闪络封锁时的电压下降值，控制每两次闪络的时间间隔（即闪络频率或火花率），使设备尽可能在最佳火花频率下工作，以获得最佳的除尘效果。

最佳火花放电频率与电除尘器电源的反应速度、含尘烟气特性以及电除尘器的极配形式有关。火花放电频率与电除尘器效率之间存在一定的函数关系，电压升高，会加快尘粒的驱动速度，但火花放电次数也会增多，使尘粒沉积条件变坏，故电除尘器效率与单位时间火花放电次数存在着最佳工作点。图5-5所示为某工业电除尘器除尘效率与火花放电频率的关系。由图可见，火花放电频率为30～70次/min时，该电除尘器的除尘效率最高。

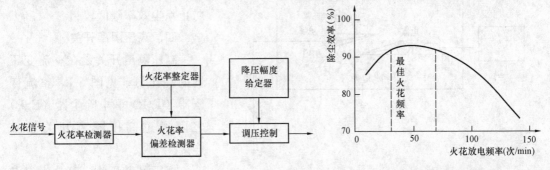

图 5-4　火花频率控制原理

图 5-5　某工业电除尘器效率与火花放电频率的关系

2. 最佳电压控制

最佳电压控制方式的目的是使电场在任何工况条件下都能得到相对较高的平均二次电压，也相当于获得最大的电晕功率，使除尘器效率最高。如前所述，火花频率控制可使除尘器的除尘效率达到最高值，但是，电除尘器要处理的烟尘流量、温度和性质是在不断变化的，因此火花放电频率和火花放电电流的大小不是总保持着一定的对应关系。若火花放电频率不高，而放电电流很大，则容易产生弧光放电，这是不稳定的状态。所以，仅控制火花放电频率，还不能说是最佳的控制方式。

为改良这方面的缺点，可采用最佳电压控制方式。这种方式是检测出火花放电电流的大小与火花放电的次数，使此积分值保持一定，这就是最佳的电压控制方式。

3. 间歇供电控制

间歇供电控制方式是通过供电的间歇时间抑制反电晕的出现，或调节供电时间与间歇时间（即充电比），以达到提高收尘效率又降低电耗的双重目的，此方式又称简易脉冲供电，即利用控制器输出的间歇脉冲去触发晶闸管，从而改变输出电压的幅值。充电比 CR 可设为 1/3，1/5，1/7，1/9，…，2/2，2/4，2/6，2/8，…图5-6所示为两种间歇供电波形的比较，其他充电比波形可以此类推。

总之，高压供电装置应具备的供电特性是：若急剧地增加电压，会引起突变电流，此外电压上升率提高，容易产生火花，所以必须将过高的电压降下来，因此，供电装置应具有带电电压缓慢上升的功能。产生辉光或弧光放电时，除尘器的电压降到除尘要求的电压以下，会使除尘效率下降，故当辉光或弧光放电发生时，供电装置应具有减压消弧功能，

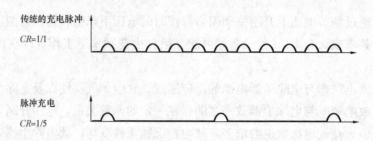

图 5-6　两种间歇供电波形的比较

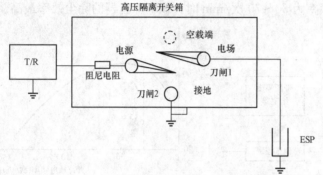

图 5-7　高压隔离开关接地示意图

消弧后还能迅速再带电上升，以防止除尘效率降低。

四、高压隔离开关

高压隔离开关设在整流变压器的高压侧，见图 5-7，整流变压器（T/R）和电除尘器（ESP）之间通过高压隔离开关箱来连接。

高压隔离开关一般分为三点式和四点式，如图 5-7 所示，二者的区别在于是否存在空载端。目前一般采用三点式结构，三点式高压隔离开关可以组合操作，达到以下几种状态，见表 5-1。

表 5-1　　　　　　　　三点式高压隔离开关的几种组合操作和工作状态

刀闸 1 和刀闸 2 的位置	工作状态
刀闸 1 接地 或 刀闸 2 接地	T/R 短路试验
刀闸 1 接地，刀闸 2 接地	ESP 检修（停运阶段）
拆除高压阻尼电阻，刀闸 1 接地，刀闸 2 接地	T/R 开路试验
刀闸 1 电源，刀闸 2 电场	ESP 正常运行阶段

第二节　电除尘器用低压控制设备

低压控制装置主要指对电除尘器的阴阳极振打电动机、绝缘子室的恒温进行自动控制的装置，以及对支撑电除尘器放电极的绝缘子、高压整流变压器等设备及维护人员的安全进行保护的装置。该装置主要有程控、操作显示和低压配电三个部分，其控制特性的好坏及控制功能的完善程度，对电除尘器运行、维护工作量以及电除尘器的除尘效率等都有直接的影响。

一、阴阳极振打控制

电除尘器的振打系统分为阳极振打和阴极振打，两者主要由传动装置、振打轴、振打轴承、振打锤等几部分构成，而且因生产厂家的不同，其结构也有所不同。

1. 阳极振打装置

阳极振打有两种结构形式：一是采用侧向传动切向振打，即振打的动力由除尘器两侧面传入，重锤旋转振打在电场底部的撞击杆上。该振打装置由振打轴、振打锤及传动减速电动机等部分组成。二是顶部电磁振打，振打器设在电场的顶部，通电后电磁引力提升振打杆，失电后振打杆自由落下，打击阳极悬挂框架。

2. 阴极振打装置

目前，阴极振打传动主要有 4 种结构形式：一是侧向传动振打（与阳极振打相同）；二是顶部传动侧向振打，振打方式与阳极侧向振打相同，但其动力由除尘器顶部传入；三是侧向传动顶部振打，传动与振打方式与第一种基本类似，只是振打系统布置在除尘器顶部；四是顶部电磁振打（同阳极电磁振打）。

振打清灰的性能好坏不仅与振打加速度有关，而且振动频率及振动位移也是其重要的影响因素。阴阳极振打控制是指控制同一电场的阴阳极不同时振打、错开振打持续时间，以避免加剧粉尘二次飞扬。针对较特殊的工况条件，可实行降压振打控制，其基本实现原理是在单个电场单元收尘极进行振打时，控制装置通过软件分析和控制，使高压供电电压降低到一个合适的幅度，通过改变电场力的作用效果，来有效改善收尘极的振打清灰效果。

二、绝缘子室恒温控制

绝缘子室内装有绝缘套管或电瓷轴，以达到高压电源对地绝缘的目的，同时也有支撑和力传动的作用。在工况环境下运行时，积聚在绝缘子表面上的具有导电性能的污秽物质，在潮湿天气受潮后，使绝缘子的绝缘水平大大降低，严重时可导致闪络事故。为了保证其清洁、干燥，以保持良好的绝缘性能，除了需经常擦拭绝缘子表面污垢外，还需采取外壳保温和加热措施。绝缘子室内要求实现恒温自动控制。其中，主要环节是加热措施，一般采用电加热，基本工作原理为：通过温度传感器检测出绝缘子室内部空气的温度，可以获知绝缘子的相对温度（绝缘子的实际温度和周围空气温度存在一定的误差），然后根据绝缘子设备的绝缘性能所要求的干燥程度，通过温度控制仪对电加热器的工作状态进行自动恒温控制，使绝缘子室内的空气温度始终保持在一定的范围内（温度设定点可以根据实际需要灵活调节），从而保证绝缘子的绝缘性能。

三、安全联锁控制

电除尘器正常工作时，阴阳极之间需要加数万伏的直流高压，生产人员一旦无意中接触到带有直流高压的部件，将酿成后果严重的生产安全事故，因此安全问题就显得特别重要。安全联锁控制就是针对安全问题设计的控制方式，通过在安全联锁箱内对电除尘器本体检修人孔门、安全隔离开关柜等部位设置对应的安全联锁点的控制方式，来保证电除尘器的运行安全。安全联锁点分为两类：一类是全联锁点，一类是分联锁点。全联锁点一般对应于人孔门，当全联锁点动作时，整个电除尘器的高压供电被切断，避免进入到除尘器本体内的运行维护人员发生触电危险。分联锁点一般对应于高压隔离开关柜，当分联锁点动作时，对应电场的高压供电被切断，避免进入该电场的维护人员发生触电危险。

四、其他自动控制

电除尘器低压控制装置还可能包括排灰电动机控制、料位检测和控制、进出口烟温监视和报警、仓壁振动控制、灰斗加热温度控制和电除尘器的运行与设备事故的远距离监控等。

第三节　常用的高压电源技术

一、普通型电源

20世纪80年代中期，可控调压还是模拟控制，火花自动跟踪技术的性能和可靠性已比较成熟，推出了具有多种控制特性，如最高平均电压值控制、最佳火花率控制、临界火花跟踪控制等特性的产品。这就为20世纪80年代中后期由模拟控制过渡到数字控制，即单片机计算机控制提供了软件思路和硬件基础。单片机的出现和多样化，采用软、硬件相结合的方法，使电除尘的控制和管理功能得到了进一步完善。

普通型电源的主要研究对象是单相电源，它为国内电除尘技术的发展奠定了坚实的基础，其性能稳定、控制技术较为先进，价格低廉，维护方便，因而，它们在相当长的一段时间内占据了国内电除尘电源的大部分市场，但普通型电源在高低压合一、节能优化和远程控制方面存在一些技术不足和缺陷。

随着电除尘技术的进一步提高、新技术的不断涌现，国外先进技术和产品也充斥着国内市场，普通型电源产品已不能完全满足市场的需求。为了紧跟电除尘市场的发展步伐，国内各环保骨干企业通过自主研发和技术引进，一些新型电除尘电源产品在国内市场上应运而生。

二、先进的智能型控制电源

先进的智能型控制电源是以微处理器为基础的新型高压控制器，技术成熟，已在行业内得到广泛应用，其主要功能如下：

（1）火花控制功能。拥有更加完善的火花跟踪和处理功能，采用硬件、软件单重或软硬件双重火花检测控制技术，电场电压恢复快，损失小，闪络控制特性良好，设备运行稳定、安全，有利于提高除尘效率。

（2）多种控制方式。控制方式扩充为全波、间歇供电等模式。全波供电包括火花跟踪控制、峰值跟踪控制、火花率设定控制等多种方式；间歇供电包括双半波、单半波等模式，并提供了充足的占空比调节范围，大大减轻了反电晕的危害。

（3）绘制电场伏安特性曲线。多数控制器能够手动绘制电场伏安特性曲线，也有部分控制器能够自动快速绘制电场动态伏安特性曲线族（包括电压平均值、电压峰值、电压谷值等三组曲线），它们真实地反映了电场内部工况的变化，有助于对反电晕、电晕封闭、电场积灰等是否发生及程度作出准确的判断。

（4）断电振打功能或降功率振打功能。又称电压控制振打技术，指的是在某个电场振打清灰时，相应电场的高压电源输出功率降低或完全关闭不输出。采用的是高压控制器和振打控制器联动方式的控制技术，二者有机配合，参数可调，使用灵活，能显著提高振打清灰效果，进而提高除尘效率。

（5）通信联网功能。提供了 RS422/485 总线或工业以太网接口，所有工况参数和状态均可送到上位机显示、保存，所有控制特性的参数均可由上位机进行修改和设定。

（6）具备完善的短路、开路、过电流、偏励磁、欠压、超油温等故障检测与报警功能，设备保护更加完善，保证设备安全、可靠运行。

（7）控制部分采用高性能的单片机系统，数字化控制程度大幅度提高。

三、三相高压电源

作为一种新型电源，与传统的单相电源相比，电除尘器用三相高压电源更能适应多种特性的粉尘和不同的工况，可向电场提供更高、更平稳的运行电压。三相高压电源有三相平衡、提效、大功率输出的特点。

三相高压电源的工作原理如图 5-8 所示。三相输入的工频电源，经主回路的断路器和接触器，由 3 对双向反并联的晶闸管（SCR）模块调压，送至整流变压器升压整流（输入端为三角形接法，输出为星形接法）后到负载。如果 A 相的正半波发生闪络（火花放电）时，B 相的晶闸管（SCR）已经导通，待 A 相正半波的过零换相时输出封锁信号，可以关断 A、C 相的负半波，却无法及时封锁 B 相已经导通的信号，一直要持续到 B 相过零点，才能完全封锁输出。A 相的闪络冲击有瞬态导通电流的 1.5～2.5 倍，但 B 相是在 A 相对介质击穿的状态下继续导通，而且基波能量很大，在本质上大大加强了击穿的强度，实际产生的闪络状态下的冲击电流，是瞬态导通电流的 3～5 倍，给控制和整流变压器系统带来了强烈的干扰。

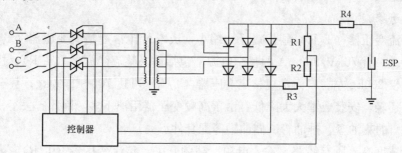

图 5-8　三相高压电源的工作原理示意图

三相高压电源的各相电压、电流、磁通的大小相等，相位依次相差 120°，任何时候电网都是平衡的。相比单相电源在大型电除尘器应用中出现电流不平衡的现象，其对电网质量的贡献是显著的。

三相高压电源采用完全的三相调压、三相升压、三相整流，其功率因素较高、电网损耗低，三相高压电源能有效克服目前单相电源功率因素低、缺相损耗大、电源利用率较低的弊端。

虽然三相电源供电平衡，电网损耗低，可做到超大功率输出，但三相电源的闪络冲击比较大，极板极线局部电蚀相对于单相电源大，原材料数量和等级相对于单相电源提高了不少，设备体积也更大，包装、运输、吊装会相对困难。

总体而言，三相电源的发展还需进一步的技术完善，需要解决以下技术难题：

（1）三相时序问题。开发三相电源时，首先要解决三相同步问题，否则输出波形不平衡，控制系统会误判为闪络。

（2）干扰问题。三相电源在电场闪络时冲击大，如果不彻底解决好干扰问题，就无法保证设备在恶劣的工况环境下稳定工作。因此，需采用抗干扰能力强、处理速度快的控制电路，将更先进更可靠的技术应用到电源控制器上。

（3）火花抑制。三相电源的闪络冲击大，采用合适高效的火花控制技术十分必要，需要使用特殊的关断技术和防护措施，使晶闸管可靠关断，不产生拉弧现象。

四、高频开关式电源

高频开关式电源（全称为高频开关式集成整流电源）是电除尘器高压供电的新动向，它具有质量小、体积小、结构紧凑、三相负载对称、功率因数较高以及有较高收尘效率等优点，已成为有吸引力的替代传统晶闸管调压整流装置（T/R）的电源。

20世纪90年代高频开关电源开始商业化。现在采用了比20世纪90年代更高的20～50kHz的频率，加上是三相供电，所以输出到电除尘器的电压几乎是恒稳的纯直流，从而带来一系列常规单相反并联晶闸管调压电源所不具备的特性与优点：

（1）纯直流供电的电压、电流较常规电源的平均值高，有利于提高中低比电阻粉尘的除尘效率，一般可使粉尘排放降低30％。由于只有单一的直流输出值，因此选择电源时避免了峰值、平均值等带来的歧义。

（2）火花时常规电源一般至少要关断一个半波，即10ms，高频电源大都可在2～5ms之内使火花熄灭，5～15ms恢复全功率供电。在100次/min的火花放电频率下，输出高压无下降的迹象。

（3）整流变压器（T/R）显著减轻和缩小，成本可比常规整流变压器（T/R）还低，性价比也高。一台70kV/800mA的整套电源［包括输入整流变压器（T/R）、控制柜、高频开关等］仅200kg左右，而常规整流变压器（T/R）可达700～1700kg，甚至比常规电源的控制柜还轻，安装成本大大降低。由于高频变压器用油不多，因此省去了常规整流变压器（T/R）的集油盘、排油管、储油罐等配套件。

（4）集成度高。所有线路、输入电源、高频开关、整流变压器（T/R）、高压/低压/振打/加热控制器都集中在一个小箱体中，并具有良好的模块性。

（5）电源转换效率高。

（6）三相均衡对称供电，对电网的干扰小。

（7）也可像常规电源一样，采取"间歇供电"，用于高比电阻粉尘，自由度更大、效果更佳。开关电流的间歇供电"脉冲"不再受常规供电时半波宽度（10ms）的限制，其最佳供电的宽度和幅值、最佳周期（充电比）均是可"任意"选择的，在同样的输入ESP的功率下，开关电源较常规电源能提供更大的电流和更窄的脉冲宽，更有利于高比电阻粉尘的收集。

开关电源是根据高频转换技术开发的，其结构如图5-9所示，图中表示出了向一个电场供电的开关电源。该电源由三相电网供电，电压经三相整流桥整流并由带缓冲电容器的平波器滤波。直流电压馈送到与高压变压器连接的串联谐振变换器，变压器的二次电压经单相桥整流，最后施加到电除尘器的放电极上。

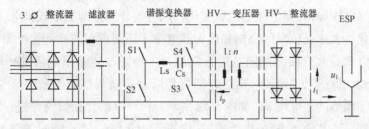

图 5-9　开关电源结构原理图

系统的核心是 DC/AC 变换器，由全桥串联谐振变换器构成。变换器由 4 个开关 S1～S4、一个串联电容 Cs 和一个串联电感 Ls 组成。每个开关各用一半导体器件 IGBT 和一反并联二极管来实现。

变换器的运行基本原理如图 5-10 所示，其中，一对开关（如 S1 和 S3）在 $t=0$ 时同时接通，经一段时间 T_s 后接通另一对开关（S2 和 S4）。图 5-10 示出了一次电流 $i_p(t)$ 和电除尘器电压 $U_L(t)$ 的波形。电除尘器电流 $i_L(t)$ 具有与高压变压器一次侧电流类似的波形，电流振荡周期用 T_0 表示，相应谐振频率为 f_0（$f_0=1/T_0$）。

当开关以很高的频率转换时，此种运行状态就相当于输出极为平坦的纯直流电压运行，如图 5-10 中的 $U_L(t)$ 所示。

开关电源也能以间歇供电（IE）方式运行，在几微秒的接通时间里施加电流脉冲，然后在关断时间里中断电流。关断时间一般可在几微秒到几秒之间连续变化，如图 5-11 所示，其中 T_s 近似等于 T_0。这时电压是脉动的，其电压升率（du/dt）主要取决于电流脉冲的幅值。

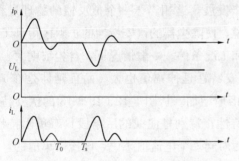

图 5-10　纯直流供电运行基本原理图

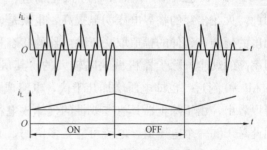

图 5-11　"IE"方式的工作原理

此外，在 IE 运行情况下，开关电源可运行于 $T_s<T_0$ 的特殊方式，从而在供电时段获得较高的电流幅值和电压上升率。

输送到电除尘器的电流脉冲持续时间很短（$T_0\approx25\mu s$），幅值为几个安培，所以输送到电除尘器的能量也很少。

五、LC 恒流高压电源

对电除尘器采用恒流源供电始于 20 世纪 80 年代中期，虽然它采用了大量的无源元件（电抗器、电容组成 L-C 变换网络），但却改变了一种供电方式，采用电流源供电。作为一个供电回路，一般由电源和负载组成，其表征参量为电压、电流和阻抗。以电压作为电源的形式供电（电压源），则电流随负载变化；以电流作为电源的形式供电（电流源），则电压随负载变化。无论是较早的磁饱和放大器电源，还是现在的晶闸管电源，均是电压源的特性，一种方式是改变回路的阻抗进行限流，一种是改变输出电压的平均值（波形），虽然均可以做到"恒压"、"恒流"运行，但均是通过控制调整电压来达到的，其主变量，即能直接控制、调整的是电压 u，如图 5-12 所示，$i = f(u)$。而恒流源是一种电流源的概念，能直接控制、调整的是电流 i，如图 5-13 所示，$u = f(i)$，通过控制和调整电流 i，做到在"恒压"、"恒流"、"最佳火花率"和"脉冲电流"等工作状态下运行。

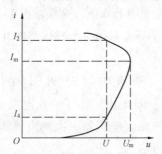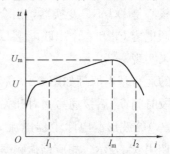

图 5-12　电压源供电 $[i = f(u)]$　　　图 5-13　电流源供电 $[u = f(i)]$

除尘器电场某一局部由电晕放电向火花击穿过渡需要时间和功率，不论哪一种电源供电，电场均处在电晕放电状态，电源所提供的电流均为电晕电流；当电场处在火花放电状态时，电源所提供的电流为火花电流，因此在用恒流源供电时，由于电晕放电向火花放电过渡时，放电通道的等效电阻 R 随电离强度的增加而减小，这样，注入放电通道的功率 $P = I^2(t)R$ 也减小，从而抑制了放电的进一步发展，这相当于一个负反馈的物理过程。因此，火花击穿的临界电压明显提高，也就是说，使除尘器的伏安特性的正阻区得到了大幅度的延伸，延伸的幅值取决于除尘器的状态和工况条件。一般情况下，含尘浓度大、电阻率高的烟尘，除尘器机械缺陷较大的，其伏安特性延伸幅值也大，而且延伸是在 $r = \mathrm{d}u/\mathrm{d}i \to 0$ 附近，也即电压增加几千伏，电流成倍地增加。从图 5-12、图 5-13 的伏安特性可以看出，由于除尘器具有非线性的气体放电特性，特别是曲线的后半段具有负阻特性，因此对于同一个电压值，电流可能是多值的，而对同一个电流值来说，电压是单值的，即在某一时刻，除尘器的工作电压是其电流的单值函数，因此，简单地从非线性电路平衡状态的稳定性来考虑，以恒流源来供电时，电压不会发生跳跃，可以稳定工作在 $r = \mathrm{d}u/\mathrm{d}i \to 0$ 附近，即工作点的电压和电流较高，因为一个电流值只有一个电压所对应，而电流值是由设备所决定的，因此，这种稳定的工作状态不需要反馈控制回路来支撑，是本身回路所具有的。

L-C 电源原理示意图如图 5-14 所示。

电网输入的交流正弦电压源，通过 L-C 恒流变换器转换为交流正弦电流源，经升压、整流后成为恒流高压直流电源，给沉积电场供电。其技术特点如下：

（1）运行稳定，可靠性高，能长期保持沉积效率，能承受瞬态及稳态短路。

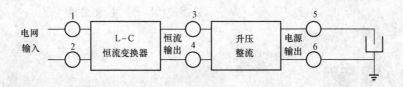

图 5-14 L-C 电源原理示意图

（2）能适应工况变化，克服二次扬尘，并有抑制电晕闭塞和阴极肥大的能力。

（3）运行电压高，并能抑制放电，对机械缺陷不敏感。

（4）电源结构简单，采用并联模块化的设计，检修方便，电源故障率低。

（5）功率因数高（$\cos\phi \geqslant 0.90$），而且不随运行功率水平变化，节电效果明显。

（6）输入和输出的波形为完整的正弦波，不干扰电网。

在电除尘器实际运行中，由于工况的不可预见性，使得除尘器热态运行的伏安特性偏离了设计值，如高电压、低电流、频繁闪络、运行电压偏低等不正常的运行状态，通过恒流源供电可以改变其运行特性，以求达到最佳控制效果。

随着电除尘技术的不断发展，除上述类型的电除尘用电源外，市场上还出现了脉冲和等离子等电源，但这些电源市场应用相对较少，还未广泛地推向整个电除尘市场，在此不予赘述。

第六章

电除尘器的安装

电除尘器作为捕集粉尘的一种环保设备，应用相当广泛。随着社会的发展和科学技术的进步，国家对环保的要求越来越高，电除尘器设备运行的可靠性和高效性也越来越引起各方面的关注。要实现设备运行的可靠和性能的稳定，安装质量是关键。电除尘器设备轻则上百吨，重则几千吨，大型电除尘器像一座几十米高的大楼。如此庞大的设备成台出厂是不可能的，通常情况下以散件和零部件形式出厂，运抵施工现场后再组装成台。因此，电除尘器安装已越来越受到用户、设备制造商和安装单位的重视。

电除尘器本身为一个钢结构体，所组成的零部件以焊接件和经过专用设备轧制成型的零件为主，这些零部件在制作、包装、存放、吊装、运输、堆放、组合过程中极易引起变形，因此电除尘器安装的过程既是设备零部件安装组合的过程，又是一个消除设备缺陷的过程，使设备更趋完善，符合设计的要求。

从我国几十年的电除尘器应用经验来看，其安装质量的好坏直接决定设备性能和运行可靠，要保证实现电除尘器的设计意图，使电除尘器达到预定的除尘效果，除了有正确的设计，良好的制作、包装、存放、吊装、运输外，还必须有一套严格的安装调试规范和程序，确保电除尘器整体性能的实现。

我国电除尘器技术主要从20世纪60年代开始引进，国内电除尘器设备制造厂经过长期的消化、吸收和改进，其电除尘器的结构已处多样化。本章介绍了基本的安装工艺流程，并不能完全覆盖所有设备制造厂家设计的不同结构的电除尘器。特别是电除尘器壳体的安装流程和内件的安装流程，还需根据各种不同结构形式，编制相应的施工措施和方案。

由于目前在国家大型项目上应用的电除尘器以干式、板式为主，因此本章内容重点介绍干式、板式电除尘器的安装工艺流程、施工准备及重要部件的安装工艺。

第一节 电除尘器施工准备

电除尘器施工准备工作的基本任务是为电除尘器安装施工建立必要的技术准备和物质条件，统筹安排施工资源。施工准备既是为施工单位搞好目标管理，同时还是安装施工顺利进行的根本保证。因此，认真做好施工准备工作，对于发挥企业优势、合理供应资源、加快施工进度、提高工程质量、降低工程成本、增加企业效益、赢得社会信誉、实现企业管理现代化等具有重要的意义。

电除尘器施工准备工作按其性质和内容分，通常包括组织准备、技术准备、机具和物资准备、施工场地准备。

一、组织准备

电除尘器的安装在整个项目中属于一个单项工程，涉及机械、电气、保温、热工等施工专业。作为一个独立单项工程，需要有一个独立运转的管理体系，配备相应的管理人员和专业人员。为保证各部门协调配合，首先应建立一个项目管理组织，设立项目工程部，并明确内部分工。

项目管理组织内应有一名懂技术和管理的领导担任项目经理，项目工程部的项目经理应有执业资格，工程部配置相应的专业技术人员、专职质量员、专职安全员；施工人员的配置与工期长短、电除尘器大小、吨位的大小、施工场地和机具等因素有关，可根据各工程实际情况确定。一般情况下，机械（铆工）安装工占 30％～40％，电工 10％～20％，电焊工 20％～30％，起重工 10％～15％，保温油漆工占 10％～20％，其他工种占 10％～20％，各工种比例随着工程进度的推进可作适当调整。

二、技术准备

技术准备是施工准备的核心和先导，任何技术的差错或隐患，轻可引起工期延长和质量事故，重可引起人身安全，造成生命、财产和经济的巨大损失。

项目工程部设立后，组织有关技术人员根据项目实际编制相应的质量管理与验收制度、工程技术档案管理制度、设备材料检查验收制度、工程技术管理制度、安全管理制度、机具使用保养制度等。

技术负责人应会同各专业技术人员首先熟悉审查电除尘器施工图、施工平面图、现场布置图等资料文件，熟悉施工验收规范和有关行业标准、国家标准，审查电除尘器设计图纸与其他接口部分之间有无矛盾和错误。

根据相关资料和标准，编制施工组织设计并报有关部门审批。施工组织设计是施工准备工作中最重要的组成部分，也是指导施工现场全部生产活动的技术经济文件。施工活动的全过程是一个非常复杂的运作过程，为了正确处理人与物、主体与辅助、工艺与设备、专业与协作、供应与消耗、生产与储存、空间布置、时间排列之间的关系，必须根据电除尘器安装工程的规模和建设单位的要求，编制出一份指导该工程施工活动的科学方案。施工组织设计内容包括工程内容、施工进度、劳动力安排计划、施工机具配置计划、主要吊装计划、施工场地布置计划、用电计划、主要施工方案及技术措施、设备材料供应计划、质量保障措施、安全措施、工程质量验收记录等。

技术负责人和专业技术人员有责任向施工人员进行技术交底，技术人员要把电除尘器施工项目的设计内容、施工计划、施工技术和施工要求等向施工人员交代清楚，使工程按照设计要求、施工验收规范和安全操作规程等有序展开。

三、机具和物资的准备

根据已确定的施工方案，计划施工进度，结合电除尘器大小、起吊高度、起吊的最大件质量和作业半径，同时考虑到组装和拼装位置来选择合适的施工机械，根据需要确定机具设备进场时间和数量。

电除尘器作为非标准设备,在使用和安装过程中需配置一批专用安装和检测工具,如阴极框架专用组装架、阳极板起吊架、吊挂装置上螺母专用扳手、螺旋线拉伸器、16~25kg·m力矩扳手、虎克螺钉专用液压铆枪、极间距检测工具等。其他一些常用工器具和消耗性材料也同样根据施工组织设计中的要求进行配备。根据各种物资的需求量,分别落实、合理安排储备,以满足连续施工的要求。根据各种物资需求计划和合同,拟订运输计划和运输方案。依据施工总平面图的布置,组织物资按计划时间进场,在指定地点、按规定方式进行储存和堆放。

电除尘器施工的关键设备为起重设备。起重设备的种类繁多,型号规格各不相同,要根据起重设备厂家提供的设备起重曲线图,较经济地选择起重设备,避免起重设备选择过大出现浪费和过小起吊能力不足的现象。

设备及材料进场时间应按施工进度计划进行备料,有序堆放。堆放场地一方面要平整;另一方面,要根据安装顺序确定设备和材料的堆放位置,不允许任意叠加和乱放,堆放场地应留有设备二次倒运通道。

施工单位按设备制造厂提供的图纸、装箱清单、包装清册与制造厂、用户共同开箱清点设备数量,核对规格,做好开箱检验记录,最后双方签字。设备开箱清点中应做好以下工作:

(1) 检查设备数量与发货数量是否相符,规格是否相符;若短缺应及时通知供应方补发。

(2) 检查设备外观是否有机械损伤、变形及严重锈蚀等不良情况,一旦发现,及时作出处理。

(3) 箱装设备开箱后应及时将箱体包装复原,以防产品腐蚀或生锈。

(4) 对电瓷件等易碎品要小心轻放,妥善保存。

四、施工场地准备

施工组织计划编制完成后,必须根据施工现场实际情况进一步核实,在施工设备进场前,必须搞好"三通一平"的基础工作。

(1) 路通:施工现场的道路是物资、设备运输的动脉。根据电除尘器施工的具体要求,规划和平整好施工现场的道路,为材料进场、堆放创造有利条件。电除尘器施工现场,往往与其他施工单位或生产单位发生交错重叠,在规划和铺设时与相关单位应充分沟通。

(2) 电通:电是施工现场的主要动力来源,根据所配机具用电量,确定电源容量,报建设单位或管理单位,提供电源接口。

(3) 水通:水是施工现场的生活和生产不可缺少的,根据现场需要接通施工用水和生活用水。

(4) 平整场地:按照施工总平面图和具体施工要求,进行场地平整和划分工作。

场地基本平整后,首先要根据电除尘器安装的位置及周围场地,确定起重设备的安装位置;其次,要确定设备组装及堆放场地;再次,布置管理房、工具房、配电房。组装场地应尽可能设置在电除尘器基础最近处,场地的布置要以便于组装及吊装为原则,各功能区域之间应留有人行安全通道和物流通道。

第二节　电除尘器施工工艺流程

一、电除尘器本体结构

电除尘器本体结构示意图见图 6-1。

二、安装施工流程图

电除尘器施工工艺流程见图 6-2。

三、安装流程图说明

现有国内几家大的设备制造商生产的电除尘器，壳体基本上是桁架型结构，内件设计基本上是悬挂型结构（主要指阳极板的连接方式）。

1. 壳体安装说明

桁架型结构电除尘器的载荷是由整个壳体来承担，壳体上任何梁、柱、封板、管撑都承受一定的载荷，在安装电除尘器内件前必须先完成壳体的安装。常规安装顺序为：立柱→管撑→侧封（壳体）→内顶梁。

2. 内件安装说明

阴极线与电场内框架之间的连接是用螺栓、楔销或直接点焊形式的，如管形芒刺线、星形线等，在安装流程上应先装阴极线，然后再装阳极板。这样既易保证阴极线的安装质量，又能大大提高工效。

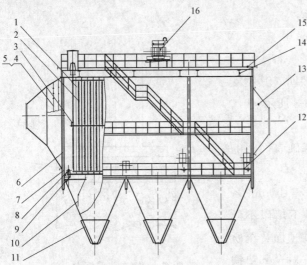

图 6-1　电除尘器本体结构示意图

1—阳极系统；2—阴极系统；3—阴极振打；4—进口封头；5—进口气流分布板；6—壳体；7—底梁；8—阳极振打；9—尘中走道；10—灰斗挡风；11—灰斗；12—走梯平台；13—出口封头及分布板；14—内顶盖；15—外顶盖；16—电源

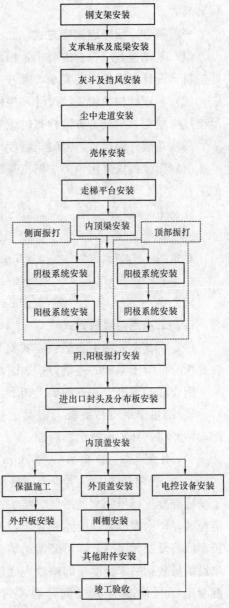

图 6-2　电除尘器施工工艺流程

阴极线与电场内框架之间的连接是挂钩形式的，如螺旋线，在安装流程上应先装阳极板，然后再装阴极线。

第三节　设备基础交验与连接

现有最常见的电除尘器与设备基础的连接有以下两种方式：基础平面预埋钢板和二次灌浆浇注。基础平面预埋钢板主要用于混凝土支架直接与电除尘器的支承轴承连接；二次灌浆浇注一般用于钢支架与混凝土基础的连接。

设备安装施工单位应会同基础施工单位和监理单位，对设备基础根据有关标准进行复核和验收。

一、基础平面预埋钢板方式

（1）基础复查应符合的要求：预埋地脚螺栓的丝扣长度应正确，丝扣无损伤，螺栓间距应符合设计和设备安装要求，螺杆应垂直埋设并应采取防锈措施。

（2）预埋铁件的位置、尺寸和规格数量均应符合安装图纸要求。铁件埋设牢固，与混凝土接合紧密，用敲击方法检查时无空声。

（3）基础外形尺寸与混凝土强度均应符合设计要求（应由建设单位或监理单位确认）。

（4）用经纬仪或用铅坠法测出基础中心线和标高，并用墨线标画在基础上，允许偏差如下：

柱　距　≤10m　　　　＜±3mm
　　　　　＞10m　　　　＜±5mm
对角线　≤20m　　　　＜±6mm
　　　　　＞20m　　　　＜±8mm
标　高　　　　　　　　≤±3mm

二、二次灌浆浇注方式

（1）钢支架采用中心垫铁方式安装时，其钢支柱底板与混凝土基础的连接方式如图6-3所示。

钢支柱与混凝土基础的要求如下：

1）测量出钢支柱底板与混凝土基础表面间的距离，并将基础表面凿出新麻面；

2）用配制好的垫铁（200mm×100mm×20mm）放在钢支柱中心位置上，垫铁下填以不低于基础混凝土标号的水泥砂浆。将垫铁顶面垫至所需标高，待水泥砂浆强度达到要求，并对全部垫铁顶面标高复查无误后，即可开始吊装钢支柱；电除尘设备吊装到一定程度，即垫铁表面压力达到基础混凝土标号强度的70％时，必须进行基础二次浇灌。

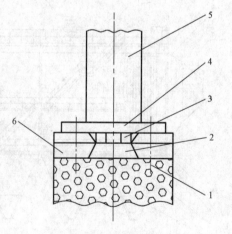

图6-3　钢支架采用中心垫铁方式安装示意图

1—混凝土基础；2—水泥砂浆（1:2）；3—垫铁；4—钢支柱底板；5—钢支柱；6—二次浇灌区

（2）钢支柱安装采用可调式框架方式安装时，其钢支柱
底板与混凝土基础的连接方式如图6-4所示。

钢支柱与混凝土基础的要求如下：

1）混凝土基础施工时，应事先预留能满足所需的一次、
二次浇灌空间。

2）制作型钢框架，其外形尺寸应比基础小10～15mm。
按钢支柱底板螺孔间距在框架顶部画线钻孔，穿入地脚螺栓，
调整其垂直度，对角线距离，并将螺扣留有一定的调节余量
后，将地脚螺栓根部与型钢框架焊牢。

3）型钢框架安装时，单个框架安放于基础上，其纵横中
心线应与标画在基础上的墨线相吻合。各框架间可采用拉钢
丝法调整纵、横中心线、标高、整体对角线等，均符合图纸
要求后，将框架与预埋钢板焊牢。

4）吊装钢支柱，并通过地脚螺栓上的螺母调整支柱的标
高和垂直度，经检查验收符合图纸要求并焊接结束后，可进行二次浇灌。

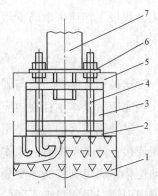

图6-4　钢支架采用可调式
框架方式安装示意图

1—混凝土基础；2—预埋钢板；
3—型钢框架；4—地脚螺栓；5—
二次浇灌区；6—钢支柱底板；
7—钢支柱

第四节　钢支架的安装

一、钢支架的形式及安装

电除尘器的钢支架设计形式有多种，下面介绍经常使用的两种形式。

1. 固定式钢支架

固定式钢支架制造和安装较简单，但钢耗较大，安装施工完毕后，钢支架内应力也较
大。国内设计的钢支架多为固定式。这种钢支架的支柱两端直接用螺栓加焊接的方式与基
础或本体连接，钢支柱用型钢或管材制作而成，钢支架上部用型钢作成环形梁，各支柱之
间用角钢或管材作斜撑，支柱下端焊有方形法兰，以使与基础连接。

安装时，先画出柱、梁的中心和两端头十字中心线。为使组装后的整体尺寸正确。应
使柱梁的基准中心线与基础中心线相吻合，允许偏差见表6-1。

表6-1　　　　　　　　　　　钢支架允许偏差　　　　　　　　　　　mm

名　称	条　件	允许偏差	名　称	条　件	允许偏差
柱　距	≤10	±3	标高	以锅炉房为基准	±5
	>10	±5		各钢支柱顶部相对	±3
对　角	≤20	±5	垂直度	每个支柱	5
	>20	±8			

安装时先吊一排（列）作为基准排（列），用硬支撑或缆绳固定、找正。相继再吊装
各排（列）依次在各柱间将斜撑先用螺栓连接，以基准排（列）为依据进行检查。检查支
柱垂直度、顶部标高及对角线应符合要求。然后固定地脚螺栓，复测各数值应无太大变

化。焊接工作应采取防变形措施。最后复测组焊好的钢支架，其偏差应在表 6-1 的允许范围内。

2. 铰链式钢支架

这种钢支架的特点与固定式刚好相反，其制造工艺要求高、安装难度较大、钢耗小、安装完毕后基本不存在内应力。国外设计的钢支架多为铰接式。

这种钢支架的支柱是用钢管制作，每根柱两端头用凹凸的球形铰链分别与基础和本体相连接，该支架中有一根作为固定点，其余各支柱可随本体的热胀冷缩作单向或双向的摆动位移。固定支柱所承受竖向、切向的荷载都大，因而所用钢管直径也大。其余各支柱根据受力情况采用粗细不同的钢管。在各支柱之间为增加其稳定性，根据其位移方向的不同焊接斜支撑。

安装时，先将钢支柱下球面座用螺栓与基础预埋钢板连接、固定。基础预埋钢板可在球面铰放正后再灌浆。检查各球面座之间的中心距，无误后将地脚螺栓拧紧并与基础预埋铁点焊，然后将固定支柱立起用铅坠线找正后加临时斜撑或拉筋予以固定，用同样的方法将其余钢支柱立起并临时固定。各支柱依次立起过程中，可用原设计中的斜支撑代替临时斜撑来固定支柱；全部钢支柱立起后，依次安装斜撑，测量柱距、柱顶标高及对角线其偏差应符合表 6-1 的规定。然后在各柱之间加临时横向拉筋，以保证安装电除尘器底梁时，支柱不发生位移和摆动。

二、钢支架安装要求

底梁安装完毕后，将各支柱应焊接部位焊牢。电除尘器本体全部安装完毕后，将临时拉筋或斜撑拆除。

第五节　支　承　安　装

一、支承类型及结构

目前常用的支承有滚珠式支承和滑动式支承。

支承分上、中、下三层，上层与底梁底面接触，中层与上层之间靠一球形铰链连接，以实现整个底梁支承能自动定心、接触良好，中层与下层之间有的是放钢板，有的是放一层滚珠，也有的是放一层钢板加一层聚四氟乙烯板。后两者可以满足底梁的热膨胀位移，下层与钢支柱或水泥支柱的预埋钢板相连接，用螺柱固定并焊接。根据底梁膨胀方向的需要，支承设计有下列 3 种形式：

（1）固定支承。该支承安装在电除尘器的固定支承点，不作任何方向的位移。现有些制造厂已用钢支座来替代固定支承。

（2）单向支承。其结构是在支承的中层与下层间有带聚四氟乙烯的不锈钢板或滚珠，上、下层之间可发生轴向位移，即支承只能在一个直线方向上位移，而在两边有限位块。

（3）万向支承。万向支承的结构与单向支承的结构基本相同，所不同的是各个方向均无限位，即无限位块，可作任意方向的位移。

安装前，应对固定、单向和万向支承进行检查，检查支承是否焊接牢固、尺寸正确、滑动面平整、无毛刺、焊瘤和杂物；滚珠支承的滚珠数量是否缺少；滑动支承的摩擦片是否缺少。支承装合时，应按设计要求定位（如滚珠支承应将滚珠盘定在支承中间，并用顶丝将滚珠盘定位）。有的制造商在出厂前已加防锈润滑两用脂，也有在现场加脂的，加脂量每只为80~120g。

根据设计图纸要求，确定各点支承类型与膨胀方向。

固定支承、单向支承和万向支承的设置原则是：固定支承原则上位于每台电除尘器的相对中心位置，电场与灰斗为单数时，固定轴承偏向进口侧和走梯平台侧；单向支承安装在固定支承的十字轴线上；万向支承安装在固定支承十字轴线以外的各支点。以三电场电除尘器为例，如图6-5所示。

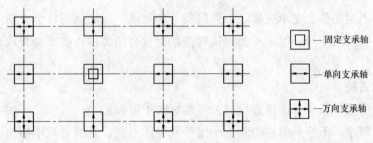

图6-5　三电场电除尘器各种类型支承布置图例

二、支承安装

（1）先在基础外定出纵横轴基准点，每端两点为宜作为是除尘器的安装基准，在以后的安装中以此基准校正各部位坐标尺寸。

（2）严格依照设计图纸要求安放固定支承、单向支承和万向支承，注意位移方向，不得装错。

（3）将各支承的上平面用临时支撑限位，并在各支承上面画出中心十字线，照此中心位置测量中心距、对角线误差及标高允差。

（4）安装时，若各支承标高误差较大，可在柱顶和支承之间加垫铁，垫铁厚度应不超过5mm；尺寸应与支承底板周边相吻合，不得超出。焊接时必须把柱顶、支承底板及垫板焊为一体，一般采用J506或J507焊条，防止焊缝裂开。

（5）采用滚珠式支承时，中层与下层有顶丝定位的，待电除尘器本体安装完，投运前，必须将顶丝拆除。该顶丝也用其他短螺栓将其堵住，使其不会进入灰尘。若不将顶丝拆除，电除尘器投运后，本体热膨胀时，支承将失去滚动位移作用。

（6）单向支承和万向支承在安装尺寸调整符合要求后，用型钢临时固定点焊，待全部安装结束后，再拆除临时固定物。

三、支承安装要求

（1）电除尘器支承位置和方向。电除尘器支承位置和方向在支承安装中非常重要。若安装错误，电除尘器投运后热膨胀无法实现位移会造成事故，所以要引起重视。

（2）支承安装偏差要求。所有固定支承和活动支承应在同一水平面上；相邻支承轴承的中心距应不大于±3mm；相邻支承的对角线应不大于±5mm；各支承表面水平度应不大于 1mm；各支座标高偏差不大于±3mm。

第六节 底 梁 安 装

一、底梁的结构和组成

底梁设计形式有多种，早期设计多以箱式底梁为主，制造和安装难度都相当大，且耗钢量大。现行底梁设计简单，多以型钢拼接为主，一般用槽钢、工字钢或焊接型钢制作。

底梁一般由支座、端梁、纵梁、中间梁几部分组成，由厂内分段制造，现场安装组合。

底梁的作用主要是上支承壳体，下连接灰斗和支承。在底梁的每个方格内都有焊接灰斗的支承面。一般灰斗与底梁支承面直接焊接，但也有用螺栓将支承面与灰斗上法兰口连接后再焊接的。

二、底梁安装

（1）安装前应对底梁零部件进行检验，超标时予以校正。

（2）组合顺序，不论是单件组装、小组件或整体组装，其组合顺序都是：先将侧梁和端梁组合成外框架，再将纵横向中间梁组合成内框架（即灰斗框架）。

（3）组合成整体框架后，先用螺栓或点焊作临时固定，检查框架几何尺寸。允许偏差见表 6-2。

表 6-2　　　　　　　　　　　底梁框架允许偏差　　　　　　　　　　　mm

检查项目		底梁外框架	各电场底梁内框架
边长偏差		≤5	<3
对角线	1 个电场	≤8	<8
	2 个电场	≤10	
	3 个电场	≤15	
	4 个电场	≤18	
	5 个电场	≤20	
	≥6 个电场	≤30	
上平面平面度		≤±3	<±3

（4）若底梁系地面组合，整体组件吊装时要选择好吊点，防止变形。

（5）底梁就位后，底梁与支承必须接触良好。

（6）检查合格就位后，对底梁连接部位进行焊接。焊接时应采取必要措施，防止焊接产生扭曲变形。

（7）底梁是否整体吊装要根据现场施工场地和起吊能力决定，两者条件不允许而未能整体吊装的，也可分体吊装。

三、底梁安装要求

底梁验收主要是检查其对角线及上平面的相对高差。

（1）底梁对角线的检查，可用钢卷尺分别测出其电场对角线和灰斗框架对角线的差值。对角线偏差应符合表 6-2。

（2）底梁上平面水平高差的检查，可用经纬仪或连通管来测量其高差值。对角线偏差应符合表 6-2 中的要求。

第七节　灰斗及挡风安装

底梁的内框架内都装有灰斗，灰斗数量与电除尘器规格大小有关，从每电场一个灰斗至多个灰斗不等。灰斗几何尺寸较大，无法整体运输，在制造厂分段分片制造，现场组装。

一、灰斗部件组成

灰斗部件一般由上部灰斗、下部灰斗（俗称小灰斗）、灰斗挡风等组成。

二、灰斗组合顺序

灰斗安装应视现场条件而定，在起吊条件允许的情况下，一般组装成一整体较宜；若起吊能力不足的情况下，可将下部灰斗先吊入相应灰斗的下方存放，待上部灰斗组合吊装就位后，再接下段，下部灰斗一般在制造厂内组合成型。灰斗的组合方法如下：

（1）以灰斗大口的外围尺寸为基准，在组装平台上画线，并焊上定位钢板。

（2）将上段 4 块单片灰斗板分别组合成型，并将其倒放在平台上（即大口朝下）。

（3）4 个侧壁依次对接点焊固定，检查尺寸无误后再焊接，焊好后再将下段对接组焊。

（4）挡风板宜缓装，待灰斗就位后再装。

三、灰斗安装

（1）吊装前应在灰斗内壁装设临时加固支撑，以防灰斗变形。

（2）若采用分段安装时，应预先将灰斗下段吊放在相应灰斗的下方，待上段就位后再吊起下段就位组焊。

（3）若整体吊装时，直接将灰斗一一吊入底梁灰斗框内。吊装时，应注意灰斗上口的长宽方向，不得装错。

（4）逐个将灰斗找正，应使各支点接触平稳，找正后，将灰斗上法兰与底梁焊接。若用螺栓连接的则将螺孔中心对正，如出现螺孔错位的，可用气割修割。找正后，穿入螺栓并拧紧，再焊接。

四、灰斗内挡风板（阻流板）安装

灰斗内垂直于气流流动方向有多道挡风板。（一般为 3 道）中间一道较大，铅坠方向安装，两侧两块较小，一般是倾斜一定角度或垂直安装。

挡风板的安装一般是在灰斗内壁上焊有一根管撑或角钢，安装时将挡风板挂钩于管撑或角钢上，但也有直接焊接在灰斗壁上的。

五、灰斗上挡风板安装

灰斗上挡风板要待阳极板安装就位后，再安装于灰斗上部管撑上的，安装方向与烟气方向垂直。安装时主要注意以下 3 点：

（1）上挡风板与阳极排间距要保证阳极排在热态运行时能自由膨胀。若阳极排热膨胀受阻会引起阳极排变形弯曲，异极距变小，运行闪络电压降低，直致跳闸，一般应保证该膨胀间隙为阳极板长度的 3‰以上（最小不少于 35mm）。

（2）控制好上挡风板左右定位尺寸，保证定位精度。

（3）灰斗上挡风板与灰斗管撑的焊接要牢固，否则，在运行时上挡风板脱落于灰斗会造成灰斗堵塞，最终造成电场短路。

六、灰斗安装要求

（1）灰斗内壁要求密封性焊接，内壁要求光滑。密封性可用煤油渗油法检查，灰斗内壁上的焊接和气割形成的疤瘤必须用砂轮机磨掉。

（2）灰斗内壁各个角的弧形板是便于粉尘流动而设，其接缝处焊缝必须光滑平整无疤痕，以免积灰。

（3）灰斗外壁的型钢要对齐，搭接处要焊牢，以免影响强度。

（4）灰斗上口对角线误差应不大于 5mm，各灰斗底部法兰中心位置偏差应不大于 6mm。组装后灰斗高度误差应不大于 10mm。

第八节　尘中走道安装

尘中走道在有的电除尘器中只起到安装检修时为工作人员提供方便之用，在有的电除尘器中不但起到走人之用，还有阳极排定位和支承阳极振打系统的作用。这种尘中走道靠电场侧的槽钢侧面上均设有阳极排定位孔，但也有个别电除尘器不设置尘中走道。

一、尘中走道安装

对于有阳极排定位作用的尘中走道，必须按以下方法安装：

（1）尘中走道必须注意随后安装在其上的阳极排定位件与阳极排的对应尺寸，尘中走道定位时以电场中心为基准。

（2）画出电场中心线，在尘中走道上作上标记。

（3）打在尘中走道槽钢侧面的阳极排定位孔与整机电场中心的关系是：当阳极排通道数为偶数时，中间定位孔与电场中心线重合；当阳极排通道数为奇数时，中间两个定位孔对称分列于电场中心线两侧。

（4）考虑到受热时底梁和尘中走道的膨胀量有差异，在设计时尘中走道的一端固定，另一端是自由伸缩的，一般靠近固定支承侧为固定端。

二、尘中走道安装要求

（1）尘中走道上的阳极排定位孔中心与电除尘器电场中心偏差应不大于 3mm。

（2）相邻两定位槽钢中心线尺寸偏差为±1mm。

（3）对角线 $|a-b| \leqslant 5$mm。

第九节 壳 体 安 装

一、壳体的结构和组成

电除尘器壳体由立柱、侧封板、内顶盖（含内顶梁）、支承等组成。

从壳体的作用来看，壳体安装应注意两方面的问题：首先壳体作为整台电除尘器内件的受力部件，安装定位要准确，连接部位焊接要达到设计要求；其次，壳体的另一个作用是隔绝烟气外泄，因此整个壳体要求全密封焊接，条件允许时要进行密封性试验。

二、立柱安装

1. 立柱检查

（1）由于运输、现场堆放等原因，有可能造成立柱的变形。立柱是电除尘器中主要受力部件，安装前必须对立柱进行质量检查。立柱检查应逐根进行，其直线度允许偏差为±5mm，立柱端面与中心线的垂直度允许偏差为±3mm，出现超标时，应予以校正。

（2）检查立柱型号和数量，应符合设备图纸的要求，不得装错。

（3）检查立柱两端端板螺孔中心线，应分别与底梁和大梁孔组中心线相吻合。

2. 立柱安装

（1）单室电除尘器应先装第一排侧立柱，双室电除尘器有中间立柱的则应先装第1排的中立柱，并顺次吊装2、3、…各排立柱。

（2）若单根立柱吊装，则吊装一根临时固定一根，即将立柱底部端板与底梁用螺栓连接或点焊并用型钢或钢丝绳拉住，以防倾倒。

（3）在立柱底面允许垫铁板，所垫厚度不大于5mm而且要在底面分段垫实，垫铁外廊尺寸应与立柱底面周边一致，不得缩进或超出。

（4）安装立柱支承：电除尘器钢支架上有连接支座，安装时，只需将支承安放于连接支座上，调整好尺寸，穿上螺栓予以固定。

（5）复查立柱柱距、对角线和柱顶标高，使其符合要求，超差时应予以调整。

（6）拧紧各部位螺栓，对应焊接部位全部焊接。

3. 立柱吊装

（1）在立柱的内侧画出等高线，柱的外侧画出中心线。

（2）吊装时，先不摘钩，待垂直度及标高找正并装上临时支撑后，方可摘钩。

（3）以后每吊一排组件均应检查柱距、对角线和标高，应符合要求。

（4）全部组件吊装就位并检验合格后，拧紧各部位螺栓并按图纸要求进行焊接。

三、立柱安装要求

（1）立柱的安装要求主要是检查立柱的垂直度、柱顶标高、柱顶对角线及焊接质量。

（2）立柱顶部标高允许偏差：±3mm。

（3）立柱顶部对角线允许偏差：±5mm（≤20m）；±8mm（>20m）。

（4）立柱垂直度允许偏差：±5mm。

（5）焊接质量，主要检查是否按图纸要求将该焊的部位都焊上，以及焊缝长度和高度是否符合要求。

四、封板（墙板）安装

（1）封板在运输过程中极易引起变形，安装前应进行校正。

（2）封板安装应遵循由内（中间隔墙）到外（两边侧封存）、由下而上的原则。

五、封板（墙板）安装要求

（1）侧封板安装应严密、光滑、无焊瘤，墙板垂直度为±5mm，连接螺栓完整并应密封焊。

（2）墙板应按图纸要求进行焊接，应连续焊的部位不得点焊或漏焊；检查墙板与立柱连接处焊接的密封性最为重要，检查时可采用渗油法。

（3）侧封板安装应全部焊缝并应做煤油渗漏试验，焊接高度应满足设计要求。

六、梁（大梁）的安装

大梁安装前应作精度复检，其两端底部螺孔距应与立柱顶板上孔距相吻合，超差时应予以处理；同时，画出大梁中心线，用洋冲打出明显标记。双室电除尘器的两根大梁拼装成一根时，应先用螺栓固定，并找正、找平，符合要求后再焊接。

（1）双室电除尘器在大梁吊装前应先安装中间墙。

（2）大梁吊装顺序与立柱吊装顺序相同。

（3）大梁吊装就位后，先用螺栓与立柱紧固。

七、内顶梁（大梁）安装要求

（1）两根大梁间的跨距，允许偏差不大于5mm。

（2）各大梁相对标高误差不大于5mm。

（3）大梁中心线与底梁中心线的偏差不大于±5mm。

（4）大梁底面与立柱端面的接触间隙应不大于2mm。

（5）整体框架精度检查合格后，将立柱与底梁、立柱与立柱支撑、立柱与大梁以及立柱与中墙等接缝处全部焊接。所有焊缝要牢固可靠、密封严，不得有夹渣、气孔等缺陷，焊缝要求光滑、平整。

第十节 进出口封头安装

一、进出口封头安装

（1）按图纸对进出口封头进行组合，进出口封头可整个在地面组合后吊装就位，也可以分几段分片吊装就位，根据现场起吊能力及场地条件确定。

（2）对封头实行单片吊装的，可将每侧预先组成整片，先吊下板与底梁或端封相接，用斜拉索临时固定，然后吊两边侧板、内部支撑，再吊装封头上板，大小口对正后点焊固定。气密性焊接后装角衬板。装气流分布板可在封头上板上割吊装工艺孔，将地面拼接成块的气流分布板吊入封头内就位，吊装完后，将工艺孔封好。

（3）安装进出口封头内的气流分布板时，应按图纸中规定的编号施工，不得装错。导流板的安装角度应符合图纸要求。

（4）进出口封头与立柱、烟道的连接一般应先用螺栓将其法兰固定，然后对连接处密封焊，焊完后应做渗漏试验，确保焊缝严密。

（5）一般情况下，进出口封头安装可在内件安装调整结束后进行。

二、进出口封头安装要求

（1）检查进出口封头的焊缝，应保证其气密性。

（2）检查进出口封头的气流分布板，必须保证严格按图纸要求布置。

第十一节 阴极系统安装

一、阴极系统的结构和组成

现有阴极系统有两种结构形式：一种是单片式结构（阴极振打布置在顶部），由阴极悬挂装置、阴极支承梁、单片式阴极小框架组成，不设置大框架；另一种是笼式结构（阴极振打布置在侧面），由阴极悬挂装置、阴极大框架、多层水平阴极框架组成。两种结构形式的差异主要是指阴极小框架的结构形式不同。

二、阴极悬挂装置安装

阴极悬挂系统全部安装在大梁（内顶梁）上，每个室有 4 组吊点，吊挂方式为套管型。

1. 阴极悬挂装置的安装

（1）套管型吊挂包括瓷套、悬吊杆、压板等。

（2）每个吊点的荷重由一个瓷套管来支承。安装时，先将瓷套安放在大梁顶部保温箱内，瓷套底部和上部垫上玻纤胶绳或石棉绳，上部安放压板来支撑吊杆所传递的荷重。吊杆必须安装于瓷套管与防尘套中间，其同心度允许偏差为±5mm。

（3）同电场 4 只瓷套标高差应小于 1mm，全部安装检验完毕后，应及时将大梁上的绝缘子室内部清扫干净，并密闭人孔门或盖板。

2. 阴极悬挂装置安装要求

（1）所有瓷件在安装前都必须进行耐压试验，直至耐压值达到设计要求。

（2）瓷件为易碎品，安装过程中应小心，承受压力应均匀。

（3）安装完毕后，应将所有瓷件和绝缘件擦洗干净。

三、支承梁安装（阴极振打布置在顶部）

当阴极振打的振打点设计在电场顶部时，一般就不考虑大框架。阴极小框架全部悬挂在支承梁上。安装时，应先将阴极小框架预先放入电场内，再按图纸要求安装阴极支承梁。要求支承梁的电场中心线与任意两根悬挂角铁的间距不大于±1mm。

四、阴极大框架安装（阴极振打布置在侧面）

1. 阴极大框架的组合

（1）阴级大框架的组合要在平台上进行，组合时应检查及校正，使其平面度符合设计要求。

（2）按图纸要求选用螺栓连接，检查好几何尺寸、对角线及平面度后再进行焊接。

（3）可将阴极振打轴承底座及轴承与大框架临时组合在一起吊装。

（4）焊缝应牢固、可靠。焊缝处应将焊皮全部清除干净，焊缝表面应光滑平整。整个框架不得有尖角、毛刺。

2. 阴极大框架的吊装、就位和找正

（1）不管是哪种结构形式的电除尘器，只要有阴极大框架的，都应在安装其他内件前先将大框架吊入电场临时存放就位。

（2）阴极大框架的吊装工作应在阴极悬挂装置安装检验完毕后进行。

（3）将大梁下部的防尘套套在悬吊杆处，使吊杆就位；在电场调整完毕后安装防尘套，与吊杆的同心度为±5mm。

（4）由于阴极大框架安装在大梁下部，因而大框架不能一次吊入就位，一般用钢丝绳作临时固定。在用钢丝绳绑扎大框架时，应使框架上部可以自由摆动。为防止起吊时倾倒，将大框架与钢丝绳临时绑扎。待大框架吊入电场后，解开绑扎点，使框架上部倾斜对正大梁底部的悬吊孔，然后框架缓缓升高与悬吊杆相接。摘除钢丝绳，使大框架处于自由悬挂状态。另一种安装方法是：先将大框架吊入电场内，用钢丝绳通过大梁上的吊装工艺孔或手拉葫芦作临时悬挂，然后用手拉葫芦将其提起，与悬吊杆连接就位。

（5）检查各部尺寸，均符合要求后，框架拼接处焊接。

（6）用临时支撑将大框架下部与壳体点焊定位，待下一步阴极小框架装完后拆除。

3. 阴极大框架的安装要求

（1）用线坠检查每个大框架的平面度，允许偏差见表 6-3，其整体对角线偏差应不大于 10mm。

表 6-3　　　　　　　　　　　　　阴极大框架允许偏差

流通面积（m²）	≤70	70～102	102～150	>150
平面度（mm）	8	10	15	20

（2）大梁底面及壳体内壁至阴极大框架的距离正偏差不大于 5mm。

（3）同一电场或室内的前后两个大框架应等高，其偏差应不大于 5mm，其间距和对角线偏差应不大于 10mm。

（4）同一电场阴极吊杆中心线的对角线尺寸偏差应不大于±8mm。

五、阴极小框架和阴极线安装

目前，阴极小框架分为单片式阴极小框架（阴极振打布置在顶部）和笼式阴极小框架（阴极振打布置在侧面）两种结构。阴极线主要分为刚性极线与柔性极线。刚性极线包括管形芒刺线、鱼骨针刺线、锯齿线、星形线等；柔性极线，如螺旋线。

1. 单片式阴极小框架及阴极线的安装

（1）阴极小框架的校正。

1）经长途运输，阴极小框架极易引起变形。小框架校正在校正平台上进行，校正方法可采用冷态或热态施工方法。

2）在悬挂状态下，用拉线法或其他方法检查框架平面度偏差为 5mm，其对角线误差不大于10mm，否则应调整。

（2）阴极线的安装。

1）安装前，先逐根校正阴极线的直线度。

2）安装时，阴极线的中心线必须在小框架的中心平面内，要注意接合面的方向。

3）阴极小框架与阴极线组合后，应在悬挂状态下作平面度检查。检查方法：可采用拉线法，一般垂直、水平方向均应作拉线检查，保持拉线在同一平面内。检查阴极线时，应以芒刺尖端为测点，测得的误差应小于设计要求。阴极线上、下两端螺栓必须按要求拧紧。两端连接处螺栓拧紧后，均需要作止退焊接。该处点焊不能少于两点，有条件的情况下最好周焊。

4）将组合好阴极线的小框架存放于现场制作的存放架内，存放架的特点是必须将小框以悬挂状态存放。

5）所有焊缝应牢固、光滑、平整，无尖角和毛刺。

（3）阴极小框架的吊装就位及固定。

1）电除尘器的每一通道是一片小框架时，一般为单片吊装。

2）每个通道依次就位小框架，吊入电场后，使小框架保持垂直。阴极小框架与阳极板排间的距离误差应不大于±10mm，各电场中相应通道的阴极小框架中心应保持一致。

3）小框架定位后紧固螺栓，然后将支承梁与小框架焊接于一体。

4）所有焊接部位的焊缝不得有尖角、毛刺。

2. 笼式阴极小框架及阴极线

笼式阴极小框架是由上、中、下水平的阴极架与两边的大框架相连，从而组成一个笼式框架。在阴极上架、中架与下架之间挂极线。

（1）笼式框架采用电场内组装的方法安装，安装上、中、下阴极框架之前，应作以下检查：

1）检查位于电场前后两侧的阴极大框架是否垂直，若不垂直应予以校正。校正方法可采用冷态法或加热法；

2）检查阴极大框架的水平标高，若有高差，则调整阴极吊杆的高度。

3）检查阴极大框架的前后水平间距，若有偏差，则调整对应两吊点的间距。此时，进出口封头内的气流分布板应安装完毕，并检查合格。

（2）笼式阴极小框架安装的主要施工方法：

1）对同一电场内的进口、出口两片阴极大框架，应检查其跨距、对角线或水平标高是否符合图纸要求，并作临时固定。

2）按下、中、上的顺序和组装位置将水平的下、中、上各层的阴极架逐层吊入电场内，临时搁放在灰斗上；或者将下、中两层吊入电场内，而上层直接起吊就位。

3）用定滑轮或吊车将搁放在灰斗上的各层阴极架提升到各层安装位置，并用螺栓与两边的大框架相连接。

4）组装完毕后，检查阴极架上、中、下各层之间的跨距、对角线、垂直度符合图纸要求后，拧紧并点焊全部组装螺栓。

（3）组装后的笼式阴极小框架在自然垂直条件下，应符合下列要求：

1）上、下层阴极架之间的四面跨距偏差均应小于±3mm。

2）上、下层阴极架之间的四面垂直对角线偏差应小于±10mm。

3）同一笼式阴极框架内的各层小框架水平对角线偏差均应小于±5mm。

4）同一笼式阴极框架上、中、下各层之间的阴极线与中心的垂直度应为3mm。

（4）检查验收完后的工作。

1）将阴极框架与墙板临时固定，按图纸要求焊接上、中、下各层小框架与大框架的连接点（焊接应有防变形措施），并对所有连接螺栓作止退焊接。

2）安装并焊接各上、下层之间中部的加强杆。注意该处焊接须用低氢焊条焊接，且牢固可靠。

3）焊接完成后，应割去临时支撑，复检阴极框架各部尺寸。如因焊接变形引起超差，可通过调节在阴极大框架上的拉杆或加热校正方法予以消除。

（5）阴极线的安装及要求。在电场内，阴极大框架与阴极小框架组成笼式阴极小框架，验收合格后，若该电场同极距为400mm，且选配的是刚性阴极线，则安装要求与上述单片式阴极小框架中阴极线的安装要求相同，公差要求是一个通道内的所有阴极线的平面度为5mm。

六、阴极螺旋线安装

电除尘器配螺旋线的情况下，待阴极笼式框架及阳极板安装调整检查完毕后，才可安装螺旋线。

1. 阴极螺旋线的安装注意事项

（1）安装前，所有螺旋线都须派专人检查，凡发现明显刻痕、挂钩保护套松动，或明显材料缺陷等都必须报废。

（2）临时存放螺旋线的场所应保持清洁，不能和其他零件、利器及物品堆放在一起，须有防损伤措施。

（3）螺旋线表面不应有油污和铁屑。

（4）安装阴极螺旋线的人员不应带有会碰伤螺旋线的工具和利器。

（5）在搬运和安装阴极螺旋线时，需戴上干净的手套。

（6）在安装螺旋线的整个过程中应十分小心。对已安装好的阴极螺旋线，不允许用手去摸，也不能与金属利器等工具碰撞。

2. 阴极螺旋线安装

（1）准备直径为12mm的细白棕绳两根，长度根据安装电除尘器的高度决定，其中一根系于螺旋线拉伸器（专用工具）上；另一根端部悬挂一根铁丝钩子，用于将拉伸器提回阴极框架上架，做二次重复使用。

（2）阴极上架、中上架、中下架、下架及灰斗平面每层各安排一人，每层施工人员将事先检验合格的阴极螺旋线挂于水平框架上（注意：螺旋线挂钩的钩头端对准阳极板凹面）。

（3）立于灰斗上平面的施工人员拉白棕绳所系的螺旋线拉伸器，分别将上架与中上架、中上架与中下架、中下架与下架之间的螺旋线拉到距下钩200mm处，再由施工人员负责用手将螺旋线钩入阴极框架环内。螺旋线拉长时，绝不允许超出包括挂钩在内的实际需要长度，同时检查螺旋线是否挂在相应的钩子上，以使螺旋线与阳极板相平行。

（4）在拉螺旋线时，必须用专用工具，即螺旋线拉伸器。拉伸器一头夹紧钩子（保护）圆锥形部分，沿着整根螺旋线匀速伸长。在拉长螺旋线的整个过程中，专用工具要跟着自由旋转线转动。

（5）拉长螺旋线时，专用工具不得夹在电极的螺旋部分，因为操作中损伤结果会使电极伸长产生不均匀性。同时，在整个拉伸过程中操作人员必须受力均匀，即拉力应一致；单根螺旋线的安装需一次性拉完，以保持螺旋线伸长时螺距的一致性。

（6）拉得太长或悬挂松弛的螺旋线都应报废，不允许采用人为压缩两个或更多个螺旋的方法来缩短螺旋线的长度。

（7）每供电单元，必须两组人员从电场或室左右两侧同时朝大框架中心对称安装，以免阴极框架受力不均而产生变形。

（8）为防止下雨造成螺旋线保护套锈蚀，在极板、极线安装结束及验收完毕后，应尽早封顶。

3. 阴极螺旋线的安装要求

（1）检查极线挂钩是否正确地钩入环内。

（2）检查同一通道的极线是否在同一水平面上。

（3）检查极线安装位置是否正确，有无交叉。

（4）检查螺旋线张紧力是否一致，即检查螺旋线的螺距长度是否一致，小框架安装是否超差。

（5）制作一根直径为 40～60mm 的长细木棒，将该木棒沿着一排放电极一划，可使螺旋线以 50mm 左右的振幅晃动，根据晃动是否滞缓的现象来判定螺旋线是否松弛。

第十二节　阳极系统安装

一、阳极排安装

阳极排由阳极板、阳极悬挂架、振打杆和虎克螺栓（即挤压式高强螺栓）或螺栓等组成。

1. 阳极板安装前检查

（1）阳极板表面应光滑、平整；圆角过渡处圆滑；端面切口平整，无毛刺及深度超过 0.5mm 的损伤性刻痕。

（2）应对单块极板逐一进行平面度检查，检查方法如下：

1）将单块阳极侧立于检查架内，见图 6-6。用目测法检查其平面度，一般全长方向的直线度为 10mm。如发现超差时，必须进行冷态校正。

2）校正可用木锤或橡皮锤敲击

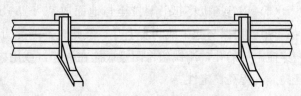

图 6-6　单块阳极板侧立检查架

弯曲最大处，然后在两端延伸处敲击，越敲越轻，重复几次直至校正。禁止用金属锤敲打极板或热态校正，敲击点应在极板两防风沟处，严禁敲击极板的工作面。

校正后，应达到下列要求：①极板全长两侧面直线度公差为其长度的0.5‰，且最大为5mm；②极板全长的平面度为其长度的1‰，且最大为10mm；③极板的平面扭曲度公差为其长度的1.5‰，且最大为15mm；④扭曲特别严重而难以校正的极板应予以报废；⑤校正后的极板必须侧向搬运、侧向放置，以免造成再次变形。

2. 阳极悬挂架安装

（1）安装前，应按图纸要求逐个检查阳极悬挂架的制造质量，要求阳极悬挂架中任意两根悬挂角铁的间距应不大于±1mm。

（2）阳极悬挂架上的极板挂钩的垂直中心线应处于两相邻阴极小框架中心线的中间，即悬挂架应处于阴极同极距的中间，就位正确后方可固定阳极悬挂架。

安装后的阳极悬挂架允许偏差如下：

（1）同一电场每两接头处吊挂的同极距偏差不大于±2mm。

（2）与阴极小框架方管顶部的水平距离偏差不大于±5mm。

（3）同一电场阳极悬挂架水平偏差不大于±3mm。

3. 阳极板吊装

阳极板的吊装就位工作应在阳极悬挂架和阴极小框架安装及检查完毕后进行。

阳极板有两种吊装方法：一种是用极板起吊架吊装，另一种是用极排起吊导向框架吊装。

用极板起吊架吊装的施工方法如下：

（1）用检查校正合格的单块阳极板搬运吊具，见图6-7；或者采用人工搬运（两种方法都必须侧向搬运极板），将其放入极板起吊架内，见图6-8（一般每组为6～7块），按图纸要求在极板侧面装上导向夹。

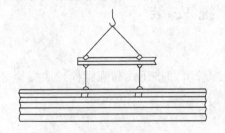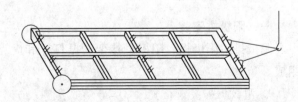

图6-7 单块阳极板搬运吊具　　　　图6-8 电除尘器阳极板起吊架

（2）在地面将阳极板起吊，一端与阳极板上端相连，另一端与吊车相连。

（3）用卷扬机将起吊架拉至与地面成75°～80°后。然后，用吊车将极板吊离起吊架（吊车吊钩可以与起吊架同步上升，但此时不能受力），见图6-9。通过各块阳极板下端用来穿撞击杆的孔，用铁丝将阳极板拴在一起，或用白棕绳将极板捆绑在一起，以防极板相互碰撞，提高稳定性。

（4）极板吊至顶部后，在插入电场前，将用来固定极板的铁丝或将白棕绳解除，然后，每块板在安装人员的导向下缓缓插入电场就位。

4. 用极板起吊导向框架吊装

单块极板的搬运方法同上，将其搬运至起吊导向框架内，见图 6-10（一般每组也为 6～7 块）。安装好导向夹，封闭导向框架，拧紧封闭螺栓后即可准备起吊。

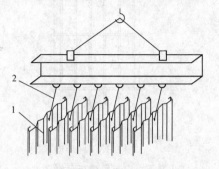

图 6-9 电除尘器阳极板组起吊架
1—极板专用吊钩；2—钢绳

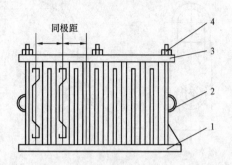

图 6-10 阳极板组起吊导向框架
1—框架座；2—穿绳环；3—封条；4—螺栓

二、阳极板组起吊架使用方法

（1）阳极板起吊架由导向架、翻起架、轴承组、限位器、卷扬机、门架、滑轮组等部件组成（见图 6-11）。当校正好的阳极板专用吊具吊入或人工抬入固定框架后，由几组导向框架在极板的全长上间隔定位（一般每 2500mm 间隔放置一只）。

（2）一般每次起吊 6～7 块极板，即导向框架上分 6～7 个开口，每个开口 55mm，间距按图纸极间距要求设置。当阳极板装满后，可将导向框架上口封条用螺栓临时固定。各组导向框架由一根麻绳连接，中结点系于起吊吊具上，下结点系于最下一层导向框架上。每个框架之间的距离定好后，可在框架穿绳间位打一个结，以防止框架下滑。

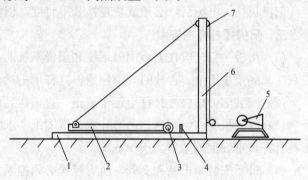

图 6-11 电除尘器阳极板起吊架
1—导向架；2—翻起架；3—轴承组；4—限位器；
5—卷扬机；6—门架；7—滑轮组

（3）每块阳极板上端有一圆孔（吊装工艺孔），用特制的极板专用吊钩（见图 6-12）与极板相连。每块阳极板使用一根起吊绳（$L=500$），分别系于起吊横担上。

（4）阳极板起吊时，卷扬机通过滑轮组带动承担阳极板的翻起架，以轴承组为圆心缓慢翻起 80°～85°（必须小于 90°）。吊车吊钩在翻起架翻起过程中，应同步缓慢滑动，但不受力。当阳极板立起后，吊钩受力将阳极板组件吊离翻起架，此时，导向框架在麻绳的牵提下，既可在空中限制阳极板的间距，便于安装，又可防止阳极板在空中摇动，见图 6-13。

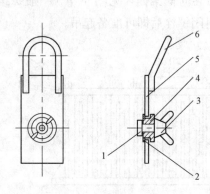

图 6-12　极板专用吊钩

1—螺栓；2—垫片；3—蝶形螺母；

4—垫片；5—平板；6—夹紧片

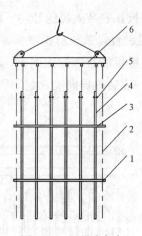

图 6-13　用导向框架

起吊极板示意图

1—麻绳打结处；2—麻绳；3—导向

框架；4—阳极板；5—极板专用吊

钩；6—极极组起吊吊具

阳极板组吊入电场前，应将同一组中每块阳极板都对准所要安装的位置，然后缓慢插入阳极悬挂架和阴极小框架间的空隙。在插入电场过程中，逐层解除导向框架，直至阳极板全部吊入电场并按要求挂牢后，吊机提起导向框架，送回地面组合场重复使用。

阳极板挂入电场后，必须逐块复检其平直度，以消除因起吊过程所造成的弯曲。

三、阳极振打杆的安装

（1）阳极振打杆应在安装阴极系统和阳极系统前吊入电场内，按分布间隔暂时先存放在灰斗和底梁平面上。存放时，应注意振打杆承击砧位置的设计方向。

（2）安装前，阳极振打杆应逐个校正，直至达到设计要求。

（3）以两根为一组，用凹凸套和螺栓按图纸要求将振打杆夹装在阳极排下部。再次校正振打杆，直线度偏差不大于 10mm。

（4）最后安装承击砧和套管，所有螺栓必须拧紧，拧紧力矩要求为 160N·m。

承击砧安装须将 M30 螺栓拧紧，再将承击砧和下横梁用低氢焊条施焊，紧固件 M30最后止退焊接。

振打杆螺栓必须来回反复拧紧。

第十三节　阴、阳极振打装置安装

一、阳极振打装置

阳极振打采用侧面传动侧向振打，即振打的动力由除尘器两侧面传入，重锤旋转振打在电场底部的撞击杆上。该振打装置由振打轴、振打锤及传动减速电动机等部分组成。

1. 阳极振打轴安装

（1）将轴承座摆放在内部走道中振打支架的安装位置上，先拉线法（细钢丝）找准轴的等高度和同轴度。轴端装有万向联轴节或伸缩节，连接时应留有 $10\sim15mm$ 的膨胀间隙，最后用螺栓固定在该支座上。

（2）在轴的中部有一个轴承座为轴向定位轴承座，轴承座的上夹板应卡在耐磨套的槽内，以防止轴的轴向窜动。

（3）为了加工、运输方便，轴一般分几段加工，在轴上还开有安装锤头的键槽或孔。由于一根轴上的锤头都是相互错开一定角度的，因此在安装现场将几段轴组装成一根振打轴时，在两轴接头处相邻的两键槽或孔的错开角度必须严格按图纸要求相连接，不得装错。

（4）轴的旋转方向应视振打方向而定。各轴的旋转方向确定后，应在外壳明显处做出标记。

（5）轴安装完后应检查下列各项：

1）振打轴连接时，同轴度公差为 3mm。

2）相邻轴承的同轴度为 1mm。

3）侧部振打轴的支撑架应牢固，不得晃动。

4）若发现同轴度超差，可调整轴承座与支座间的垫铁厚度，以满足上述要求。上述检查工作应在固定轴承座的施工过程中重复进行。

（6）用手盘动轴，轴应转动灵活。锤头与承击砧接触位置符合要求后，可将支座与内部走道焊死，轴与壳体间的密封套应焊好。

2. 阳极振打锤与承击砧安装

（1）将承击砧固定于阳极排上，应做到砧面高度一致并在同一直线上，否则应调整。

（2）因轴一般采用 20 号钢，而锤臂一般采用 A3 钢，故在轴与锤臂焊接时要考虑可焊性。一般采用 J506 或 J507 焊条，防止长期冲击振动焊缝裂开。

（3）有些制造厂制造的振打锤装置的安装有方向性，容易装反，安装时要引起注意。锤头旋转方向应正确无误。相邻两锤头的角度按图纸要求安装。

（4）振打锤安装后，手盘振打轴使锤头自由落下，在常温下检查打击触点位置，如图 6-14 所示，锤头与承击砧的接触点应在承击砧中心线下 5mm 处。垂直方向的接触点应与承击砧中心线吻合，左右允许偏差为 ±5mm。锤头自由落下至铅垂位置时，锤面与承击面的距离误差为 5mm。振打锤与承击砧之间应保持良好的线接触状态，接触长度应大于锤头厚度的 2/3。

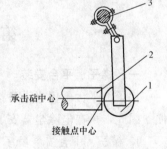

图 6-14　常温下阳极振打接触点部位示意图

1—锤头；2—承击砧；
3—振打轴

（5）发现不符合要求时，应以承击砧为基准进行调整。

（6）各锤头转动顺序应正确。每个锤头应转动灵活，无卡死、碰撞现象。

二、阴极振打装置

阴极振打主要有三种结构方式：一是侧面传动侧向振打（前面阳极振打相同）；二是顶部传动侧向振打，振打方式与阳极振打相同，动力由除尘器顶部传入；三是侧向传动顶部振打，传动与振打方式与第一种基本类似，只是振打系统布置在除尘器顶部。

1. 阴极侧向传动振打装置的安装（阴极侧向传动顶部振打同此方式）

（1）阴极振打轴的安装方法与上述的阳极振打轴相同。

（2）阴极振打锤与阴极承击砧的接触点，应与承击砧的水平中心线相吻合。

（3）阴极振打装置的传动部分应有足够的绝缘距离。振打轴穿越墙板孔时应处在孔的中心，轴表面与壳体间的最小距离应大于放电距离，否则应扩孔处理。绝缘板（一般为聚四氟乙烯板）的安装应与穿墙孔同心，并四周密封严密。

（4）电瓷转轴安装前，应耐压试验合格。

（5）电瓷转轴保温箱内的电加热器与电瓷转轴应有足够的放电距离。保温箱与壳体的焊缝必须做到严密不漏。

（6）若传动装置中有保险片，则安装时要注意保险片的安装方向。一般保险片应处在受拉力的位置。

（7）振打轴与瓷转轴在轴向位置上应留出 10mm 的热膨胀余量。

（8）其余安装要求与前述阴极振打装置的安装要求相同。

2. 阴极顶部传动振打装置的安装

（1）大针轮与小针轮相互啮合的位置要正确。

（2）所有传动轴上的轴承支架应焊接牢固。

（3）电瓷转轴须擦洗干净，正确地安装在连接的中间，瓷转轴能上、下移动 10mm。

（4）瓷转轴联轴器应与传动轴同心。

（5）传动轴与防尘套的中心线应一致，其偏差不大于±5mm。

（6）传动轴与壳体接触处应做到密封严密。

（7）阴极振打轴和振打锤的安装与阴极侧向传动振打装置相同。

第十四节 附属设施安装

一、梯子、平台安装

梯子、平台不仅为设备运行和检修所用，同时在安装过程中也可为施工人员提供方便。因此，可在电除尘器安装过程中根据实际需要穿插进行施工。

1. 梯子、平台安装顺序

（1）电除尘器钢支架安装完毕，即可安装地面至电除尘器第一层平台的梯子及平台。

（2）灰斗吊装完后装内部尘中走道。

（3）电除尘器侧封板安装完后，安装通向顶部的梯子和小平台。

2. 梯子、平台安装要求

（1）安装梯子、平台用的支架可考虑在钢架、立柱等部件起吊前预先按图纸位置焊牢。

（2）平台安装时，标高应正确，平面应水平。

（3）梯子、平台的焊接应牢固，上层栏杆的焊缝应磨光，拐角处应圆滑过渡、整齐、美观。

（4）若电除尘器结构系阳极板排下部定拉块生根在内部尘中走道上的，待阳极板全部调整完毕后再安装定位块。

（5）梯子、平台（含钢支架）应根据所在区域位置不同而采用合适的防锈漆和面漆进行涂装。

二、保温安装

1. 保温安装

（1）电除尘器本体保温范围应按设计规定，一般应包括进出口封头、侧封板、内顶盖、底梁、灰斗等。

（2）保温材料的材质和保温厚度应符合设计要求。

（3）保温工作应在电除尘器整体密封试验合格后进行。

（4）壳体上所焊保温钩和铺设外板用的构件焊接应牢固，不得有焊穿的地方；否则，在今后设备运行中易发生泄漏，且难以寻找和处理。

（5）保温层应铺设好，否则在电除尘器投运后，当电场内烟气低于结露点温度时，就会造成结露。

2. 外护板安装

（1）外护板材料一般选用 0.6～1mm 厚的镀锌铁皮或铝合金薄板，其断面形状一般为 T 形板或波纹板。

（2）安装时板与板之间搭接应考虑水流方向，搭缝应做到横平竖直，可采用拉线法安装。

（3）外护板安装时其紧固件，如抽芯铝铆钉或普通螺栓等应排列整齐、间距合理，并无松脱现象。

（4）外护板安装完毕后应作检查，做到外壳平整、牢固、美观，并不漏雨。

第十五节 电 气 施 工

一、电缆桥架、支架和配管的安装要求

（1）电缆支架应安装牢固、位置正确、连接可靠、油漆完整，在转弯处能托住电缆平滑均匀地过渡；托架加盖部分盖板齐全、横平竖直，桥架支架的固定方式应按设计要求进行。各电缆桥架的同层横挡应在同一水平面上，其高低偏差不大于 5mm；电缆支架的层间净距应符合设计要求。

（2）电缆托盘的规格、支架跨距、防腐类型应符合设计要求。

（3）桥架在每个支吊架上应牢固；桥架连接的螺栓应紧固，螺母应位于桥架的外侧。

（4）直线钢质电缆桥架超过 30m 时，应有伸缩缝。

（5）电缆桥架转弯处的转弯半径，不应小于该桥架上的电缆最小允许弯曲半径的最大值。

（6）电缆支架全长均应有良好的接地。

（7）电缆管不应有穿孔、裂缝和显著的凹凸不平，内壁应光滑，金属电缆管不应有严重的锈蚀。

（8）管口应无毛刺和尖锐的棱角；管口宜做成喇叭口，或加护圈及软管接头。

（9）电缆管在弯制后不应有裂缝和显著的凹瘪现象，其弯扁的程度不大于管子外径的10％，电缆管的弯曲半径不应小于所穿入电缆最小允许弯曲半径。

（10）电缆管外表应有防腐漆，镀锌管层剥落处也应涂以防腐漆。

（11）每根电缆管弯头不应超过3个，直角弯不应超过2个。

（12）电缆管应安装牢固，电缆管支持点间的距离应按设计要求确定。

（13）电缆管的连接应牢固，密封良好，两管口应对准。

（14）引至设备的电缆管管口的位置，应便于与设备连接并不妨碍设备的拆装和进出；并列敷设的电缆管管口应排列整齐。

（15）电缆管全长应有良好的接地。

二、电缆敷设及电缆头的制作要求

（1）电缆敷设前，应检查电缆桥架及配管道路是否畅通；电缆型号、电压、规格是否符合设计要求；电缆外观应无损伤，且绝缘良好；电缆放线架应放置稳妥；钢轴的强度和长度应与电缆盘长度相配合；合理安排每盘电缆。在带电区域内敷设电缆时，应有可靠的安全措施。

（2）电缆敷设时不应损坏原有电缆及电缆设施。

（3）并联使用的电力电缆，其长度、型号、规格宜相同。

（4）电缆在终端头要留有备用长度，电缆弯曲半径控制电缆不小于 $10D$（D 为电缆直径），电力电缆不小于 $10D$。

（5）敷设电缆时，电缆应从盘上端引出，不应使电缆在支架上及地面摩擦拖拉，且人工敷设时便于施工人员拖拽；电缆上不得有电缆绞拧、压扁、护层折裂等未消除的机械损伤。

（6）电缆敷设时应排列整齐，不宜交叉，应加以固定，并及时装设标志牌。

（7）标志牌上应注明线路编号，无编号时，应写明电缆型号、规格及起讫地点；并联使用的电缆应有顺序号，标志牌的字迹应清晰并不易脱落；标志牌规格要统一；应有防腐措施；挂装应牢固；应在电缆终端头装设标志牌。

（8）电缆的固定采用尼龙扎带固定，垂直敷设间距为2m扎一道。

（9）控制电缆与电力电缆不应配置在同一层桥架，因此工程为改造工程，如有困难，电力电缆与控制电缆分开在桥架两边，电力电缆在桥架上敷设不宜超过1层，控制电缆在桥架上敷设不宜超过2层。

（10）电缆与热力设备之间的净距水平方向上不小于1m，垂直方向上不小于0.5m。

（11）电缆敷设完毕后，应及时清除杂物，并盖好盖板；控制柜下进电缆口应防火密封，并刷防火涂料。

（12）电缆终端头应由经过培训的熟悉工艺的人员制作，并应严格遵守制作工艺规格；制作塑料绝缘电力电缆终端与接头时，应防止尘埃、杂物落入绝缘内，严禁在雾或雨天施工。

（13）制作电缆终端与接头，从剥切电缆开始应连续操作直至完成，以缩短绝缘暴露时间。剥切电缆时，不应损伤线芯和保留的绝缘层。附加绝缘的包绕、装配、热缩等应清洁。

（14）电缆终端装配、组合，应采取加强绝缘、密封防潮、机械保护等措施。塑料电缆宜采用粘胶带方式密封，塑料护套表面应打毛，粘接表面应清洁，粘接应良好；控制电缆终端采用一般包扎，接头应有防潮措施。

（15）电缆终端上应有明显的相色标志，且应与系统的相位一致。

（16）电缆防火按设计要求进行防火堵料封堵，封堵控制室电缆孔洞时，封填应严实可靠，不应有明显的裂缝和可见的孔隙，防止电缆着火蔓延。

三、控制柜箱安装要求

（1）基础型钢的安装：基础型钢为 10 号槽钢，全长不直度与不平度小于 5mm，并有明显的可靠接地。

（2）控制柜盘与构件间的连接应牢固，单独或成列安装时，其平直度水平偏差，柜面偏差和柜、箱的接缝的允许偏差应符合表 6-4 中的规定。

表 6-4　　　　　　　　　　　控制箱柜安装允许偏差

项　　　目		允许偏差（mm）
水平偏差	相邻两盘顶部	＜2
	成列两盘顶部	＜5
垂直度（每米）		＜1.5
盘面偏差	相邻两盘边	＜1
	成列盘面	＜5
盘面接缝		＜2

（3）端子箱安装时应牢固，封闭良好，并能防潮、防尘。安装的位置应便于检查；成列安装时，应排列整齐、接地牢固。

（4）引入盘、柜的电缆应排列整齐，编号清晰，避免交叉，并应固定牢固，不得使所接的端子排受到机械应力；屏蔽电缆的屏蔽层应按设计要求单点接地。

（5）盘柜内的电缆芯线应按垂直或水平有规律地配置，不得任意歪斜交叉连接，备用芯长度应留适当余量。强、弱电回路不应使用同一电缆，并应分别成束分开排列。

（6）电源柜的母线相序排列应一致，母线色标应正确。

（7）二次回路按图施工，无损伤，固定电缆的支架等应刷漆，门、抽屉应开启灵活。

（8）柜、箱上的仪表应校正合格。

四、排灰电动机、振打电动机安装技术要求

（1）电动机安装前先检查外观，要求完好，不应有损伤及锈蚀现象，电动机附件、备件齐全。

（2）安装时应小心，不得碰伤，然后调整定位。

（3）安装后盘动转子要灵活，不得有碰卡声。

（4）电动机引出线要压接良好。

（5）振打电动机有转向要求，试车前不要安装链条，待转向正确后再装链条。

（6）测量线卷绝缘电阻应大于 0.5MΩ。

（7）电动机转向应符合设备要求。

五、接地系统安装要求

（1）电除尘器所有桥架、支架、隔离开关箱、变压器、柜子、操作箱、电除尘器本体等均应可靠接地，待电除尘器接地系统合格后与电厂主接地网至少两处可靠搭接接地。

（2）接地件的连接应用电焊，焊接必须无虚焊，接至电气设备上的接地线，用镀锌螺栓连接。

（3）接地线防腐层要标志齐全明显，并做好交接试验。

（4）接地件顶面埋设深度要符合设计规定，接地体引线焊接部位应作防腐处理。

（5）每个电气装置的接地应以单独的接地线与接地干线相连接，不得在一个接地线中串接几个需要接地的电气装置。

（6）接地线的安装应符合下列要求：

1）便于检查；

2）敷设位置不应妨碍设备的拆卸与检修；

3）支持件间的距离，在水平部分为 0.5～1.5m，垂直部分为 1.5～3m，转弯部分为 0.3～0.5m；

4）接地线按水平或垂直敷设在直段上，不应有高低起伏及弯曲等情况；

5）在接地线跨越伸缩缝沉降缝处时，应设置补偿器，补偿器可用接地线本身弯成弧状代替；

6）明敷接地线的表面应涂以 15～100mm 宽度相等的绿色和黄色相间的条纹；使用胶带时，应使用双色胶带；

7）接地线引向设备的入口处和在检修用临时接地处，均应刷白色底漆并标以黑色记号，其符号为"⏚"。

六、硅整流变压器的安装要求

（1）硅整流变压器安装前须进行吊芯检查。

（2）变压器到达现场后，应及时检查包装及密封应良好，开箱检查清点，规格应符合设计要求，附件、备件、产品的技术文件应齐全，瓷件无损伤。

（3）变压器基础安装应符合图纸要求，变压器就位后，应将滚轮固定。

（4）调压切换开关应指示正确。

（5）套管顶部结构的密封垫应安装正确，密封良好，连接引线时，不应使外部结构松扣。

（6）测温装置安装前应对温度计进行校验，信号、接点应正确，导通良好，控制温度按图纸要求进行整定。

（7）靠近箱壁的绝缘导线应排列整齐，并有保护措施；接线盒应密封良好。

(8) 测量绕组电阻值，对地绝缘值及二次电压、电流取样电阻值，应符合厂家要求。

(9) 油箱内的油位应正确，吸湿器完好。

七、隔离开关箱的安装要求

(1) 检查隔离开关箱所有的部件、附件、备件应齐全，无损伤变形及锈蚀；瓷件应无裂纹及破损；绝缘子表面应清洁；瓷铁粘合应牢固；操作机构转动部分应灵活；所有固定连接部件应紧固；转动部分应涂上润滑脂。

(2) 基础槽钢的安装应注意与硅整流变压器的配合。

(3) 隔离开关的触头应相互对准，且接触良好。操作机构的安装调整转向应正确，机构分闸指示应与设备的实际位置相符，闭锁装置动作灵活、准确可靠。接地刀刃与主触头间的电气闭锁应准确可靠。

(4) 支柱绝缘子、穿墙套管和电瓷转轴安装前应检查瓷件，法兰应完整无裂纹，胶合处填料完整，结合牢固。

(5) 支柱绝缘子、穿墙套管和电瓷转轴安装前应按 GB 50150—2006《电气装置安装工程电气设备交接试验标准》的规定试验合格。在工厂内做试验，1.5 倍电场额定电压的交流耐压，1min 应不击穿。现场作绝缘电阻检查，不应低于 500MΩ（2500V 绝缘电阻表）。

(6) 安装在同一平面或垂直面上的支柱绝缘子或瓷套的顶面应位于同一平面上，其中心位置应符合设计要求，紧固件应齐全，紧固良好。

(7) 穿墙套管安装时，法兰应向上。

(8) 套管接地端子应可靠接地。

八、照明安装要求

(1) 照明配电箱要牢固，其垂直偏差不应大于 3mm，照明配电底边距地面高度为 1.5m。

(2) 照明配电箱上要标明用电回路名称。

(3) 照明配电箱应分别设置零线和保护地线（PE 线）汇流排，零线和保护线应在汇流排上连接，不得乱接，并应有编号。

(4) 灯具安装应采用预埋吊钩、螺钉、膨胀螺栓、尼龙塞或塑料固定，严禁使用木楔。上述固定件的承载能力应与电气照明重量相匹配。

(5) 照明装置的接线应牢固，电气接触良好，需接地或接零的灯具、开关、插座等非带电金属部分，应有明显标志的专用接地螺钉。

(6) 单相两孔插座，面对插座的右孔或上孔与相线相接，左孔或下孔与中性线相接，单相三孔插座，面对插座的右孔与相线相接，左孔与中性线相接。

(7) 单相三孔、三相四孔及三相五孔插座的接地线或接零线均应接在上孔，插座的接地端子不应与零线端子连接。

(8) 相线应经开关控制，并列安装的相同型号开关距地面高度应一致。

(9) 安装器具及其支架应牢固端正，位置正确。

(10) 配电箱安装应部件齐全、油漆完整、位置正确。箱盖开启灵活，箱内接线整齐，回路编号齐全、正确，管子与箱体连接用专用锁紧螺母。开关切断相线，穿管时不伤芯线，导线进入器具绝缘良好，导线有适当余量。

九、电加热器安装要求

（1）测量电加热器的电阻值，应符合技术要求。

（2）测量绝缘电阻值应不小于 5MΩ。

（3）检查外观不得有压扁和变形现象。

十、料位计安装要求

由于料位计形式繁多、工作方式不尽相同，通常情况下在厂家指导下安装。料位计的标定和调试由设备生产商负责，并进行现场处理。

十一、上位机安装要求

上位机设备安装包括工控主机、彩色显示器、UPS、打印机、智能管理器等，以上设备安装于主控室内，可在调试时就位。高、低压设备间和高、低压设备与智能管理器间的通信用通信电缆连接即可。

第七章

电除尘器的调试

第一节　调试内容及调试前的准备

1. 调试内容

电除尘器安装完毕交付运行前，还要对其进行调试，以检验和保证设备安装质量，达到设计要求，调试内容包括：

(1) 电除尘器电气元件的检查与试验；

(2) 电除尘器本体安装后的检查与调整；

(3) 电除尘器低压控制回路的检查与调试；

(4) 电除尘器高压控制回路的检查与调试；

(5) 电除尘器阴、阳极振打装置的调试；

(6) 电除尘器电加热器的通电调试；

(7) 电除尘器冷态空载调试；

(8) 电除尘器热态负荷整机调试（168h 联动运行）。

2. 调试前的准备

(1) 电除尘器的调试工作由施工单位、制造单位、用户单位等有关人员参加，设立总指挥和各调试专业负责人，明确调试运行体制（组织、指挥、作业量、人员），制订调试方案，调试中认真记录出现的问题、解决的办法以及各种数据，调试完毕后写出调试报告，送交各有关部门、单位。

(2) 调试前应认真阅读设备说明书及有关技术资料，熟悉设备、系统各设计，调试时按调试大纲的项目、方法、步骤和要求进行。

(3) 准备好调试工作中的所需的消耗材料，主要工器具如下：

1) 二线示波器 1 台；

2) 高压静电表 100kV，1 台；

3) 数字万用表 0.5 级，1 块；

4) 钳形电流表 1~5A，1 块；

5) 绝缘电阻表 2500V、1000V、500V 各 1 块；

6) 电压表 600V、0.5 级，1 块；

7) 单臂电桥 0.2 级，1 块；

8) 红外线测温仪 1 台；

9）常用电工调试工具 1 套；

10）白炽灯泡假负荷 220V、100W×2，1 套；

11）模拟信号变压器 1 个；

12）接地棒 1 套；

13）标志牌及样绳若干；

14）试验接线塑料多芯线若干；

15）对讲机 2 对。

（4）调度项目人员组成：

1）总指挥员：1 名；

2）操作员：1 名；

3）检查员、计测员：2～3 名；

4）调整员：①机械：2～3 名；②电气：2～3 名；

5）联络员：1～2 名；

共计：10～15 名。

（5）几项确认：

1）公用设施条件具备（水、压缩空气、电等）；

2）有关设备如电源设备、给排油设备、灭火设备等确认；

3）主回路绝缘电阻确认；

4）进行控制回路等的程序检查得到确认。

（6）调试后写出试验报告并由三方签字、存档。

（7）安全注意事项应符合《电除尘器设计、调试、运行、维修 安全技术规范》（JB/T 6407—2007）的规定。

第二节　电除尘器电气元件的检查与试验

（1）按设备电气图纸检查各元件接线，应与设计图纸相符。

（2）检查电除尘器外壳及高压整流变压器接地是否完好并紧固。

（3）测量电除尘器接地网接地电阻，接地电阻值应小于 2Ω。

（4）在常温条件下，用 2500V 绝缘电阻表测量电场和高压回路，其绝缘电阻值应大于 500 MΩ。

（5）检查高压隔离开关，操纵机构应操作灵便、到位准确，带有辅助接点的设备，接点分合灵敏。

（6）各种绝缘瓷件在安装前应按电瓷标准对电瓷件进行外观检查，瓷件应完好无损伤和裂纹，并作绝缘电阻测量和交流耐压试验，试验值符合厂家规定（一般规定：在常温条件下，1.5 倍电场额定电压的交流耐压，1min 应不击穿）。

（7）检查电加热器、风门、振打和排灰等装置上的电动机，外观应完好无损，其铭牌上的型号和参数应与设计要求相符，并对其接线进行检查。

（8）用 500V 绝缘电阻表测量风门、振打、排灰等装置上的电动机及其电缆绝缘电阻，其绝缘电阻不小于 0.5MΩ。

（9）用 500V 绝缘电阻表测量电加热器绝缘电阻，其绝缘电阻应大于 50MΩ。

（10）电除尘器加热器的温控继电器整定值，应按设计要求整定（对于绝缘瓷件加热恒温整定值一般在烟气露点以上 20～30℃）。

（11）在安装调试前，应检查高压硅整流变压器上的瓦斯断电器。

（12）检查电缆头，应无漏油现象。

（13）高压硅整流变压器调试前应进行试验的项目（一般按电控设备的使用说明书进行）：

1）用 1000V 绝缘电阻表测量低压线圈对铁芯的绝缘电阻值，应不低于 300MΩ；

2）用 2500V 绝缘电阻表测量穿芯螺杆对铁芯（无穿芯螺杆者除外）的绝缘电阻值不低于 1000 MΩ，铁芯对地的绝缘电阻值应为 0；

3）测量高、低压线圈，高压电抗器的直流电阻值与出厂值比较，误差不超过±5%；

4）测量各桥堆正反电阻值，一般变化应不大于 10%左右；

5）检查阻容吸收元件均连接应正确；

6）抽取绝缘油作耐压试验，取 5 次平均值应不低于 35kV；

7）高压硅整流变压器调试前应作空载试验（通过高压隔离开关断开与电场的连接），利用控制柜升压，使其直流输出电压达到额定输出电压，历时 1min，应无异常响声，记录一次电压、电流和直流输出电压。

（14）硅整流变压器的高压输出如采用高压电力电缆输送时，对高压电缆应作以下试验：

1）高压电缆油强度试验，一次性击穿电压不小于 35kV 标准油杯。

2）高压电缆直流泄漏试验。

a）使用 2500V 绝缘电阻表测量试验前、后的电缆绝缘阻值；

b）电除尘器专用直流电缆的直流耐压试验电压为 $2U_e$（两倍额定电压），持续 10min；

c）若采用其他规格电力电缆代用时，其耐压标准和持续时间应按《电气装置安装工程　电气设备交接试验标准》（GB 50150—2006）执行。

试验时：可分为 0.25、0.5、0.75、1 倍的试验电压逐段升压，每段停留 1min，读取泄漏电流值，测量时应消除杂散电流的影响。

（15）高压柜的试验按电源厂说明书进行。

第三节　电除尘器本体安装后的检查与调整

电除尘器安装完成，应作系统的检查和调整，并做好施工记录。投运前还应作仔细的检查，以保证设备能安全可靠运行。

1. 阴阳极部件的检查和调整

（1）阳极板排组装尺寸符合《电除尘器》（JB/T 5910—2005）的要求。

（2）检查阳极排下横梁与灰斗挡风膨胀间隙，达不到要求的进行修割调整。同时检查阳极排无卡涩，能自由膨胀。

（3）检查阳极板排下横梁上螺栓是否拧紧并作止转焊接。

（4）阴极线应逐根检查质量，如发现缺陷，应及时修整或更换。

（5）对于螺旋线，如发现松懈或安装时拉长距离超出工作长度，均应报废并更新。

（6）芒刺线连接螺栓必须按要求拧紧并点焊。

（7）检查阴极大框架、小框架各部位的螺栓应拧好并作止转焊接，需焊接处无漏焊。

（8）去除阴、阳极各部位的尖角毛刺，仔细检查壳体电场内部，除阴、阳极排外，凡高低电位部位间距小于阴、阳极间距处均必须予以处理。

（9）清洁瓷套、瓷轴等绝缘子。检查其无裂缝和破损的痕迹，且接触平稳、受力均匀。

2. 阴、阳极异极间距的检查与调整

（1）阴、阳极异极间距是电除尘器最重要的安装尺寸之一，其尺寸误差直接影响设备运行参数和性能，必须严格控制。阴、阳极异极间距为阴、阳极中心间的距离，实际施工中为便于测量和控制，可将阴极线放电端（如芒刺线齿尖）到阳极板工作表面的距离作为阴、阳极异极间距进行检测和调整。

（2）以最小允许异极间距尺寸，制作 T 形量规，用此特制的 T 形量规进行检测，所有工作点（面）都要检测，凡通不过的部位进行调整。调整时，应小心缓慢动作，对阳极板不得用力过猛，禁止用加热方法进行校正。

（3）同时选择若干点进行记录，一般记录点选在每个通道第一根和最末一根阴极线上，根据电场高度选若干点，进行异极间距测量，并做好记录。

（4）异极距偏差应符合 JB/T 5910 的要求：异极距极限偏差为 ±10mm。

3. 阴、阳极振打系统的检查和调整

（1）检查阴、阳极振打各部位的螺栓，应拧好并作止转焊接。所有零件的毛刺和焊接飞溅应清除干净。

（2）阴、阳极锤头与承击砧之间应保持良好的线接触，接角长度应大于锤厚度的2/3，锤击位置符合要求：①振打锤打击处在承击砧水平线以下 5mm；②水平方向偏差为 ±5mm。

（3）轴、锤转动灵活可靠，振打锤分度正确。

（4）振打轴系能人工转动（脱离减速机）。

（5）检查振打减速电动机、排灰电动机等运转灵活，链条松紧适中，各润滑部位油位符合产品使用规定。

4. 其他检查

（1）检查电除尘器外观，其外形、保温和油漆应符合设计要求。

（2）确认烟道连接的调节门、挡风、排灰装置工作正常。

（3）各部位焊缝牢固可靠，无错焊、漏焊，人孔门密封性良好。

（4）拆除所有施工临时设施，如临时支撑、脚手架，并将产生的空洞加以补焊。

（5）将支承轴承临时定位拆除或将定位螺栓退到规定位置。

（6）全面清除电场内的杂物，包括焊条、铁丝、抹布和木板等，必须逐个通道检查清理，不允许有任何工具、杂物遗留。

（7）确认电场内无人，严格密封人孔门。

第四节　电除尘器低压控制回路的检查与调试

（1）电除尘器电气元件的检查与试验完毕后，需对各系统进行通电检查和设备空负荷试运行。

（2）低压操作控制设备通电检查，主要包括报警系统试验、振打回路检查、除灰回路检查、加热和温度检测回路检查等。

（3）通电前，应将各柜（台）与电除尘器低压元件的连线从端子排处断开，方能进行低压控制设备的通电联检。

（4）通电后，启动各柜（台）电源开关，各柜（台）上电源电压表均应有指示。

（5）手动、自动启动报警系统，其瞬时、延时信号和跳闸功能均应正确动作，灵敏可靠。

（6）振打回路检查。

1）试操作。从盘内断开电动机的电源接线，合闸送电，手动方式，分合三次，接触器接通和断开正确，信号光字应符合设计要求；自动时控方式，给定一时差配合值，循环动作三个时序，时差配合，接触器分合及信号光字均应正确。且现场试验时控可调。

2）程序控制方式。启动程序工作 3 个程序，其时差及逻辑执行应正确不乱，且现场试验其时差及逻辑执行可调。

3）试验完毕后停电恢复电动机接线。

4）空载操作。解开联轴器，合闸送电。

5）手动方式，启动后，核对电动机旋转方向应与控制单元要求相符，分合三次，测量启动电源流值、空载电流值及相间不平衡电流值。

6）自动时控方式、程序控制方式。分别工作 3 个时序及程序，其时差配合及逻辑执行均应正确。试验正确后，停电恢复联轴器。

7）额定负载下冷态试运转操作，合闸送电。

8）手动方式，试转时记录启动电流值，测量三相电流值及最大不平衡电流值，核准热元件整定值，分合 3 次均应正常。

9）检查锤头打击在振打砧上的接触点，其上下左右的预留值符合设计要求，转动灵活，不卡锤、掉锤，无空锤现象。

10）自动时控方式。由制造厂给出的设计程序，试打 3 个周期，程序次序和时序正确不紊乱。

11）设备正常投运以后，根据运行参数、电场出灰及烟囱排烟情况，可对振打程序（制度）进行调整，以满足工况要求。

（7）卸、输灰回路检查。

1）试操作。从接触器下端拆开电动机的电源接线，合闸送电。手动方式，分合3次接触及信号、光字应动作正确。

2）自动方式。人为模拟灰位工况联动3次，连锁应正确。

3）试验正确后停电恢复电动机接线。

4）空载试运。解开除灰机械负荷，送电试转电动机。

5）手动方式。启动电动机，确定旋转方向。测量电动机的启动电流及三相电流值。安装单元与信号指示应一致。

6）自动方式。模拟启停3次，位号与连锁应正确。

7）空载试运正常后停电恢复机械负荷。

（8）加热欠电流报警和温度检测回路检查。

1）手动操作。送电30min后测量电流值，核对热元件整定值，信号及安装单元均应正确。

2）加热回路设有欠电流报警装置时，应人为切除该回路任一电加热器，欠电流报警应动作。

3）温度控制方式。模拟分合两次，接触器与信号应动作正确，温度控制范围内应符合设计要求。送电加温后，当温度上升到上限整定值时应能自动停止加热，当温度下降到下限整定值时应能自动投入加热装置。

（9）低压控制回路调试应结合电气制造厂调试说明进行。

第五节　电除尘器高压控制回路的检查与调试

（1）高压硅整流变压器控制回路的操作试验。断开硅整流变压器低压侧接线的情况下，模拟瓦斯、过电流、温限保护跳闸传动、液位、温度报警及安全连跳。风冷连锁等试验项目，其灯光、音响、信号均应正确。

（2）高压控制回路调试包括控制插件和开闭环空载调试装置自身极限参数的预整定。

（3）高压硅整流变压器控制回路调试前应做以下检查：

1）按装置原理图检查内部及外线接线。

2）单元件及分立元件的检查应符合有关规程要求。

3）各调节旋钮应处于起始位置。

（4）高压硅整流变压器控制回路的调试，按调试大纲和要求进行，一般分开环和闭环两个步骤。

（5）高压硅整流变压器控制回路的开环调试方法和要求如下：

1）开环试验可在模拟台或控制柜上进行，装置控制插件各环节静态参数测量调整。在控制柜上进行时，应断开主回路硅整流变压器全部接线，接入两个220V、100W的白炽灯泡作为假负荷。

2）送电后，测量电源变压器，控制变压器的二次电压值，应与设计值相符。

3）测量记录各测点静态电压值，用示波器观察各测点实际与标准波形比较，电压值在规定范围内，波形应相似且无畸变。

4）测量手动、自动调节升压给定值范围。

5）测量电压上升率，电压下降率范围值。

6）预整定闪络、欠电压保护门槛电压值。

7）测量封锁输出脉冲宽度电压上升加速时间，欠电压延时跳闸时间值。

8）测量触发输出脉冲的幅值、宽度（或脉冲个数）检查与同步信号的相位应一致。

9）手动、自动升压检查，灯泡应逐步变亮，晶闸管应能全开通。

（6）高压硅整流变压器控制回路的闭环调试方法和要求（接入硅整流变压器负荷及二次接线）。

1）手动升压，利用高压电压静电电压表，在额定电压 2/3 处校正控制盘面上的直流电压表的指示值。

2）至额定电压后，校核直流电压反馈标样值，录取整流变压器本体可控调压工况下的伏安特性曲线，记录各主要测点数据及波形，直流输出波形幅值应对称。

3）加装接地线，人为进行闪络性能检查，记录在闪络工况时的各测点数据及输出波形、闪络封锁时间及条件，应符合装置的标称值和闪络原理。

4）作闪络过渡短路性能检查，逻辑执行回路应动作正确，记录交流输入电压，交流输入电流、直流输出电流值应小于额定电流值，记录各主要测点的数据及波形。

5）无闪络短路特性检查，应先手动，后自动，人为直接短路，电流从零升到额定值，也可自动分阶梯逐段升至额定值，当手动和自动给定值最大时，其短路电流值应不大于出厂时的试验测量值，记录各有关测点数据。

（7）高压控制回路调试应结合电气制造厂调试说明进行，结合当地安全规范。

第六节　电除尘器阴、阳极振打装置的调试

1. 目的

为确保电除尘器安全运行，阴、阳极振打装置和排灰机构在电除尘器整机投运前，必须对其进行单独的试运转，以检查传动部件及振打部分的工作性能，确认其处于良好的待运行状态。

2. 准备工作

（1）振打系统已安装完，并按本章第四节的要求进行检查和调整，安装尺寸已符合设计要求。

（2）检查减速箱的油位和油塞。

（3）检查振打轴传动件的密封情况。

（4）对于阴极振打，针轮相互啮合要正确，绝缘瓷轴应擦洗干净，清除杂物。

（5）电动机接线已完成，电源已送至就地开关箱。

3. 阳极振打试运转

(1) 先将阳极电动机脱离振打轴系，进行空载运行，确认旋转方向，如与振打方向不一致，则须调整接线。

(2) 让电动机连续运转，检查有无异常发热现象、振动和噪声，并消除之。

(3) 连接振打装置和振打轴系，先进行点动试转，再次确认旋转方向，注意绝不允许反向旋转。同时检查有无卡死现象，并消除之。

(4) 按要求试转 1h，停机后进行全面检查，注意有无异常现象，如串轴、振打偏位、脱焊松动及掉锤等，确认无异常后为合格。

(5) 如有条件，让振打系统连续运转 24h 以上，然后再次进行检查消缺。

4. 阴极振打试运转（参照阳极振打系统）

5. 排灰机构试运转（参照阳极振打系统）

6. 结尾工作

(1) 将所有电动机电源全部断开，封闭就地开关。

(2) 振打轴轴孔必须保持严密。

(3) 清除试运转时所遗留的杂物。

7. 安全措施

(1) 所有电动机必须由电气人员操作。

(2) 开机时不得进行调整和维修。

(3) 进电除尘器内部检查须有足够的照明。

第七节　电除尘器电加热器通电调试

(1) 电加热器安装前需检查核对电加热器铭牌上的型号和参数是否与设计要求相符，并进行耐压试验和绝缘电阻测定。交流耐压试验值为 2000V，绝缘电阻大于 50MΩ。

(2) 开启电加热器检查。

1) 有无断路情况。

2) 温升速度情况。

3) 温度控制范围是否准确。

4) 各电加热系统电流是否正常。

(3) 电加热器恒温计自动控制的试验必须在正常烟气后才能实际进行。

第八节　电除尘器冷态空载调试

1. 调试目的

为确保电除尘器可靠运行，在电除尘器热态负载运行前，必须对其进行冷态空载试验，以检验电场（特别是阴阳极间距的安装质量）和电控部分的安装质量，电缆和电瓷件的绝缘性能以及电气控制性能及电气元件的可靠性。

2. 试验项目

(1) 静态空电场升压试验。电除尘器振打系统不投入，引风机不运行，电场处于静止状态、无烟气通入情况下进行静态空电场升压试验。

(2) 动态空电场升压试验。电除尘器在无烟气通入，高、低压电气设备投入情况下进行动态空电场升压试验。

3. 试验条件

(1) 电除尘器经过检查和调试，且调试达到要求。

(2) 非雨天、雾天、大风天气。

(3) 确认所有人都已离开电场和其他高压区域。

(4) 所有人孔门上锁并投入安全连锁，安全措施已落实。

4. 试验内容

(1) 测定各电场晕电压、击穿电压值。

(2) 测定各电场不同二次电流下的电压值，并绘制伏安特性曲线。

5. 试验程序

(1) 组织试验有关人员和安全监察人员。人孔门和高压引入隔离开关处落实专人监察。

(2) 确定试验总指挥统一指挥，明确各人职责，逐项实施。

(3) 投入绝缘子加热系统（提前 8h 以上）。

(4) 开启风机，让自然空气流通电场后关闭风机，以去除电场内的臭氧、湿气等。

(5) 先进行静态空电场升压试验，再进行动态电场升压调试。

6. 试验方法及要求

电除尘器空载通电升压试验方法应符合 JB/T 6407—2007 中附录 A 的规定。一般应从末级电场开始，逐级往前进行，其方法与要求如下（以某种控制器为例）：

(1) 分别用单台高压整流电源对相应电场进行升压调试，将高压隔离开关合上并锁定，投入电场，开启示波器，重点监视电流反馈信号波形，操作选择开关置"手动升"位置，高压控制柜内调整器面板上电流极限置限制最大的位置。按启动按钮，电流、电压应缓慢上升，直至二次电流达到限制值，升压过程中如有故障，应及时排除，使电源和电场都处于正常状态。注意观察控制柜面上各表计和示波器测试的电流反馈波形。正常升压时，控制柜面板上各表计应有相应指示，电流反馈波形应是对称的双半波。

(2) 升压试验过程中，应作好数据记录，一般按二次电流值分 10 挡（或二次电压从起晕开始每上升 5kV）记录相对应的一、二次电压、电流值，绘制静态空电场伏安特性曲线。

(3) 异常处理 1。在初升压过程中，当一、二次电流上升很快，电压表基本无指示，则为二次回路有短路现象；当只有一次电压及二次电压，且电压上升速度快，则为二次回路开路；当二次电压、电流有一定指示，而一次电流大于额定值，一次电压为 220V 左右，导通角为 95% 以上，则为单个晶闸管导通或高压硅堆有一组发生击穿现象。凡出现以上异常现象时应迅速降压停机，待找出原因，排除故障后，方可再次送电升压。

（4）异常处理 2。空电场升压时，二次电压远低于额定值，高压网络或电场内部就有闪络现象，当高压网络或电场无闪络现象，而高压控制系统闪络控制环节工作，造成"假闪"现象，此时应对高压硅整流变压器抽头和控制器部分进行相应调整，直至"假闪"现象消除为止。

（5）二次电压表校正。可用高压静电表测量高压整流变压器输出端，试验时在高压部位并接高压静电表，并按电流额定值的 2/3 值校核控制柜的二次电压表（一般此工作在设备出厂前已进行）。

（6）高压硅整流变压器抽头的调整可根据电流反馈波形确定，其原则是：调整抽头，使电流反馈信号波形圆滑，导通角为最大，即波形接近理想波形为合适。

（7）空载通电升压并联供电的试验：高压硅整流变压器容量的选择是根据电除尘器在通烟气条件下的板、线电流密度和电压击穿值而定的，由于空载通电升压试验时空气电流密度大，以致单台高压硅整流变压器对单个电场供电容量不足的问题，即二次电流达到额定值后锁定，二次电压无法升到电场击穿值。此时，可采用两台相同容量的高压硅整流变压器并联对同一电场供电。

（8）并联供电必须在单台高压硅整流设备分别对同一电场进行调试，且供电设备及电场均无故障后方可进行，并联供电时，两台高压硅整流变压器设备应相同相位，在阻尼电阻后并联对同一电场供电，可通过高压隔离开关将两台硅整流设备和一个电场均切换在联络母线上实现，也可用临时导线（与设备外壳距离不小于异极间距的 1.2 倍）进行连接来实现。操作时应同时启动，利用操作选择开关"手动升"、"中止"的作用，使两台供电设备同时升压，在两台供电设备同步上升的电流之和未达额定值的情况下，可继续升压到电场闪络为止，并升试验时二次电流为两台供设备电流之和，二次电压为两台供电设备二次电压取平均值。

（9）空载通电升压调试时必须派专人监视高压硅整流变压器有无异常，高压硅整流变压器在除尘器顶部时，由于一次馈电电缆较长，必须测量变压器一次侧输入电压，并与控制柜面板上一次电压表指示比较，若差值大，应找出原因，排除故障。

（10）电场空载击穿电压基本值应达到表 7-1 的要求（海拔不超过 1000m，常温条件下）。

表 7-1　　　　　　　　　　　　电场空载击穿电压基本值

异极距		150mm	200mm	225mm	250mm
阴极线	芒刺线	50kV	65kV	75kV	85kV
	非芒刺线	55kV	70kV	80kV	90kV

（11）阴极线为螺旋线的电场，不允许做击穿试验，只做伏安特性试验。

（12）伏安特性曲线判定。如相同电场的伏安特性曲线相似，则判定电场空载试验合格。由于伏安特性曲线是否相似较难判断，一般可对比相同二次电流时的二次电压差值，如二次电流相同时，二次电压差值的绝对值在 0～5kV 以内，则说明伏安特性曲线相似。

（13）动态空载通电升压试验：有条件的情况下，可连续运行 24h 后，全面检查各工作回路的运行情况，发现问题，及时解决。

（14）冷态空载调试结束，对试验结果进行分析并作出试验报告。

第九节　电除尘器热态负荷整机调试（168h 联动运行）

1. 调试目的

检验电除尘器在工况条件下的运行情况，特别是阴阳极内件热变形和绝缘子耐压情况，为电除尘器交付运行作好准备。

2. 试验条件

（1）电除尘器冷态空载调试已完成且达到调试要求。

（2）电除尘器进、出口烟道全部装完，主机具备运行条件，引风机试运完毕。

（3）卸、输灰系统安装调试完成，排灰能力满足电除尘器收尘要求。

（4）确认所有人都已离开电场和其他高压区域。

（5）所有人孔门上锁并投入安全连锁，安全措施已落实。

（6）进出口烟道风门开启灵活。

3. 负载试运步骤

（1）开启电除尘器灰斗加热系统（提前 24h 以上）和绝缘子加热系统（提前 8h 以上），以保证绝缘子不受潮结露而引起爬电。

（2）合上高压隔离开关并锁定，将阴阳极间处开路状态。

（3）开启进出口烟道风门。

（4）主机启动，烟气进入电除尘器，同时将所有振打装置、排灰系统投入运行。

（5）当锅炉投煤粉运行（原则上不投油枪）且通过电除尘器的烟气温度高于露点温度时，可投入高压电源。否则不得投入高压，以免燃油在电除尘器电场内引起爆炸燃烧，同时也可避免在除尘器极板和极线上形成油膜影响清灰。

（6）采用煤气点火的锅炉，要严格执行安全操作规程，锅炉未正常运行前不得投入高压，以防产生爆炸。

（7）按冷空电场升压步骤对各电场送高压，正常情况下，电除尘器带烟气时，由于受工况条件影响，其电场击穿电压值和二次电流值都较冷空电场时为低。

（8）根据电场工况调整高压控制系统，使电除尘器运行在最佳状态。

1）根据电场运行情况，适当调整火花率，一般入口电场火花率 20～40 次/min，中间电场 10～30 次/min，出口电场 5～10 次/min（或稳定在较高电晕功率），对于高比电阻粉尘，可适当提高火花率，具体火花以效率测定后的火花率数据为准。

2）当电场粉尘浓度大、风速高、气流分布不均匀，将引起电场频繁闪络，甚至过渡到拉弧，此时，可调整熄弧环节灵敏度，从而抑制电弧的产生，但在正常闪络情况下，熄弧环节不应动作。

3）各电场由于工况条件不同，可以根据实际运行情况，调整变压器一次侧抽头或电抗器抽头位置，使电流及反馈波形圆滑饱满。

4）多功能跟踪的晶闸管整流装置，应在冷态无烟气、热态烟气负荷的工况下，分别投入相应供电运行方式，录取各种方式下的电场伏安特性曲线，测量各测点数值，观测各测点波形应无畸形。

（9）调整低压控制设备。

1）振打回路，主要调整振打周期，可根据电除尘器收尘效果，也可根据电除尘器停止运行后检查极板和极线粘灰情况，进行调整以取得理想的整定值。

2）卸灰时间的调整，设有上料位检测与控制的灰斗，必须根据各电场实际灰量调整卸灰时间，其原则为灰斗保持有 1/3 高度的储灰，输灰延长时间，输灰道上的灰能全部输送完。对水力输灰系统应调节冲水量，使储灰仓内积灰冲洗干净。

4. 试运过程

（1）定时观察设备运行情况，作好运行参数记录，分析并处理运行中出现的异常。

（2）用同样方法可以作出负载时的伏安特性曲线。

（3）定时检查电加热系统、振打系统运行是否正常。

（4）定时检查排灰系统出灰是否正常，发现堵灰采取相应措施。

（5）检查壳体、人孔门等处的漏风情况。

5. 停机

（1）将电场电压降到零，分断主接触器，并将高压控制柜锁定。

（2）停机后将振打及排灰系统置于连续运行状态，待灰斗结灰排完后，停运振打、排灰及灰斗加热系统。

（3）电场冷却且做好安全措施后可进电场，检查阴、阳极内件、振打系统、绝缘子是否异常，消除试运中出现的故障。

第八章

电除尘器的运行

第一节 电除尘器的启、停操作

一、电除尘器投运前必须具备的条件

一台新制造的电除尘器经过安装、调试后交付运行，或者设备检修后重新投运，应具备以下投运条件。

1. 技术要求

（1）电除尘器安装（检修），冷、热态调试完成且分步验收合格，同时将有关资料移交用户存入设备档案。新投运设备除了完成第七章调试内容外，一般还应完成以下几项试验项目：

1）电除尘器壳体密封性试验。

2）电场中气流分布均匀性测试。

3）阴、阳极振打加速度测定。

4）计算机控制系统及重要配套设施的检查及试验。

5）其他合同及技术协议中明确要具备的试验、验收项目，有关技术要求详见有关标准。

在这之前，各项为满足这些试验的分步测试工作已完成并满足标准要求，其中壳体密封性试验应在电除尘器敷设保温层前进行，以反映壳体漏风的真实情况。从我国电除尘器使用现状来看，电场中的气流分布均匀性测试及振打加速度测定常由制造厂通过实验室验证或计算机数值模拟后将有关保证数据提供给用户单位。供电装置也需要进行一次检查试验，其中一些为制造厂出厂试验，负荷为制造厂内的模拟电场，这些试验有耐压试验、空载试验、负载试验、触发装置性能试验、过载保护的检验、短路及短路保护试验，一般由制造厂提供有关技术证明文件。另一些是由安装单位或安装单位委托制造厂技术服务部门在设备的现场安装调试中进行，常见有变压器的高/低压绕组的绝缘电阻测试、高压电缆（包括电缆头）的耐压试验、变压器油耐压试验、变压器抽芯检查、供电装置各种保护的现场校验等，具体内容参照有关标准、各制造厂安装调试大纲及本书有关章节，安装单位应提供有关调试报告。如果是检修后的设备，一般应进行以下检查试验并向厂技术主管部门提供相应技术报告。

a）机务方面：阴、阳极间距调整前后的测量记录，电场及供电装置的绝缘测量，阴、阳极振打试运转，电场的空载升压试验，在试运行时进行额定工况下的 $U\text{-}I$ 特性测试。

b) 电气方面：变压器油耐压试验，高压电缆耐压试验，供电装置的触发装置性能测试及各种保护的整定试验，电气高、低压测量回路与仪表的校验。必要时进行变压器的抽芯检查。

（2）要做好辅助设备、设施的验收，辅助设备包括阴、阳极振打装置及振打时控装置，排、出灰装置与料位指示，保温及加热装置，进、出口烟气温度与压力指示，浊度仪及通信与照明设备等。它们虽不直接影响电场的投运，但往往会间接影响电除尘器除尘效率与运行安全。有的设施，由于在安装或大修中没有调试整修好，以后完善就比较困难。

2. 环境及安全要求

电除尘器设备是整个生产工艺过程中的一个重要环节，加上工作环境差，对环境及安全要求较高，在电除尘器投运前，要求场地清理干净，道路畅通，各操作巡查平台、走道扶手完整、照明充足，冲灰水沟有盖板，各转动机构外面有护罩或挡板，人孔门和高压引入装置安全标志要清晰，电场安全连锁要完好，制定有效的降温、防尘及防火措施，尤其是要建立切实可行、行之有效的安全制度。安全注意事项应符合 JB/T 6407—2007 的规定。

3. 人员的技术培训

电除尘器在各行业的使用情况不同，其对人员素质的要求也有所不同，在电除尘器量多、结构大型化的电力系统经过多年实践，倾向于推行电除尘器机、电合一，除尘、除灰一体化岗位管理模式，其中对电除尘器运行岗位的任职要求具体有以下几点：

（1）工作经历。必须经过电气高、低压基本知识，计算机及仪控基本知识，热机（主要是锅炉辅机）基本知识，环保相关知识培训，在相应岗位上有一定实习期并经考试合格。在安全培训上，必须同时通过电气及热机安全考试。

（2）文化程度及专业理论。

1）技工学校毕业或同等学力；

2）高中文化程度，并经中级技术培训合格。

（3）实际技能。

1）熟知电除尘设备的构造、系统及工作原理。

2）熟悉电除尘设备的自动装置、控制装置及保护装置的结构和正确使用方法。

3）掌握电除尘器运行规程、电力工业技术管理法规、电力安全工作规程以及事故处理规程，电动机运行规程和消防规程的有关部分，掌握人身触电的紧急救护方法。

4）掌握与本岗位有关的锅炉运行系统，厂用电系统的运行方式以及消防系统，并会使用各种消防器材。

5）能熟练地掌握电除尘器的投入和隔绝及所属电除尘器设备及系统的操作方法，并能做好运行维护和保养措施。

6）熟练掌握电除尘器运行控制的调整操作，熟悉各种参数变化带来的影响，并能根据表计变化，熟练地进行各种异常情况的处理。对检修人员，尚未有明确规定，一般情况按专业配置机械、电气、仪控及电焊工种，不同专业人员应对对方的工作有一定的基本了解，提倡电、仪合一，钳工跟普焊结合，运行及检修人员应在同类设备上进行一段时间的现场培训。

电除尘实行机、电合一值班，可以明显提高值班质量，提高劳动生产率，减少机、电专业扯皮现象，因为电除尘器属于锅炉辅机，电气力量相对薄弱，所以在人员配备时应适当使用电专业人员，并可采用主、副值班岗位制，以加强人员的技术培训与考核。

为了更好地协调机、电检修作业，有利于电除尘器总体的故障分析、检修计划安排、安全措施的实施，负责电除尘器检修的班组或车间或者厂里主管技术的有关部门，应由较全面掌握电除尘器技术的技术人员专职或兼职负责电除尘器的设备技术管理工作，作为厂里主管技术的总工或副总工，应该了解电除尘器的基本工作原理与生产过程。

4. 资料及器具准备

(1) 工器具的准备。机务检修人员应按机械常规维修、小件设备吊装、管道维修、保温敷设、焊接施工、出灰等工作性质准备相应的工器具及专用于电场内部测量间距的通止规（一般按异极距及误差允许范围自制）、电场内照明用的行灯变压器等设备。运行人员应配置常规电工工器具如电笔、电工螺钉旋具、尖嘴钳、万用表、绝缘电阻表等及绝缘手套、绝缘靴、高压验电器、接地线、警告牌等安全用具，还应配置阀门扳手之类的机务工具，电仪检修人员除配置用于一般电气设备、仪控装置如配电装置、控制装置、电动机、变压器检修的设备外，需配置示波器、电除尘器供电装置专用模拟调试台等设备。

(2) 备品备件及消耗性材料的准备，应按说明书清点随机提供的备品备件（安装调试中已耗用的除外），并准备一些常用易耗品。①机务方面：振打保险片，电瓷转轴，振打万向节，振打、排灰用减速机及润滑油，喷嘴，常用阀门，排灰阀门，锤头，承击砧，尘中轴承，密封填料及常用螺栓、螺母、电焊条等。②电气方面：振打、排灰电动机、快速熔断器，晶闸管元件及其冷却风扇，浊度仪灯泡，电压自动调整器中的插件及一些常用熔丝、批示灯等，还可视设备的多少、电除尘器在生产工艺过程中的重要程度，适当准备几套完整的调整器内部的插件与整机作应急使用。

(3) 技术资料与台账的准备。要作好投运前或大修后有关技术资料的验收整理工作（新设备有些资料则可能在试运行结束后移交），应有相关的机务与电气图纸，常用的设备图纸、资料说明书等应多准备几份，在安装或大修中的设计修改通知单及设备变动后的异动报告要整理归类并在图纸上反映出来，检修部门按照实际情况，应考虑准备资料与台账[有电除尘器检修规程（新设备一般为试行稿）、设备检修台账、设备缺陷登记本、备品备件登记等]，最好还应准备电除尘器的专用检修工作票。运行部门要准备电除尘器运行规程，值班记录本，运行日报表，设备巡回检查卡，开停机操作卡，接地线装、拆登记，高压回部绝缘测量记录，工作票登记本等运行所需台账、报表、记录表。

二、启、停操作过程

1. 电场投运前的检查与准备工作

(1) 从安全及发现问题方便处理考虑，检查程序宜为：电除尘本体（电场）→电除尘器辅助设备→电除尘器高压供电装置。具体内容可参照第七章第三节。

1) 电场检查：电场内部已清理完毕，无杂物、工器具、临时支撑吊挂装置、临时接线等遗留。所有阴、阳极振打锤头回复原始位置（否则容易卡轴），瓷套管、支撑绝缘子、电瓷转轴等高压绝缘部件干净清洁。确认电场无人后，严格密封人孔门（除观察故障点除外，这时要加强专人监护，严格安全措施），拆除电场接地线，测量电场绝缘符合要求。

2）电除尘器辅助电气设备进行常规检查，主要内容有：电动机接线盒接头检查，电动机绝缘检查，各屏、盘、柜、设备完好，设备无杂物，电气部位连接良好，熔断器完好，指示灯完整。最后与机械设备检修人员取得联系，告诫有关主要事项后送上电源，上电后要检查自动装置能够正常工作。

3）电除尘器辅助机械设备检查，主要项目有：检查振打保险是否完好，各转动机构保护罩壳完好，减速机不漏油、缺油（以上几项检查处理在辅助设备送电前进行），然后手动开起排灰与振打电动机连续运行 0.5～1h，观察电动机及减速机构运转情况。同时检查出灰系统水、汽、风、管路等是否正常，对于出灰系统，要检查压缩空气系统是否正常，仓泵及输灰管路是否正常。

4）电除尘器高压供电装置检查。整流变压器外观检查，包括油位、油色、渗漏油情况，呼吸器的干燥剂，进线电缆，出线套管及信号反馈线与屏蔽接地，工作接地情况等。检查阻尼电阻连接与阻值情况，检查高压隔离开关操作机构运行状况。检查隔离开关、高压开关室、人孔门安全连锁和闭锁情况，以及变压器油温指示和保护情况。以上检查完毕可以将电源高压侧接地线拆除，用 2500V 绝缘电阻表测整流变压器反向绝缘合格，高压隔离开关投入"运行"位置。检查低压侧电气连接部位良好，常规检查高压控制柜内部及操作面板各部件良好，此时可将高压供电装置电源送上，检查晶闸管冷却风扇能够正常工作，取下警告牌，整个电场已处于"热备"状态。

（2）在电场投运前完成加热及振打装置投运，一般程序为：

1）在炉子点火前 24h 投入灰斗蒸汽加热或电加热，以防冷灰斗结露或落灰受潮后堵灰。

2）一般在电场投运前 6～12h 送上热风与绝缘子加热系统，避免绝缘部件因结露而爬电。

3）在炉子点火后立即投入各排灰振打装置及开启相应的出灰系统。

确切的提前时间长短取决于烟气本身、烟气露点及环境温度，也与气候条件、加热条件等因素有关，需现场积累经验后在运规中予以规定。

（3）在电场投运前，对炉窑类除尘用电除尘器，常需满足以下两个工况条件（其他类可参照）：

1）要求烟气温度高于该类烟气的露点温度，也有个别情况特殊的设备此时烟气不通过电场改走旁路，主要是考虑结露会造成绝缘下降、设备腐蚀及物料黏附或堵积。

2）对油、煤混烧的炉子要求油助燃充分，防止未燃尽的油污染电场，造成绝缘下降。电极积垢，该点在实际中较难掌握，因为油的燃烧程度与油种、雾化程度、燃烧条件、燃烧水平等有关，而这些因素与直观的油煤混烧比例、炉子的负荷及开、停机顺序有密切但非对应的关系，要视具体情况而定，原则上有两点：其一，不是烧所有油都不能投电场，如燃用轻柴油与重油甚至渣油就明显有区别，前者对投电场影响原则可不考虑；其二，当油煤混烧到一定程度时，由于燃烧的更加充分以及粉尘的浓度加大，黏性减小，冲刷力增加，没必要非要完全停止烧油再投电场。要比较确切规定油枪数或机组负荷大小与投、停电场的关系，需要循序渐进，通过停机时对电场内部检查，辅之以运行中的 *U-I* 特性分析以及冲灰水中是否出现油污等观察来定。但大致作个规定也是需要的，如有的电厂规定：正常情况下油煤混烧当重油枪数量减小到一半时可以投运电场，几年下来，未见异常情况发生。相比之下，光用炉子的负荷量来规定电场投停，直观但可能更不全面，因为不同炉子、不同煤种、不同燃烧水平，其油燃烧程度及油煤混烧比例可以有较大的差异。需要指出的是：随着环保要求越来越高，要求在投煤粉过程中全程投运电场的呼声越来越高，需要在启、停炉过程中跟当时环保部门密切联系配合。在启、停炉过程中已投入煤粉而无法投运电场时，要告知环保部门，同时通过尽快稳定燃烧，尽可能早日投运电场。目前，采用"微油点火"及"等离子点火"的锅炉越来越多，使得全程投运电场变成可能。从目前积累的运行经验看，采用以上两种技术启、停锅炉在煤粉投入时全程投运电场，尚没有发现对电场造成明显不利影响的情况，但启、停炉过程中，主要是启炉过程初始阶段，烟气温度会低于露点温度，要比较多关注电场绝缘部件是否出现明显闪络、爬电。

2. 电场启、停操作步骤

(1) 启动操作。启动操作应按照制造厂说明书进行，基本步骤如下：

1) 合上高压控制柜空气开关，送上电源。

2) 按照工况情况选择合适的控制方式与上升率（＋du/dt）及火花。恢复初始值。

3) 将电流极限值调至较小位置。

4) 按启动按钮，将转换开关切至"手动升"位置，观察电场电压、电流的上升过程，上升正常后将转换开关切至"自动"位置，并逐步开放"电流极限"。

5) 当环境温度高于 25℃或晶闸管元件发热严重时就应开启晶闸管冷却风扇。

6) 操作完毕应对电除尘器高、低压电气设备巡回检查一次。

(2) 停运操作。

1) 将设备复位或将电场电压、电流下降至一定值后分闸。

2) 切断控制电源，高压控制柜空气开关切至"分"位置。

3) 如果设备改为检修状态，应拉开电源闸刀，挂好警告牌。

4) 将高压隔离开关改为检修位置（"电场—接地"或"电场、电源—接地"）。

随着上位机控制的普遍采用及电压自动调整器日益智能化，实际操作可能越来越自动化，人工操作步骤会越来越少。

(3) 启停操作中的注意事项。

1) 整流变压器禁止开路运行，故启动操作前应保证高压回路（主要是高压隔离开关位置正确，接触良好及阻尼电阻无烧毁）完好，一旦发现开路运行（二次电压高，二次电流为零），应立即置"手动降"降压停机，并严禁在运行中操作高压隔离开关。

2) 为了减少设备冲击，停机操作时宜置"手动降"降压后再分闸，尽量避免在正常运行参数下直接人工分闸。

3) 从安全考虑，在正常启动前应先完成一台电除尘器所有电场的高压侧操作检查，停机操作改为检修状态，一般应在所有电场低压侧电源均切除情况下再进行高压回路操作。

三、运行中异常情况的处理

电除尘器设备运行中会碰到一系列问题，从处理手段看，可分为三类，即立即停运设备、酌情考虑停运和运行中进行调整。现将碰到较多的问题归纳如下。

1. 立即停运设备的情况

（1）电气方面。

1）整流变压器及电抗器发热严重，电抗器温升超过 65℃，整流变压器温升超过 40℃ 或设备内部有明显的闪络、拉弧、振动等。

2）阻尼电阻起火。

3）高压红外线部件闪络严重，高压电缆头闪络放电。

4）供电装置失控，出现大的电流冲击。

5）电气设备起火。

6）其他严重威胁人身与设备安全的情况。

（2）机务方面。

1）电场发生短路。

2）电场内部异极距严重缩小，电场持续拉弧。

3）CO 浓度已到跳闸值（一般为 2%），或者有迹象表明电场内部已出现自燃。

4）振打、排灰机构已卡死，应立即停运电动机，水式出灰时如果冲灰水突然中断，应停运排灰阀。

2. 酌情考虑停运的情况

（1）电气方面。

1）整流变压器、电抗器发热严重，已过正常允许值。

2）阻尼电阻冒火，供电装置出现偏励磁。

3）晶闸管元件冷却风扇故障而元件发热严重。

4）各种电缆头、尤其是主回路电缆头、整流变压器、电抗器进线处接头发热严重。

以上几点在判定为非环境因素并对设备构成威胁时要停运处理。

5）开机时高压侧绝缘不能满足要求，应分清影响绝缘的是电源侧还是电场侧，然后进行处理，在天气恶劣时，因为电场中影响绝缘的部位多，电场侧绝缘经擦拭绝缘部件处理后仍有可能满足要求，这时可酌情降低绝缘要求进行试投。有两点可支持降低绝缘要求：一是供电装置短路容量小，闪络处产生的能量相对小；二是电除尘器供电装置具有对火花迅速反应的特点，试投时通过"手动升"逐步提高运行参数，如果绝缘下降是因为绝缘件表面有微量水分，则水分会在逐渐提高运行参数过程中被小火花或电流气化，绝缘就迅速恢复，不致造成大的冲击，这样做是考虑到造成电场绝缘不能满足的情况较多，而大多数都是在空气潮湿时发生，现场处理后也往往不能达到理想绝缘水平。试投人员必须技术好，经验丰富，高压供电装置在控制及保护环节上没有缺陷，试投时应十分慎重，一旦发现异常应立即停运。

（2）机务方面。

1) 灰斗堵灰。灰斗堵灰通常是由于输灰系统故障或出力不够，或者由于灰斗加热器损坏和保温不良，导致落入灰斗中的灰尘黏结或"搭桥"，使粉尘不能及时排出，形成大量粉尘在灰斗中堆积，等积灰满至电极时，会造成电场短路、阳极振打系统损坏、阳极板吊挂脱钩，甚至阴极框架变形等，从而导致电场失效并产生严重后果，具体措施可参见第十章相关内容。

2) 炉子投油。碰到因主设备原因造成较长时间投油燃烧且油煤混烧比例超过通常规定值时，如果长期停运电除尘器就会对环保及正常生产（如风机发生风叶严重磨损）造成很大影响，则要权衡利弊，作综合考虑，实践中，当锅炉燃烧比较稳定时，尽管燃油比例较高，投运电场不一定对设备构成威胁，这时可以采用折中办法，即投运前级电场，停运后级电场，或压低参数运行，由于前级电场浓度高，往往粒子也粗，冲刷作用强烈，一旦有油污也容易冲刷掉，此时效率虽下降不少，但可大大缓减以上矛盾，如发现参数有异常现象（要剔除油煤混烧中粉尘浓度较低这个因素的影响）则及时停运。油煤混烧如何投、停电场一直是个议而未决的问题，由于油煤混烧对电场造成不良后果鲜见确切资料，电极上的积垢因素众多，油煤混烧的影响可能并不像一般想象的那么严重，但一旦造成危害则不易清理，应本着慎重、稳妥的态度进行探索。

3. 运行中的调整

针对设备出现的异常情况，采取一些特殊调整手段，是一种有效但不是根本性的解决办法，这些情况有：

（1）大绝缘室（即分别有支撑绝缘子与引入套管）温度无法达到设计的高于露点温度的数值，增加热风加热往往也无济于事，如果将温度控制值仍保持在原设定值，则电加热器因长期连续投运（设计不间断工作制）后寿命大大缩短，不能保证开机阶段投入电加热器来驱潮，这时可适当降低控制温度，当烟气本身温度较高且绝缘子室温度趋于稳定时，甚至可将电加热器适当停用。

（2）当运行条件恶化引起电气设备过热，如高位布置整流变压器在酷热天气下运行而发热严重、阻尼电阻过热，晶闸管冷却风扇故障使元件发热严重时，为了保持电场投运，可降参数（一般通过调节电流极限来限流）运行。如前级电场出灰能力下降，也可通过压参数适当将灰量转移到后级电场。

（3）振打控制方式的调整，如双侧振打由于一侧故障，可考虑将另一侧改成连续振打，当电极普遍积灰严重时，也可在一段时间内采用连续振打，从理论上讲，厚灰反而容易振落，但振打落灰有逐渐剥落及从上到下一段滑移的过程，而每个振打部位在一个振打周期中只有一次打击机会，适当增加振打次数，在积灰严重及停机阶段是有必要的。

（4）当电场中 CO 浓度过高（如 $1\% < CO < 2\%$）时，为确保安全，可通过降低运行水平使电场电压达不到击穿值，避免出现火花引燃易爆气体。

（5）采用排灰阀按高灰位自动排灰。在灰位信号失灵时，可改为连续排灰，也可根据电场运行情况，利用可编控制器来模拟自动排灰情况，使灰斗仍能保持一定灰封。

以上这些都是非常手段，目的是以牺牲小利减少大的效率损失。

第二节 运行中的正常调节

随着电场工况的改变，有必要对电场有关运行参数进行调节，这些可调参数都为电气参数。

一、变压器抽头的调节

《电除尘用晶闸管控制高压电源》（JB/T 9688—2007）中规定，高压整流变压器应该在低于其额定直流输出电压的 10%、20% 处设有抽头，设置抽头的目的是为了满足不同工况的需要，以提高除尘效率，改善电气工作条件。电除尘器的最高运行电压受电场击穿电压限制，而电场击穿电压则是随工况变化的，电场的击穿点的电压是电压的峰值，目前供电装置高压侧输出虽经电场本身等效电容及整流变压器高压侧均压电容的滤波，但仍有较大的脉动分量，从晶闸管及整流变压器工作原理可知，该脉动分量随导通角的减小而增大，当导通角较小（相对来说就是电压等级选取过高）时电场的平均运行电压就会下降。

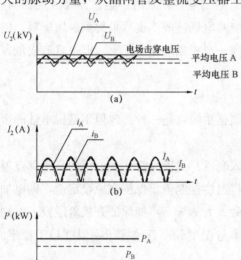

图 8-1 不同抽头时的电晕功率比较

图 8-1(a)、(b)、(c) 表示了这个原理，为了说明问题，假设供电装置输出电压恰好跟踪电场击穿电压曲线，在相当一段时间内击穿电压维持不变。图 8-1 中虚线表示抽头选取过高，在同样击穿电压下其电场平均电压 U_b、平均电流 I_b、平均电晕功率 P_b 下降，从而使除尘器效率下降。

因为导通角较小，使晶闸管处于长期局部导通状态，相对质量差一些的晶闸管就有可能损坏。对高阻抗变压器来说，当其输出电流与额定值相差较大时，其内部抗冲击能力减弱，故一般要求供电装置长期运行时导通角要大于 50%。带低压电抗器的供电装置，在降低变压器抽头的同时要适当提高电抗器的匝数，电感量是否合适是通过观察电流反馈波形来确定的，要求波形圆滑而饱满，波形较平缓，前后比较对称。

反之，当电压等级选取过低，则当晶闸管全导通时供电装置输出电压仍达不到电场击穿电压，同样会造成电场电压、电流及电晕功率的下降。

实际上，在进行电场空载升压时，一般将电压等级放到最高（额定）位置，在运行中则按工况选取，对前后级电场的差异，粉尘浓度改变的影响最为显著，尤其是前级电场因粉尘浓度过高，导通角往往较小，要选取较小的电压等级。需要指出的是，决定电场 U-I 特性（包括电场的电压、电流及电晕功率）的主要因素仍然是电场内部的工况条件，调整变压器抽头只能在某种程度上改善 U-I 特性，图 8-1 为了说明问题做了一定的放大。调整抽头应该在电场常规工况，电除尘器运行稳定情况下进行，不宜频繁改换。对高阻抗变压器，一般采用芯式铁芯，在调整抽头时必须使用对称绕组，不能搞错，具体组别编号可见制造厂提供的说明书。

二、常见控制方式下运行参数的选择

1."电流极限"的概念与选择

供电装置中"电流极限"或称"输出限制"调节旋钮，其实质是设定二次电流允许的最大值，当它正常起作用时，不管工况如何改变，甚至电场短路，供电装置输出二次额定电流不会超过该值，故称"电流极限"，其设定范围一般为额定电流的 20%～100%（也可为 50%～100%）。当电场工作在闪络状态中时，二次电流由闪络电压决定，电流极限只有在无闪络或电场短路情况下才起作用，故在大部分情况下它的作用是"隐蔽"的。"电流极限"有两种作用，一种为对参数的调节作用，如在一定范围内使用"电流极限"可起到定电流工作，常用来对末级电场电流进行限制；另一种为辅助保护作用，当电场发生短路时保护变压器不过载（主保护应该是供电装置的一次侧电流过电流及变压器超温保护）。由于"电流极限"的隐蔽性及重要性，故在电场启动时就使用"电流极限"来检验该环节是否能可靠工作。

2.最佳火花率的概念及其选取

火花率为每分钟内电场发生闪络的次数，至于最佳火花率，则意味着对于一台工况相对稳定的电除尘器，存在一组（对多级电场电除尘器每级电场都对应一个最佳火花率，故称为一组）合适的火花率，能够使电场除尘效率达到最佳，这组火花率称为电场的最佳火花率，一般认为在最佳火花率下运行，也就是在该火花率下电场的有效电晕功率达到最大，实际中最佳火花率还应涉及火花在不同工况下的作用（如高比电阻火花较弱，火花还有辅助清灰作用）及火花的强度不同等因素。应该说最佳火花率的存在，但并不是固定的，电场内部工况复杂多变，调节火花率有时能提高一些效率，有时则很不明显，火花率的调整应结合机理分析进行，可以先对各电场火花率进行初步设定，一般前级电场火花率较后级电场高比电阻高的粉尘火花率较高。

三、辅助设备的调整

1.振打力及振打周期调整

（1）振打力的调整。目前较大型电除尘器的振打机构，除了顶部电磁振打外，其余振打力是固定不可调的。顶部电磁振打通过调整其电磁圈上的电压幅值间隔时间（一般有专门的控制装置）来改变重锤的提升高度，从而改变其势能来调整振打力。振打力可以通过测量振打加速度大小，并与设计值比较来进行分析调整，但最终还要结合电极实际积灰情况调整。一般情况下，振打加速度根据不同工况的使用经验和实验来选定。需要指出的是，由于各设计、制造单位的观点不同，由于煤种的不同等因素，对振打加速度的要求可以相差很多，现场实测振打加速度，也会因测量方法不同及误差大小不一而出现较大差异。从原理上讲，各级电场对振打加速度的要求也是不同的。

确定受振部分的最小振打加速度值 a 时，应考虑以下 5 方面因素：

1）阳极板和阴极线上基本保持清洁；

2）二次电流不会逐渐下降，电气参数始终保持最佳状态；

3）不致引起过大的二次飞扬和金属疲劳；

4）对于阳极板和阴极线不同的悬挂形式，应取不同的最小振打加速度值；

5）对于不同电场建议采用不同的最小振打加速度值，第一电场 $(0.5 \sim 0.7)\alpha$，第二、三电场为 $(0.9 \sim 1.1)\alpha$，第三电场以后的电场均为 $(1.3 \sim 1.5)\alpha$。

（2）振打周期的调整。目前，通过对振打周期的调整来使电场达到较佳工作状态，争取最高的除尘效率，是普遍采用的方法。振打周期的调整原理前面已有论及，从理论上讲可采用正交试验法。

因为电除尘器多为几级电场串联，各级电场的振打周期不光直接影响着效率，而且各振打周期在效率问题上也交织在一起互相影响，故各振打周期（或振打间隔时间）与效率之间的关系是复杂而又多因素的函数关系，正交试验法能够帮助迅速准确找到最佳振打周期。以一台三电场电除尘器为例，我们把一、二、三电场阳极振打间隔看作 3 个因子（τ_A、τ_B、τ_C），我们大致预测间隔时间，并分别选取 3 个（1、2、3）时间，则可利用表8-1 所示的正交表。

表 8-1　　　　　　　　　　　正　交　表

列号 试验号	τ_A	τ_B	τ_C	试验结果
1	1	1	1	
2	1	2	2	
3	1	3	3	
4	2	1	2	
5	2	2	3	
6	2	3	1	
7	3	1	3	
8	3	2	1	
9	3	3	2	

表 8-1 所示正交表具有如下的两个性质：

1）每一列中的各水平数出现的次数相等，即在每一列中"1"、"2"、"3"水平数各出现三次；

2）任两列间，各水平相遇的次数相等，如在 τ_A、τ_B 两列中"1"、"2"、"3"相遇都各一次，既不重复，也不遗漏。

正交表的这两个性质有着很重要的实际意义。

性质 1）说明：各水平数对试验结果的影响机会是相同的，这有利于整理数据，通过对同一水平的各项数据的算术平均值的计算，并把不同水平的各项数据的算术平均值加以比较，就能反映出各水平对指标的影响情况。

性质 2）说明：各列有单独的效应，与其他列无关，这对分析问题十分重要，否则各因子互相混杂，就不能分析每一个因子对指标的影响了。

利用正交表的这两个性质，经过简单的计算就可以比较出每一个因子中各水平对指标的影响；也可以分析出各因子对指标作用的大小，这就是正交试验所特有的综合可比性——直观分析法。

虽然通过直观分析法可以比较出对指标有利的因子，水平匹配，但直观分析法不能估计试验过程中以及试验指标的测定中所必然存在的误差的大小，这时还要应用方差分析，具体详见以下一台四电场的应用 $L_9(3^4)$ 表进行最佳振打周期选取的实例。

这里一、二、三、四电场为 4 个因子（τ_A、τ_B、τ_C、τ_D），而每个电场的振打间隔时间可分为 3 种不同的时间（如 τ_{A1}、τ_{A2}、τ_{A3}），4 个电场共 12 个水平。该电除尘器阳极采用挠臂锤双面振打，振打轴旋转一周（即各点轮流打一次）的时间为 2min，初选振打间隔时间如下：

一电场 $\tau_{A1}=4$min，$\tau_{A2}=6$min，$\tau_{A3}=8$min；

二电场 $\tau_{B1}=10$min，$\tau_{B2}=12$min，$\tau_{B3}=16$min；

三电场 $\tau_{C1}=20$min，$\tau_{C2}=24$min，$\tau_{C3}=32$min；

四电场 $\tau_{D1}=40$min，$\tau_{D2}=45$min，$\tau_{D3}=50$min。

通过试验，列制表 8-2。其中（Y_i-93）中 93 为效率测试值的最小整数，$\mathrm{I}_i\tau_A$、$\mathrm{II}_i\tau_A$、$\mathrm{III}_i\tau_A$ 值分别为 τ_A 值取 1、2、3 水平时各行（Y_i-93）值相加，其余类同。

表 8-2　　　　　　　　　　　　　　　　试 验 制 表

列号 试验号	τ_A	τ_B	τ_C	τ_D	试验结果 Y_i	Y_i-93
1	1	1	1	1	98.35	5.35
2	1	2	2	2	98.49	5.49
3	1	3	3	3	97.83	4.83
4	2	1	2	3	95.28	2.28
5	2	2	1	1	95.99	2.99
6	2	3	3	2	97.90	4.90
7	3	1	3	2	98.39	5.39
8	3	2	1	3	94.45	1.45
9	3	3	2	1	93.55	0.55
I_j	15.67	13.02	11.7	8.89		
II_j	10.17	9.93	8.32	15.78		
III_j	7.39	10.28	13.21	8.56		
I_j^2	245.548 9	169.520 4	136.890 0	79.032 1		
II_j^2	103.428 9	98.654 9	69.222 4	249.008 4		
III_j^2	54.612 1	105.678 4	174.504 1	73.273 6		
$R_j^2=\mathrm{I}_j^2+\mathrm{II}_j^2+\mathrm{III}_j^2$	403.589 9	373.803 7	380.616 5	401.314 1		
$R_j^2/3$	134.53	124.601 2	126.872 2	133.771 4		
$R_j^2/3-CT$	11.837 5	1.908 7	4.179 7	11.078 9		

$$G=\sum_1^0(Y_i-93)=33.23$$

$$G^2=1104.229$$

$$CT=G^2/9=122.692\ 5$$

其中各水平对应的值为该水平下(Y_i-93)的平均值。

如对应τ_{A1}为

$$[(Y_i-93)_1+(Y_i-93)_2+(Y_i-93)_3]/3=(5.35+5.49+4.83)/3=5.22$$

对应τ_{D3}为

$$[(Y_i-93)_3+(Y_i-93)_4+(Y_i-93)_8]/3=(4.83+2.28+1.45)/3=2.85$$

运用表8-2，可首先进行直观分析，比较各因素对效率影响大小，各水平对效率的关系见图8-2。

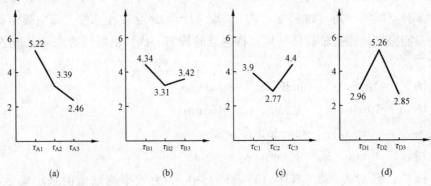

图8-2　各水平对效率的关系图

从图8-2中可见，在不考虑各因素交织作用的情况下，一电场的一水平、二电场的一水平、三电场的三水平及四电场的二水平对指标影响较大。因此，直观分析得出最优振打周期由τ_{A1}、τ_{B1}、τ_{C3}、τ_{D2}所组成，如表8-3所示。

表8-3　最优振打周期

电　场	一电场	二电场	三电场	四电场
振打间隔时间(min)	4	10	32	45

从各列偏差平方和看，第二列S_{12}最小。这里用S_{12}最小值作为偏差估计，进行方差分析。

方差分析(见表8-4)表明：一、四电场振打周期的选择对效率影响较显著，二、三电场影响不显著，综合方差分析与直观分析最佳振打周期仍为由τ_{A1}、τ_{B1}、τ_{C3}、τ_{D2}组成振打周期。

表8-4　方差分析表

方差来源	偏差平方和	自由度	平均偏差平方和	F比	显著性
τ_A	11.837 5	2	5.918 8	6.201 6	(·)
τ_B	1.908 7	2	0.954 4	1	
τ_C	4.179 7	2	2.089 9	2.189 8	
τ_D	11.078 9	2	5.539	5.804 2	(·)
误差(e)	1.908 7	2	0.954 4		

注　$F_{0.25}(2.2)=3.00$，$F_{0.1}(2.2)=9.00$。

确定的新的振打周期经过验证(结果见表 8-5),并与原振打周期作了比较,证明新的振打周期比较合理。采用新的振打周期,除尘效率提高了 0.24%,也就是说粉尘排放量降低了 25.53%。

表 8-5 不同振打周期的对比试验

项 目	单 位	DGP-220-1V(甲台二室)	
振打周期	振打(min) / 停打(min)	$\frac{2}{4}$, $\frac{2}{10}$, $\frac{2}{32}$, $\frac{2}{45}$	原振打周期
电场风速	m/s	0.93	0.93
电流密度	mA/m	0.371 9	0.336 9
除尘效率	%	99.30	99.06

在实际应用中,由于上位机系统的大量采用,电除尘器高、低压控制已融合、贯通,各种由上位机实施的智能化控制方案在实际中得到较多应用,如针对高比电阻粉尘难以振打清灰情况、上位机结合电场参数分析、自动实施轮换停电场或者降电压振打、自动优化振打强度及频率等,以达到更好的除尘效率。

(3)加热系统的调节。

1)当环境温度低时,要增加灰斗加热蒸汽量,对后级电场的灰斗尤其重要。当汽源有限时,可酌情减少前级电场灰斗的蒸汽量,因为其输送灰量大,灰自身所拥有的热量多。

2)新投运的电除尘器运行一定时间后,应检查瓷套管内壁的积灰情况,一般情况下不可避免地积有一层薄灰,当灰的导电性能差(如飞灰)且干燥时并不会引起爬、放电,如果积灰严重或者灰的导电性能较好(如煤粉、受潮的灰)就容易引起放电,如果套管内壁被烟气冲刷得很干净,则说明吹扫风量过大,从理论上讲会使电场的漏风率增大,对除尘不利。调节瓷套管上面吹扫孔的大小(即改变具有均匀分布小孔的圆盘形盖板的相对位置)即可调节吹扫风量。

3)其余部位的加热也应随季节及气候的变化作相应调节,如夏天正常运行时,可关闭绝缘子室的热风加热。

第三节 节能保效运行

目前,节能减排是我国自上到下的重要工作。电除尘器既是一套控制烟尘排放的环保设备,本身又是一个耗能大户,在厂用电中,占有较大比重。如何在确保电除尘效率或烟囱出口排放情况下,优化运行方式,做到节能保效运行,是一项非常重要、有益的工作。

此项工作的特点有两个,一是难度大,二是节能潜力大。

难度大主要是因为影响电除尘器效率的因素太多,而且这些因素又因为燃煤的多样性、燃烧工况的多变性而发生改变，这些因素跟效率的关系，又很难进行定量分析，从而使优化运行更多地需要经验积累，需要人的综合分析和判断，需要不断地进行分析和调整。

节能潜力大是因为电除尘器电场供电是电除尘器的主要电源消耗，从电除尘器的效率—功率曲线可知，当电除尘器效率达到一定程度后，投入大量的能量，只能提高很少一点效率，有必要在保证排放浓度的情况下适当控制能量消耗；另外，当飞灰成分发生变化，特别是比电阻很高时，会产生反电晕现象，此时电场功耗的增加反而使除尘效率下降；有的飞灰，非常有利于除尘，只要不大的电场功率就可以达到较高的除尘效率；有的飞灰，采用间歇供电方式，既节能又高效。综合以上因素，在电除尘器运行中，以除尘器出口浓度为比对对象，优化运行控制方式，控制高效率下电场输入功率，可以产生明显的节能保效作用，一些实践表明，节能的比例可达 30％～50％，甚至更多。

第四节 运行值班制度

运行值班制度适用于大容量的、实行"机电合一"运行管理的电除尘器的运行，也可供其他运行管理方式作参考。

一、电除尘器的监视与记录

1. 监视表计及信号

下列表计、信号属于监视内容，要求电除尘器控制室有专人值班监视，非进行故障及事故处理，不能离岗。

1) 电场的一、二次电压、电流及浊度仪指示；

2) 振打程控运转信号及振打电动机运转指示灯；

3) 出灰系统的有关压力、灰位信号及排灰电动机运转指示灯；

4) CO 气体分析仪的指示、报警；

5) 电加热运行指示；

6) 种类故障及跳机信号；

7) 其他一些因特殊工艺要求为安全、可靠运行而设置的有关指示及信号。

2. 值班记录内容

电除尘器所有操作均作记录；异常情况及设备缺陷要详细记录；备品备件消耗要登记；工作票、操作票、接地线装拆要登记；公式仪器具要交接班；电除尘器的二次电压和电流、浊度仪批示值、CO 测定值、电场的进出口烟道及出灰系统的有关数据，主风机的电压、电流及闸门开度及电源容量较大的供电装置的一次电压、电流应每 1h 记录一次；各绝缘子室温度、变压器油温、电场闪络频率、气象情况（环境温度及风、雨、雾、雪、雷电等）每班要记录一次。

二、电除尘器的巡回检查

常规运行的检查参见表 8-6，当计算机控制系统能自动记录参数时，纸质记录内容可以适当减少，但要注意对计算机数据及时拷贝、保存。

表 8-6 常规运行的检查

设备	部位	检查重点与要求	检查时间
高压供电装置	高压控制柜	(1) 晶闸管发热及冷却风扇工作情况	每班一次
		(2) 主回路（主要是电缆头）发热情况	每班一次
		(3) 闪络与拉弧批示情况	每班一次
		(4) 柜内（主要是电压自动调整器）积灰情况	每班一次
	整流变压器（电抗器可参照其中一部分）	(1) 变压器声音、油温、油位、油色	每班一次
		(2) 进线电缆头发热情况	每班一次
		(3) 变压器渗漏油情况	每班一次
		(4) 呼吸器干燥剂颜色	每班一次
		(5) 阻尼电阻及连接点是否过热、闪络或开路	每班一次
		(6) 高压绝缘部件是否闪络	每班一次
高压供电装置	高压开关柜	(1) 隔离开关位置指示，到位情况	每班一次
		(2) 隔离开关机械闭锁是否良好	每班一次
		(3) 高压电缆及引入处是否放电，油浸电缆是否漏油	每班一次
		(4) 绝缘部件是否放电	每班一次
低压控制设备及配电装置	电力变压器	(1) 油温、油色、油位、渗漏油情况	每周一次
		(2) 声音、电缆接头发热、工作情况	每周一次
		(3) 呼吸器中的干燥剂受潮情况	每周一次
	配电装置及电缆夹层	(1) 母线及各专用盘连接部位发热情况	每周一次
		(2) 各电缆及接头发热情况，电缆孔门关闭、封堵情况	每周一次
	辅助设备（排灰、振打、电加热等）电控装置、热工仪表类（恒温、巡测、CO分析仪等装置）	(1) 振打程控是否偏差、出错	每周一次
		(2) 排灰、电加热自控是否符合要求	每周一次
		(3) 各动力箱内接线是否松动，熔断器是否烧熔，热继电器、空气开关是否动作	每周一次
		(4) CO分析仪取样头及仪表中的抽气泵、流量计及表计指示是否正常	每周一次
		(5) 各类控制屏、保护屏、仪表装置等设备是否清洁，接线是否松动	每周一次
本体设备	振打装置	(1) 熔丝是否断裂	每班一次
		(2) 减速机是否漏油、缺油，有否振打、过热，是否有异常声响	每班一次
		(3) 电动机运转是否正常	每班一次
	整体	(1) 各人孔门是否严密	每周一次
		(2) 壳体是否存在较大漏风（负压有声响，正压时冒烟气）	每月一次
		(3) 保温及护板是否脱落	每月一次
排灰系统	出灰系统	(1) 水力冲灰水压是否正常，喷嘴是否堵塞，冲灰水沟是否阻塞，冲灰水箱有无冒灰，落灰管是否畅通	2h检查一次
		(2) 气力输灰压力是否正常，管道有否阻塞、冒灰	2h检查一次
		(3) 排灰电动机是否正常工作，插板阀等处有否冒灰，减速机是否正常	每班两次
	灰斗	(1) 灰斗有无堵灰	每班两次
		(2) 电加热是否正常，是否出现冷灰斗，或加热蒸汽管有否泄漏	每班两次

表 8-6 所示的巡查内容，对大型设备，可规定巡查路线，采用检查卡，有利于保证检查质量，每周一次的检查工作，可与专职检修人员一起进行。在特殊情况下，如设备出现异常，气候条件恶劣（高温天气、暴风、台风等），要相应加强有关设备的巡查。

第五节　绝缘与接地

由于电除尘器电场特殊的电气特性，其对绝缘与接地的要求较高，绝缘与接地不好会对电除尘器的正常运行构成威胁，尽管有一些机理及定量关系分析并不十分明了，但在实践中已有不少经验积累，现将目前普遍认识及经验介绍如下。

一、电除尘器的绝缘

1. 绝缘的测量与要求

电场的绝缘要求，可分为对电源（供电装置）与电场本体两部分，在设备的设计、制造、安装及检修中，常用的测量手段是耐压试验。在运行中，简单的常用 2500V 绝缘电阻表来测量绝缘值，对用绝缘电阻表测得的绝缘值未见统一要求，各制造厂规定不一，需要指出的是由于绝缘电阻表电压低，测出的绝缘值对于判断电场的绝缘情况仅有一定的参考意义，但不能作为完全的判断依据。

测量时要注意以下几点：

（1）测量时要注意电源的极性，应测量整流变压器的反向绝缘电阻。因为正向时，整流元件导通，测得的值为整流元件的正向导通时的内阻，接近于零。

（2）测量时，要考虑到整流变压器输出端并联有高压测量电阻，该电阻值各厂不一致，取决于选取的二次电压表计流过的电流等级及测量回路的分压比，一般小于 500MΩ，大致有数百兆欧（二次电压表用 $100\mu A$ 表）与数十兆欧（二次电压表用 1mA）两种，准确测量整流变压器高压测绝缘时（一般在安装或整流变压器检修时）要将高压测量回路断开，平时的一般性检查没必要断开，但能达到的最大指示值就是该测量回路的电阻值。

（3）当发现高压回路绝缘较低时，应用高压隔离开关将整流变压器输出断开，分别测量电源及电场本体侧的绝缘电阻，如发现电场本体绝缘不合要求时，应采取相应措施，具体可参考本章第一节中三的内容。

2. 影响绝缘的常见因素分析

（1）电源部分绝缘下降部位比较集中，常见的是高压电缆头闪络甚至炸毁，其原因常是电缆头制作工艺差，实践证明，只要高压电缆头制作质量符合要求，电除尘器使用高压电缆是能长期可靠运行的。使用高压电缆时，有一种情况对电气绝缘的影响不能忽视，即当电场发生闪络时，整流变压器输出套管根部、高压电缆头绝缘部位有时会伴发火花，经分析是因为闪络时产生的高次谐波在 R-L-C 回路中（电场可等效为一个并联了放电间隙的内容，整流变压器具有一定阻抗，电缆在回路中可等效为电感串联、电容并联，整个回路包括阻尼电阻具有一定的电阻值，以上这些元件构成一个复杂的 R-L-C 串、并联电路）发生谐振导致过电压，目前的消除方法是在高压电引入室或绝缘子室内增加一组电阻（其值与原阻尼电阻一样，由于这个作用，有的设备中将该电阻称为阻尼电阻，而将整流变压器输出端的电阻称为限流电阻）以破坏其谐振条件，有时还将高压电缆外壳多点接地，以减小外壳上的高频过电压，以上措施效果非常明显。

当整流变压器高位布置时，高压开关柜内因气候条件、环境影响造成绝缘下降的可能性明显增加，应根据当地气候条件，加强有关措施，如所在地经常遭台风袭击，各人孔门应加强防暴风雨的措施。开关柜底部应作气密性焊接，以防止水大量渗入柜内，因为一般电场自身均为热源，外壳有一定的温度，能够将水大量蒸发，使水气在绝缘部件上大量凝结，造成绝缘大幅度下降。

（2）电场本体内部的绝缘部件，有在绝缘子室中起支持高压引入作用的支持绝缘子、绝缘套管或支持绝缘套管，有与阴极振打机构起电气高压隔离、机械连接双重作用的电瓷转轴或电瓷连杆，有起绝缘兼挡灰作用的聚四氟乙烯（俗称塑料王）阴极振打小室挡风板。实际中碰到较多的情况有以下几种：

1）绝缘支持部件因承受不了机械负荷而破裂，造成该处爬电。如过去常采用石英支承套管，常常因为承受不了振打力的频繁冲击而破裂，现大量采用的是瓷绝缘子室，情况有根本性的改变。对烟气温度高的电场（＞250℃）常采用刚玉支持套管，以克服普通瓷部件在高温下绝缘性能严重下降的缺点。支持绝缘部件安装中瓷支持件各点受力要均匀，这对防止瓷件的破裂至关重要。

2）电场内部大都为负压，绝缘子室处的漏风（尤其是人孔门处）有可能将雨水引入绝缘子室，当室内保温与加热条件差时，水汽就可能大量吸附或与粉尘结合黏附到绝缘件表面造成绝缘下降。实际上，烟气倒流入绝缘子室，使其中冷凝物质在绝缘件表面结露造成爬电的情况比较罕见。

3）阴极振打小室因挡板处的漏风及局部正压作用使粉尘进入，同时螺旋刮灰装置故障，使粉尘吸附到电瓷转轴上，严重时可能将部分电瓷转轴埋入灰中，再加上潮气的侵入及烟气中冷凝物质的凝结，灰的导电性能会大大提高，此时就会发生瓷轴爬电或击穿现象。

4）顶部垂直传动的阴极振打电瓷转轴和绝缘瓷套，因为与烟气直接接触，加上高压电的作用，一般总会有一定积灰，大多数情况下因灰比较干燥并不会对绝缘构成威胁，当粉尘的导电性能较好（如大量未燃尽的油污与煤粉），或者因保温差、漏风大，使烟气长期低于露点温度下运行等原因造成粉尘受潮、黏结，导电性能大为增加，就容易发生爬电或闪络。

5）当烟气温度因工况异常而超出电除尘器的使用范围时，可能出现绝缘部件的热击穿，如目前的瓷绝缘件大都采用氧化铝材料（国内尚无高温的氧化铝瓷），当温度高于250℃左右时，其绝缘性能开始下降。

6）有一种比较少见，即瓷套内壁因长期受到油污等导电物质严重污染并产生局部放电至绝缘损伤，最后由点发展到全线绝缘损伤，使绝缘套管处产生闪络与拉弧，最终将瓷套管击毁。

二、电除尘器的接地

需要良好的接地的部位有高压控制柜外壳的保护兼工作接地、整流变压器外壳保护接地、取样信号回路（二次电压、电流回路）的屏蔽接地、高压电缆金属外壳及电缆终端头的保护接地、电场阳极的工作接地与整流变压器（＋）端输出的工作接地。

这些接地要求不尽相同，适用在电除尘器上，有些机理与定量关系尚未完全了解，现只作一般介绍。

高压控制柜外壳接地，是将控制柜金属壳体通过接地线（专门连接或充分利用埋设的金属构件、电缆支架与护管及土建中的主钢筋等）与埋入地下的接地网接通，一方面降低金属外壳带电后的对地电压以保护人身安全，另一方面提供电气自动控制的接地点。

整流变压器外壳接地是为了保护人身安全，需要指出的是整流变压器外壳通过滑动轨道不能保证接地良好，要另设接地线直接与接地体相连。接地线应采用编制裸铜线，截面大于 $25mm^2$，整个连接部分的接地电阻不大于 1Ω。

二次电压、电流取样回路的屏蔽层，一般选择在控制柜端作良好接地，使外界干扰信号不会引入电压自动调整器内部，屏蔽层上因静电感应产生的电荷也通过接地回路释放。高压电缆的金属外壳同样会产生感应电荷，而且高压电缆对地存在着分布电容（推测该分布电容在电场闪络时伴发高频过电压中起着不可忽视的作用），故这两处均要求接地良好。

在电除尘器运行中，常有把接地电阻与接地线电阻混为一谈的情况，有必要明确一下有关接地的几个基本概念。

（1）接地：即将电气装置必须接的部分与地作良好的连接。

（2）接地体：埋入地中为接地用的导体。

（3）接地网：多个接地体连接在一起的一个整体。

（4）保护接地：将电气装置中平时不带电，但因绝缘损坏而可能带电的金属部分接地，以保护人身安全。

（5）工作接地：为了保证电气设备正常运行需要而将电气设备的某一点接地。

（6）接地装置：接地线、接地网统称"接地装置"。

（7）接地电阻：接地装置的接地电阻，由接地线电阻、接地体本身的电阻、接地体与土壤的接触电阻以及土壤电阻和接地体与土壤的接壤电阻，它决定于接地网的布置、土壤电导率等因素。

接地电阻的概念，普遍使用在电力系统中，对接地电阻的要求，主要取决于系统中发生对地短路接地时电流的大小，要求一般从 0.5Ω 到 10Ω 不等，而电除尘器的接地电阻要求，还缺乏理论上的定量分析，人们发现一些原因不明的干扰甚至跳机、爆快熔，控制回路中产生悬浮高电位，跟接地不良有很大关系，故有逐渐提高对接地要求的倾向，如将接地要求从过去普遍要求 4Ω 提高到 2Ω 甚至 1Ω，还要求每年测量一次接地电阻等，在实际中实施有一定困难，从供电原理来讲，不同的电源容量、不同的回路方式（与整流变压器是低位还是高位布置有关），以及不同的电气自动装置类型（如采用模拟电路还是微机控制），其接地电阻要求应该是不同的，故在接地电阻要求上仍需要进行探索，既要确保电除尘器的正常运行，也要符合实际情况。

应该说，电除尘器接地的着重点与一般电力系统是有区别的，后者着重考虑系统对地短路处的电位大小，而前者要着重考虑因接地不良带来的对控制特性的影响。这里试图用一般的电路知识，对电除尘器的接地情况作一些定性的介绍与分析。

图 8-3 为目前电除尘器整个供电及控制系统的接地示意图。

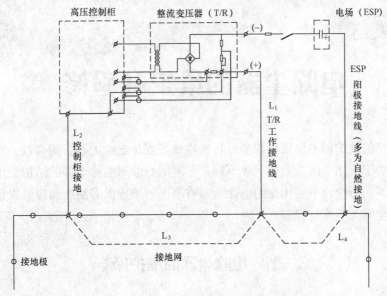

图 8-3　电除尘系统接地示意

一般情况下，电场阳极通过壳体及支撑壳体的钢梁或混凝土构件中的钢筋与接地网相通，为保证均匀性，要求每个供电电场至少对应有一个接地引入点。

L_1 整流变压器的专用工作接线，它非常重要，必须绝对可靠，不仅要考虑接地线的电阻，还要考虑其机械强度，故宜采用 $16mm^2$ 以上的导线通过螺栓与地网接地点相连接。

L_2 为高压控制柜的工作接地线，有时候采用自然导体（如电缆支架、穿管）作为引线，有时候则采用专门的接地导线与接地网相连接，从电除尘器高压输出为直流及控制柜的抗干扰出发，采用专门的接地导线应该更好，规格、型式可参照 T/R 工作接地线。

利用图 8-3，可以对电除尘器的接地要求作一定的推理与分析。

1）如果各接地点之间的接地网连接良好，将会使电场、T/R、控制柜接地处于一个公共工作接地点上，虽然该点与地之间仍有较大的电阻，不是真正意义上的接地，但从原理上不会从接地回路上引入干扰信号影响到高压控制柜的正常工作，这时对设备的接地要求就仅考虑短路时存在的残余电压对人身及设备的危害，因为电场短路时的电流很小（闪络电流中的高次谐波的幅值一般也只有基波幅值的几倍），故对接地电阻的要求就可以降低。

2）如果各接地体之间的接地网连接情况较差甚至没有专用导线连接，则通过其他回路连通后可能窜入干扰信号，此时接地电阻小就显得更重要，如果现有接地不能满足要求，增加 L_3、L_4 线（见图 8-3 中的虚线）将能改善由接地不良引起的一系列问题，从回路的可靠性考虑，增加 L_3、L_4 线也有好处，其规格参照 T/R 工作接地线。

3）如果接地线接触不良，尽管各设备的地网接地电阻很小（其本是降低整个接地电阻的难点与成本主要部分），同样可能出现问题。所以说从我国电除尘器使用现状看，加强对接地线电阻的检查，是比较实用、方便的。

第九章

电除尘器的维护和检修

科学、严格的维护保养制度和切实可行的检修规程是电除尘器长期高效、安全、可靠运行的保障，由于使用电除尘器的行业不同，不同的行业对电除尘器的结构、用途会有所不同，因此，不同行业、不同用途的电除尘器有不同的维护保养制度和检修规程。本章按照通用原则制定有关制度与规程。

第一节　电除尘器的维护保养

一、电除尘器的定期维护工作

电除尘器的定期维护项目和周期见表 9-1。

表 9-1　　　　　　　　　电除尘器的定期维护项目和周期

定 期 维 护 项 目	周　　　期
容易磨损的各机械传动部位加油。	一周
高压控制柜及晶闸管元件冷却风机转动部分加润滑油。	3个月
振打、排灰减速机加油。	3个月
高压隔离开关、安全机械锁机械传动部位加油，检查、调整	6个月
用示波器测量电压自动调节器的工作情况并作记录。要求电压自动调整器工作电源符合制造厂要求，触发脉冲对称、反馈波形对称、丰满	3个月
清洗控制柜内滤网	3个月
检查温度测量装置是否正常，调整或更换测温元件	一年
检查浊度仪镜头表面有无异物污染，并进行清理。	半年
清理浊度仪的空气过滤器。	半年
更换滤筒	一年或按制造厂规定周期
整流变压器及阻尼电阻： (1)（高位布置时）事故储油箱及排油管路检查、清理。 (2)检查更换整流变压器呼吸器的干燥剂。 (3)变压器油位检查及油补充	半年
常用易耗品如熔断器、指示灯、润滑油等检查、清点、补充	一个月
在控制室、电缆层、整流变压器及电力变压器、配电室处应配置消防器材，并定期检查更换	按消防器材规定周期

二、电除尘器停机的保养

（1）待振打装置停运，灰斗内积灰全部排尽后，排灰系统方可停止运行。长期停机时应将本体内部及出灰系统中的积灰清除干净。严寒季节为防止管道冻裂，水力冲灰系统可适当维持一定冲灰水量。当临时停机或紧急情况停机时，应保持灰斗加热装置的继续投运。

（2）关闭进、出口烟道风门，定期对电场进行通风保养，以防金属构件锈蚀。有条件时对电场内投热风养护。

（3）当电除尘器短时间内临时停机（一般停机时间小于48h），主设备处于备用或运行状态且电除尘器无检修项目时，电加热、灰斗加热、热风加热、振打、排灰系统应按原运行方式继续投运；由于灰量大量减少，可相应降低排灰系统的出力以保持一定的灰封。

（4）所有振打及排灰装置每周连续运行1h，以免转动部分锈涩。

三、电除尘器特别维护、保养项目

新投运的电除尘器第一次停机检修时，要特别注意以下几点，以便及时采取措施避免安装遗留的缺陷使设备的故障扩大，对设备今后的正常运行带来威胁。

（1）电除尘器顶部绝缘子室内的绝缘瓷套管、电瓷转轴可能会因安装、产品质量等非运行原因在投运后不久即出现裂纹，应全面细致检查。

（2）对电场内阳极板排、极线、传动部件、框架结构等处的连接进行检查，发现松动、脱焊、脱落的，应按有关技术要求进行紧固、点焊和加强焊接等处理。

（3）检查阳极板排活动情况，包括极板热膨胀间隙、撞击杆与振打导向板梳形口左右活动间隙等，注意是否有板排受阻造成的变形现象。

（4）检查灰斗内挡风板状况，注意是否有挡风板脱焊、挂钩脱落等情况。

（5）检查阳极板排及阴极框架是否有整体偏移现象。

（6）检查阴、阳极振打系统是否串轴、跑偏，定位板是否安装及固定。

四、电除尘器其他保养项目

（1）楼梯、平台、振打防护罩等以及其他容易锈蚀的裸露金属外表面，应定期刷漆，以免锈蚀。

（2）检查油杯、油嘴、油尺、油标等是否完善，有问题及时处理。

（3）减速机油质恶化，油位过高或过低时应及时处理。严防假油位。

（4）对CO气体分析仪，定期（如每季）以标准气体作机械校零、电气校零和满量程试验，作上、下限量程动作的调整试验。检查取样头积灰和破损情况，进行清扫。及时更换过滤硅胶，使流量保持在仪器要求范围内。

第二节 电除尘器的检修

通常情况下，根据机组的检修规模和停用时间，将电除尘器检修划分为A、B、C、D四个等级。可根据点检结果和设备状态监测分析以及制造厂家的技术要求综合考虑后确定检修间隔和项目。

（1）A 级检修。对电除尘器进行全面的解体检查和修理，以保持、恢复或提高设备性能。

（2）B 级检修。针对电除尘器某些设备存在问题，对电除尘器部分设备进行检查和修理。B 级检修可根据电除尘器设备状态评估结果，有针对性地实施部分 A 级检修项目或定期滚动检修项目。

（3）C 级检修。根据设备的磨损、老化规律，有重点地对电除尘器进行检查、评估、修理、清扫。C 级检修可以进行少量零件的更换、设备的消缺、调整等作业以及实施部分 A 级检修项目或定期滚动检修项目。

（4）D 级检修。主要内容是消除设备和系统的缺陷。

一、A 级检修标准项目

1. 总的准备工作

总的准备工作如表 9-2 所示。

表 9-2　　　　　　　　　总 的 准 备 工 作

检修项目	工艺方法及注意事项	质量标准
一、对设备健康状况进行评估，编制检修计划	查看电除尘器停运前各电场运行参数（一次电压、电流，二次电压、电流，投运率、投运小时等），设备缺陷、上次大修总结及大修以来的检修工作记录（如检修中的技术改进措施，备品备件更换情况），通过深入分析各项资料，作好修前分析，编制大修计划： （1）编制检修控制进度，工艺流程，劳动力组织计划及各种配合情况； （2）编写好作业指导文件或施工方案； （3）制定重大特殊项目的技术措施和安全措施细则	计划由技术主管部门批准，涉及重大安全措施应由安监部门审定
二、做好物资准备及场地布置	物资准备工作包括材料、备品备件、安全用具、施工用具、仪器仪表、照明用具等的准备。 检修场地布置工作包括场地清扫、工作区域及物资堆放区域的划分，现场备品备件的管理措施等	安全用具需经专职或兼职安全员检查；电场内部照明使用手电筒或 12V 行灯，需用 220V 照明或检修电源时应增设触电保安器，在人孔门外醒目处装设闸刀，并有专人监护
三、准备有关技术记录表格	有极距测量记录表格、电场空载通电升压试验记录卡，以及作气流分布试验、振打加速度测定、漏风率测定所需的记录表格（必要时）	
四、做好安全措施	严格按照有关安全工作规程办理好各种工作票，完成各项安全措施。编制检修现场安全注意事项	经工作许可人及检修负责人共同在现场验收合格

2. 机械部分的 A 级检修标准项目

机械部分的 A 级检修标准项目见表 9-3。

表 9-3　　　　　　　　　　　　机械部分的 A 级检修标准项目

检修项目	工艺方法及注意事项	质 量 标 准
一、电场本体清扫	（1）电场整体自然冷却一定时间后，才可打开电场各人孔门加速冷却。当内部温度降低到 50℃ 以下时才可进入电场内部工作。应严防突然进入冷空气，造成温度骤变使外壳、极线、极板等金属构件产生变形及绝缘瓷件碎裂。进入电场内部工作人员不少于两人，且至少有一人在人孔门外监护	大型电除尘器电场自然冷却时间一般不少于 8h
	（2）清灰前检查： 1）初步观察阳极板、阴极线的积灰情况，分析积灰原因，做好技术记录。 2）初步观察进、出口气流分布板的积灰情况，分析积灰原因，做好技术记录。 3）极板弯曲偏移、阴极框架变形，极线脱落或松动等情况及极间距宏观检查。 4）初步观察绝缘瓷件的积灰情况，分析积灰原因，做好技术记录	
	（3）清灰： 1）清除电场内部包括绝缘瓷件，进、出口气流分布板，阳极板，阴极线，灰斗处的积灰。 2）清灰时要自上而下。由入口到出口顺序进行，清灰人员和工具等不要掉入灰斗中。 3）灰斗堵灰时，一般不准从灰斗人孔门放灰。清除灰斗积灰时，应使积灰尽量以正常渠道排放。 4）常规的清灰方式有机械清灰、压缩空气清灰和水冲灰。气力输送系统输灰时，尽量避免采用水冲灰方式清灰，若采用，应先把气力输送系统脱开。 5）若采用水冲灰方式清灰，应采取有效措施使电场抓紧干燥，有条件时采用热风烘干，也可用风机抽风吹干。避免电场产生大规模锈蚀	清理部件表面积灰并干燥，便于检查、检修，防止设备腐蚀
二、阳极板检修	（1）阳极板完好性检查： 1）用目测或拉线法检查阳极板弯曲变形情况。 2）检查极板锈蚀及电蚀情况，找出原因并予消除。对穿孔、损伤面积过大、弯曲变形严重造成极距无法保证的极板应予更换或临时割除	平面误差不大于 5mm； 对角线偏差不大于 10mm； 平面误差、对角线偏差不大于 $L/1000$，且最大不超过 10mm
	（2）阳极板排完好性检查： 1）检查阳极板卡子的固定螺栓是否松动、焊接是否脱焊，并予以处理。 2）检查阳极板排与撞击杆连接是否松动，撞击杆、撞击头是否脱焊与变形，必要时进行补焊与矫正，撞击杆应限制在振打导向板的梳形口内，并留有一定的活动间隙。 3）检查阳极板排下部与振打导向板梳形口的热膨胀间隙，要求下部有足够的热膨胀裕度，左、右边无卡涩、搁住现象。 4）检查阳极板排下沉及沿烟气方向位移情况并与振打装置的振打中心参照进行检查。若有下沉应检查阳极板是否脱钩，阳极悬挂框架、大梁变形情况，悬挂阳极板的方孔及悬挂钩的磨损情况，必要时需揭顶处理。 5）整个阳极板排组合情况良好，各极板经目测无明显凸凹现象	板排组合良好，无腰带脱开或连接小钢管脱焊情况。 左右活动间隙为 3mm 左右，能略微活动。 热膨胀间隙应按极板高度、烟气可能达到的最高温度计算出膨胀，并留 1 倍裕度，但不宜小于 25mm，左右两边应光滑无台级；振打位置符合要求，挠臂无卡涩现象，下摆过程中无过头或摆程不够现象。 平面度公差为 ±5mm； 对角线偏差不大于 $L/1000$ 且最大不大于 10mm

检修项目	工艺方法及注意事项	质 量 标 准
二、阳极板检修	（3）阳极板同极距检测：每个电场以中间部分较为平直的阳极板面为基准测量同极距，间距测量可选在每排阳极板的出入口位置，沿极板高度分上、中、下三点进行，极板高及明显有变形部位，可适当增加测点。每次大修应在同一位置测量，并将测量及调整后的数据记入设备档案	表格记录清楚，数据不得伪造
	（4）极板的整体调整： 1）同极距的调整：阳极板弯曲变形较大时可通过木锤或橡皮锤敲击弯曲最大处，然后均匀减少力度向两端延伸敲击予以校整。敲击点应在极板两侧边，严禁敲击极板的工作面；当变形过大、校正困难且无法保证同极距在允许范围内时应予以更换。 2）当极板有严重错位或下沉情况，同极距超过规定而现场无法消除及需要更换极板时，在大修前要做好揭顶准备，编制较为详细的检修方案。 3）少数几块阳极板有严重变形且无法修复时，可考虑暂时予以去除，待大修时恢复。 4）新换阳极板每块极板应按制造厂规定进行测试，极板排组合后平面及对角线误差符合制造厂要求，吊装时应注意符合原来排列方式。更换板排的其他有关注意事项参照安装部分有关章节	同极距±10mm
三、阳极振打装置检修	（1）阳极板积灰检查，对阳极板积灰严重的电场作重点检查处理	
	（2）检查工作状态下的承击砧振打中心位置、承击砧磨损情况。检查承击砧与锤头是否松动、脱落或碎裂，螺栓是否松动或脱落，焊接部位是否脱焊，并进行调整及加固处理。位置调整应在阳极板排及传动装置检修后统一进行。当整个振打系统都呈现严重的径向偏差时，应调整尘中轴承的高度，必要时要同时改变振打电动机的安装高度，此项工作要与极板排是否下沉结合起来考虑。存在严重的轴向偏差时，要重新调整定位轴承和挡圈及电动机减速机的固定位置。检查锤头小轴的轴套磨损情况，当磨损过度造成锤在临界点不能自由、轻松落下时要处理或更换部件。当锤与砧出现咬合情况时，要按程度不同进行修整或更换处理，以免造成振打轴卡死	振打系统在工作状态下锤和砧板间的接触位置做到与冷态设计中心上下、左右对中（偏差均为5mm），不倾斜接触，锤和砧板的接触线L大于完全接触时全长的2/3。 破损的锤与砧予以更换。锤与挠臂转动灵活，并且转过临界点后能自动落下。锤头小轴的轴套与其外套配合间隙宜为0.5mm左右
	（3）检查轴承座（支架）是否变形或脱焊，定位轴承是否位移，并恢复到原来位置。对摩擦部件如轴套、尘中轴承的铸铁件、叉式轴承的托板、托滚式轴承小滚轮等进行检查，必要时进行更换。 振打轴检查：盘动或开启振打系统检查各轴是否有弯曲、偏斜超标引起轴跳动、卡涩，超标时作调整。当轴下沉但轴承磨损、同轴度偏差、轴弯曲度均未超标时可通过加厚轴承座底脚垫片加以补偿。对同一传动轴的各轴承座底必须校水平和中心，传动轴中心线高度必须是振打位置的中心线，超标时要调整	尘中轴承径间磨损厚度超过原轴承外径1/3时应予以更换，不能使用到下一个大修周期的尘中轴承或有关部件应予以更换。 同轴度在相邻两轴承座之间公差为1mm，在轴全长为3mm，补偿垫片张数不宜超过3张
	（4）振打减速机检修。 1）外观检查减速机是否渗漏油；机座是否完整，有无裂纹；油标油位是否能清晰指示。 2）开启电动机检查减速机是否存在异常声响与振动，温升是否正常。 3）打开减速机上部加油孔，检查减速机内针齿套等磨损情况，对无异常情况的减速机进行更油，对渗漏油部位进行堵漏处理。 4）对有异常声响、振动与温升的减速机及运行时间超过制造厂规定时间的减速机进行解体检修	盘车时无卡涩、跳动周期性噪声等现象。 针齿套应光滑，无锈斑及凹凸不平。 油标指示清晰
	（5）振打装置检修完毕后试车。 1）将振打锤头复位。 2）手动盘车检查转动及振打落点情况	手动能盘动，旋转方向正确；减速机声音、温升正常

检修项目	工艺方法及注意事项	质量标准
四、阴极悬挂装置、大小框架及极线检修	（1）阴极悬挂装置检查检修。 1）用清洁干燥软布擦拭绝缘瓷套、电瓷转轴表面，检查绝缘表面是否有机械损伤、绝缘破坏及放电痕迹，更换破裂的绝缘瓷套、电瓷转轴。检查承重绝缘瓷套的横梁是否变形，必要时予以加强支撑。更换绝缘瓷套时，必须有相应的固定措施，将支承点稳妥转移到临时支撑点，要保证4个支撑点受均匀，以免损伤另外3个支撑点的部件。 更换绝缘瓷套后应注意将绝缘瓷套底部周围密封圈塞严，以防漏风。 绝缘部件更换前应先进行耐压试验。 2）检查阴极框架吊杆顶部螺母有无松动，阴极框架整体相对其他固定部件的相对位置有否改变并按照实际情况进行适当调整，检查阴极框架的水平和垂直度，并做好记录，便于对照分析。 检查防尘套和悬吊杆的同心度是否在允许范围之内，否则要进行调整	绝缘瓷套、电瓷转轴无机械损伤及绝缘破坏情况。 新换高压绝缘部件试验标准： 1.5倍电场额定电压的交流耐压： 1min应不击穿。 防尘套和悬吊杆同心偏差小于5mm
	（2）阴极框架的检修。 1）检测阴极框架整体平面度公差符合要求，并进行校正。 2）检查框架变形、脱焊、开裂等情况并进行调整与加强处理。 3）检查大框架上的爬梯挡管是否有松动、脱焊现象并进行加强处理	平面度公差：整体对角线公差10mm 整个框架结构坚固，无开裂、脱焊、变形情况
	（3）阴极线检修。 1）全面检查阴极线的固定状况，阴极线是否脱落、松动、断线，找出故障原因（如机械损伤或电蚀或锈蚀等）并采取相应措施。对因螺栓脱落而掉线，应将极线复位并按规定将螺栓紧固后作止退点焊，选用的螺栓长度必须合适，焊接点无毛刺、以免产生不正常放电。对松动极线检查，可先通过摇动每只小框架听其撞击声音，看其摆动程度来初步发现；对因螺母松开而松动的极线原则上应将螺母紧固后再点焊牢，对处理有困难亦可用点焊将活动部位点牢，以防螺母脱出和极线松动。 2）检查各种不同类型的阴极线的性能状态并做好记录，作为对设备的运行状况、性能进行全面分析的资料。除极线松动、脱落、断线及积灰情况外，重点有： a. 芒刺线——放电极尖端钝化，结球及芒刺脱落，两尖端距离调整情况。 b. 螺旋线——松紧度，电蚀情况。 3）更换阴极线。 选用同型号、规格的阴极线，更换前检测阴极线是否完好，有弯曲的进行校正处理，使之符合制造厂规定的要求。 对用螺栓连接的极线，注意螺栓止退焊接要可靠，至少两处点焊，选用的螺栓长度要符合要求，焊接要无毛刺、尖角伸出。 螺旋线更换，必须严格按要求安装，注意不能拉伸过长而失去张紧力	阴极线无松动、断线、脱落情况，电场异板距得到保证，阴极线放电性能良好。 螺旋线无松弛、张紧力为200～300N

检修项目	工艺方法及注意事项	质量标准
四、阴极悬挂装置、大小框架及极线检修	（4）异极距检测与调整。 　1）异极距检测应在阴极框架检修完毕，阳极板排的同极距调整至正常范围后进行。对那些经过调整后达到的异极距，作调整标记并将调整前、后的数据记入设备档案。 　2）测点布置。为了工作方便，一般分别在每个电场的进、出口侧的第一根极线上布置测量点。 　3）按照测点布置情况自制测量表格，记录中应包含以下内容：电场名称、通道数、测点号、阴极线号、测量人员、测量时间及测量数据。每次大修时测量的位置尽量保持不变，注意跟安装时及上次大修时测点布置对应，以便于分析对照。 　4）按照标准要求进行同极距、阴极框架及极线检修校正的电场，理论上已能保证异极距在标准范围之内，但实际中有时可能因工作量大、工期紧、检测手段与检修方法不足及设备老化等综合因素，没有做到将同极距、阴极框架及极线都完全保证在正常范围，此时必须进行局部的调整，以保证所有异极距的测量点都在标准之内。阴、阳极之间其他部位须通过有经验人员的目测及特制 T 型通止规通过。对个别芒刺线，可适当改变芒刺的偏向及两尖端之间的距离来调整，但这样调整要从严掌握不宜超过总数 2%，否则将因放电中心的改变而使其失去与极板之间的最佳组合，影响极线的放电性能	数据记录清晰，测量仔细准确。 异极距±10mm
五、阴极振打装置检修	（1）结合阴极线积灰情况，对阴极线积灰严重的电场作重点检查处理	
	（2）检查工作状态下的承击砧、锤头振打中心偏差情况以及承击砧与锤头磨损、脱落与碎裂情况，具体同阳极振打	参照阳极振打标准，按照阳极振打锤与砧的大小的比例关系选取中心偏差、接触线长度及磨损深度
	（3）对尘中轴承、振打轴的检查同阳极振打	参照阳极振打
	（4）振打减速机检修同阳极振打，同时拆下链轮链条进行清洗，检查链轮链条的磨损情况，磨损严重的予以更换，安装后上好润滑脂，注意链条松紧度	链条链轮无锈蚀，不打滑，不咬死
	（5）阴极振打小室及电瓷转轴检修。 　1）阴极振打小室清灰，清除聚四氟乙烯板上的积灰，检查板上油污染程度及振打小室的密封情况并进行清理油污，加强密封的处理。 　2）用软布将电瓷转轴上的积灰清除干净，检查是否有裂纹及放电痕迹，对断裂及出现裂纹并有放电痕迹的瓷轴予以更换，更换前应进行耐压检查。 　3）检查保温箱严密性，修理变形、损坏的刮灰器	振打小室无积灰，绝缘挡灰板上无放电痕迹，穿轴处密封良好，电瓷转轴无机械损伤及绝缘破坏情况，满足耐压试验

续表

检修项目	工艺方法及注意事项	质量标准
六、灰斗及卸灰装置检修	（1）灰斗内壁腐蚀情况检查，对法兰结合面的泄漏、焊缝的裂纹和气孔结合设备运行时的漏灰及腐蚀情况加强检查，视情况进行补焊堵漏，补焊后的疤痕必须用砂轮机磨掉以防灰滞留堆积	灰斗内壁无泄漏点，无容易滞留灰的疤点
	（2）检查灰斗角上弧形板是否完好，与侧壁是否脱焊，补焊后必须光滑平整无疤痕以免积灰	灰斗四角光滑无死角
	（3）检查灰斗内支撑及灰斗挡风板的吊梁磨损及固定情况，发现有磨损移位等及时进行复位及加固补焊处理	灰斗不变形，支撑结构牢固
	（4）检查灰斗内挡风板的磨损、变形、脱落情况，检查挡风板活动部分耳板及吊环磨损情况，进行补焊及更换处理	挡风板不脱落、倾斜以至引起灰斗落灰不畅
	（5）灰斗底部插板阀检修，更换插板阀与灰斗法兰处的密封填料，消除结合面的漏灰点。检查插板操作机构，转动是否轻便，操作是否灵活，有无卡涩现象并进行调整及除锈加油保养	插板阀处无泄漏，操作灵活可靠，隔绝性能良好
	（6）落灰管检修。检查落灰管堵塞及落灰不畅情况，对落灰管法兰结合面、裤衩管捅灰孔等处的漏灰点进行处理	落灰管畅通，无泄漏点
	（7）排灰阀解体检修。 1）检查排灰阀壳体是否有裂纹、缺损等现象。 2）拆卸联轴器。 3）对减速机进行检查保养（与振打减速机同类型，可详见振打装置检修）。 4）拆卸排灰阀前、后端盖，抽出转子，检查叶轮与外壳磨损情况，缺口及磨损严重的叶片进行更换。破碎较小的叶轮片作补焊处理。 5）拆出前后轴承和轴承盖，检查润滑脂情况，用工业清洗剂清洗。检查轴承磨损情况，疏通堵塞的润滑脂。 6）更换轴封填料、端盖床及轴承油封	排灰阀无卡涩及灰自流情况，减速机性能良好，轴承性能良好
	（8）排灰阀重装。重装时按解体相反程序进行，并注意以下几点： 1）叶轮与外壳的径向配合用塞尺测量四周间隙并调整均匀。 2）调整前后端盖与叶轮的轴向间隙。 3）新更换的填料在安装前涂一层润滑剂，填料紧固后应留有继续紧固的余地，压盖不倾斜。 4）轴承安装前，应对滚（滑）动表面涂以相应润滑脂以形成初步润滑条件，安装时轴承上油孔应与端盖油孔杯对准，注意中间不要有空气段混入	排灰阀叶轮的径向、轴向间隙满足制造厂要求 径向间隙参考尺寸为0.7～1.5mm，轴向间隙参考尺寸为1.5～4mm
	（9）排灰机构整体装配与试运转： 1）用手转动组装后的排灰阀联轴器。 2）以排灰阀联轴器为基准，找正减速机中心。 3）接上电源，试运转1h	试运行1h后，转子转动轻快灵活，无擦壳和轴向窜动，联轴器轴向间隙为4～6mm，中心误差小于0.05mm，无灰泄漏。对电动机及减速机要求见振打装置的有关部分与低压电气有关部分

续表

检修项目	工艺方法及注意事项	质量标准
七、壳体及外围设备，进、出口封头、槽形板检修	(1) 壳体内壁腐蚀情况检查，对渗水及漏风处进行补焊，必要时用煤油渗漏法观察泄漏点。检查内壁粉尘堆积情况，内壁有凹塌变形时应查明原因进行校整，保持平直以免产生涡流	壳体内壁无泄漏、腐蚀，内壁平直
	(2) 检查各人孔门（灰斗人孔门、电场检修人孔门、阴极振打小室人孔门、绝缘子室人孔门）的密封性，必要时更换密封填料，对变形的人孔门进行校正，更换损坏的螺栓。人孔门上的"高压危险"标志牌应齐全、清晰	人孔门不泄漏、安全标志完备
	(3) 检查电除尘器外壳的保温情况	保温材料厚度建议为100mm。保温层应填实，厚度均匀，满足当地保温要求，覆盖完整，金属保板齐全牢固，具备抗击当地最大风力的能力
	(4) 检查并记录进、出口封头内壁及支撑件磨损腐蚀情况，必要时在进口烟道中调整或增设导流板，在磨损部位增加耐磨衬件，对磨损严重的支撑件予以更换，对渗水、漏风部位进行补焊处理	进、出口封头无变形、泄漏、过度磨损
	(5) 检查进、出口封头与烟道的法兰结合面是否完好，对内壁的凹塌处进行修复并加固	
	(6) 检查槽形板、气流分布板、导流板的吊挂固定部件的磨损情况及焊接固定情况，更换损坏脱落的固定部件、螺栓，新换螺栓应止退焊接	
	(7) 检查分布板的磨损情况及分布板平面度，对出现大孔的分布板应按照原来开孔情况进行补贴，对弯曲的分布板进行校正，对磨损严重的分布板予以更换，分布板与封头下封板内壁间距应符合设计要求。对通过全面分析认为因烟气流速不均，导致除尘效率达不到设计要求时，在进行气流分布板与导流板检修后，应同时进行气流分布均匀性测试，并按测试结果进行导流板角度、气流分布板开孔情况调整，直至符合要求	磨损总面积超过30%时予以整体更换（供参考）。截面气流分布均匀性相对均方根差 $\sigma_r \leqslant 0.25$
	(8) 检查槽形板的磨损、变形情况并进行相应的补焊、校整、更换处理	
	(9) 检查导流板的磨损情况，予以更换或补焊	
	(10) 对楼梯、平台、栏杆、防雨棚进行修整及防锈保养	
八、加热系统检修	(1) 热风加热系统检修。检查加热管变形、腐蚀、积灰、堵塞情况，外保温层完好情况，空气过滤器及加热管道、阀门、挡板完好情况并进行相应的调整、检修与更换	热风加热系统畅通，阀门操作调节灵活、可靠、保温完好，管道无泄漏
	(2) 灰斗外部蒸汽加热系统检修。检查蒸汽截止阀、疏水阀是否完好，检查蒸汽加热管有无泄漏、堵塞情况，更换腐蚀与堵塞严重的蒸汽管路	各阀门启闭应灵活，检修后动、静密封部位无泄漏。加热管无堵塞、泄漏

续表

检修项目	工艺方法及注意事项	质量标准
九、减速机解体大修	阴、阳极振打及排灰阀传动减速机，出现异常情况或使用年限过长，故障频繁时须安排整体大修。 （1）拆下滚子链，拉出减速器轴上的链轮。或拆卸万向节，拉出半联轴器。 （2）旋出减速箱固定螺栓与减速器高速节固定螺栓，同电动机一起取下。 （3）拆出高速节定位轴承定位卡簧，依次取出高速节定位轴承、高速节偏心轴承上部填片、针套、上部针轮、偏心轴承、下部针轮、偏心轴承上部填片、取下高速节壳体。 （4）旋出减速箱低速节固定螺栓，取下低速节组件。 （5）拆出低速节定位轴承定位卡簧，依次取出低速节定位轴承、低速节偏心轴承上部填片、针套、上部针轮、偏心轴承、下部针轮、偏心轴承上部填片。 （6）用铜棒敲出高速轴，取下高速轴轴承。 （7）拆卸低速轴承压盖，从压盖中取出密封圈，取出低速轴轴承定位卡簧，用铜棒将低速轴从轴承体中敲出并取下轴承。 （8）全面清洗、检查减速器各零部件，更换磨损严重的零部件。 （9）按拆卸的相反顺序装复减速器，在装复时各润滑部件加润滑脂	（1）各零部件应清理干净。 （2）轴承内外弹道无严重磨损、裂纹，隔离架完整，盘动时自由、灵活，轴承内孔与轴的配合间隙为0～0.07mm。 （3）针轮、针套工作面无磨损。工作面啮合良好，润滑脂适量，无泄漏。 （4）复装后要求盘动灵活

检修项目	工艺方法及注意事项	质量标准		
十、电场空载升压试验	试验方法、步骤、注意事项参见有关章节，原则上在电除尘器各项检修工作完成后进行。试验过程需电气专业密切配合，做好安全措施，确保人身安全	极线型式	异极距 (150mm)	异极距 (200mm)
		芒刺线	≥50(kV)	≥65(kV)
		非芒刺线	≥55(kV)	≥70(kV)

3. 电气部分的 A 级检修标准项目

电气部分的 A 级检修标准项目见表 9-4。

表 9-4　　　　　　　　　电气部分的 A 级检修标准项目

检修项目	工艺方法及注意事项	质量标准
一、整流变压器检修	（1）整流变压器外观检查处理。用软布清拭变压器外壳的灰尘及油污，检查外壳的油漆是否剥离、石膏是否脱落、外壳是否锈蚀，并进行整修处理。用软布清拭各瓷件表面，检查有无破损及放电痕迹。油位过低应按制造厂规定的原变压器油牌号加入，不同牌号不能混用，南方一般多采 10 号或 25 号变压器油，较寒冷地区使用 25 号变压器油，高寒地区使用 45 号变压器油。发现渗漏油，应查明渗漏点及渗漏原因，紧固螺栓或更换密封橡胶垫，要重点检查低压进线套管处因线棒过热引发的渗漏油情况	瓷件无破损及放电痕迹，表面清洁无污物。油枕油位正常，箱体密封良好，无渗漏油现象。呼吸器完好无揭，干燥剂无受潮现象（变色部分不超过 3/4）。表面油漆无脱落，外壳无锈蚀

检修项目	工艺方法及注意事项	质量标准
一、整流变压器检修	（2）整流变压器吊芯检查处理。 　凡经过长途运输、出厂时间超过半年以上及当整流变压器出现异常情况（如溢油、运行中发热严重、受过大电流冲击、有异常声响，油耐压试验不合格、色谱分析中总烃含量超标等）时需进行吊芯检查。运行 8～10 年以上的整流变压器可选择性检查或全部进行一次吊芯检查。其他情况一般不作吊芯检查。低位布置整流变压器吊芯检查时，室内应保持干燥清洁；高位布置时，应选择在晴朗天气进行，并采取可靠的防风、防尘等措施；吊芯时要严防工具、杂物掉入油箱。吊芯检查时环境温度不宜低于 0℃，吊芯检查前准备应充分，器身暴露大气时间不宜超过 4h，特别情况下，按下列规定计算时间：空气相对湿度小于 65％时为 16h；空气相对湿度小于 75％时为 12h。计时范围为器身起吊或放油到器身吊入油箱或注油开始。起吊器身的吊环不能用来起吊整台变压器。高压引出采用导线连接的在拆线时应将油位降低到连接点以下。起吊过程中要由专人指挥、专人监护，器身不能与外壳及其他坚硬物件相碰，起吊完毕应将器身稳定。 　吊芯检查时拆除整流变压器接线盒处的各输入、输出引线并做好标记，以便结束后恢复原接线。 　1）磁路检查处理。检查磁路中各紧固部件是否松动（特别在运行中出现异常声响时），紧固时注意不要损伤绝缘部位。铁芯是否因短路产生涡流而发热严重，表面有无绝缘漆脱落、变色等过热痕迹（特别在运行中出现异常过热及烃含量超标时），发现后进行恢复绝缘强度处理，严重时可返厂或请制造厂检修。 　2）油路检查处理。器身起吊后，肉眼观察油箱中油色，检查油路畅通情况，对油箱中掉入的其他物件要查明来源，对运行中出现渗油处及老化的橡胶密封垫予以更换。对箱体渗油、沙眼、气孔、小洞等可应用不影响器身运行的黏结堵漏技术。焊缝开裂应补焊，补焊时必须采用钎焊，并将变压器油放空，内壁清理干净，补焊完毕，外壳应进行防锈油漆处理。 　3）电路检查处理。检查各线圈的固定及线圈绝缘情况，对松动部位进行固定绑扎，对发热严重部位要查明原因并进行局部加强绝缘的处理。更换烧毁的高低压线圈（或返厂处理），检查各高压绝缘部件的表面有无放电痕迹（特别当运行中内部曾出现放电声、油耐压试验不合格、烃含量超标、瓦斯动作等情况时），对绝缘性能下降的部件进行加强绝缘处理或更换。更换或处理后应进行耐压试验，试验电压为其正常工作电压的 1.5 倍，试验时间 3min，当该元件受全压（即输出电压）时，为方便起见，可通过开路试验来检验，时间为 1min。 　对高压输出连接部位、部件（连接硬导线或插座式刀片与刀架）进行检查，更换有裂纹的导线，调整错位的刀片与刀架。 　外观检查硅堆、均压电容、线圈、取样电阻等元件及互相间的连接情况。对高压硅堆及均压电容怀疑其有击穿可能时（特别是运行中有过电流出现）应从设备上拆下，按照其铭牌上所标的额定电压施加直流电压，或用 2500V 绝缘电阻表进行绝缘测验。须指出用 2500V 绝缘电阻表常常不能检查出硅堆的软击穿故障。 　检查高、低压线圈是否有故障常采用变比试验，即取下高压侧硅堆，断开各高压包之间的连接，在低压侧通常施加 10～30V 电压，就可测得各组高压包与低压包的实际变化，再与通过铭牌参数计算的变比去比较，当变比出现异常时（与计算值有较大差异；输入电压不同时，变比发生改变）就可判断是高压包还是低压包或者是哪一组高压包出现问题。 　更换高、低压包时，要注意保留故障线包上的有关铭牌参数（如出厂日期、规格型号、线径与匝数等），高压包还需注明其所在位置，以便制造厂能够提供确切对应的配件。更换高压线包时，位置不要改变，因为加强高压包与其他线包的安装位置与技术参数是不同的，这点也适用于更换高压硅堆时，因为加强包往往对应有加强桥	铁芯无过热，表面油漆无变色，各紧固部件无松动，轭铁、穿芯螺栓对地绝缘良好，绝缘大于 5MΩ（1000V 绝缘电阻表），铁芯无二点接地，一点接地良好（用万用表测量）。 　油路畅通，油色清晰无杂质，油箱内清洁无杂物，油箱内壁无生锈腐蚀及渗漏油情况。各密封橡胶垫无老化现象。 　内部焊线无熔化、虚焊、脱焊现象。硅整流元件、均压电容无击穿迹象。高压取样电阻及连接部位无变形、裂碎、断线、松动、放电或过热情况。高低压线圈无绝缘层开裂、变色、发脆等绝缘损坏痕迹。 　线圈固定无松动现象。高压绝缘板、高压瓷件无爬电、碎裂、击穿痕迹。高低压屏蔽接地良好。插入式刀片与刀座无错位接触不良及飞弧现象。一、二次线圈直流电阻与线圈所标值一致，偏差超过出厂值 5％应查明原因，第一次测量数据作为原始数据记录。 　修复后应按照国家专业标准进行测试。 　现场修复后应进行以下测试并符合国家专业标准或厂家有关要求：变压器空载电流测试，额定负荷下温升试验，变压器高压回路开路试验

续表

检修项目	工艺方法及注意事项	质量标准
一、整流变压器检修	（3）整流变压器油耐压试验。每次大修时必须对变压器油进行一次耐压试验及色谱分析。取样时打开变压器放油孔，用少量油对清洁干燥的油杯进行一次清洗，然后将试样放入杯中，取样完毕，注意样品的保护，防止受潮，并尽快送至试验室进行耐压试验。试验时取中段油样置于清洁的油杯中，调整两电极使之平行，并相距 2.5mm（电极平行圆盘的间隙用标准规检查），让油样在杯中静置 10～15min 后，接通油耐压试验设备，使电压连续不断地匀速上升直至油击穿，记录击穿瞬间的电压值并使电压下降到零，再次试验前，用玻璃棒在油杯中拨动数次，再静置 5min，然后按以上方法再升压、读数、降压，共不停地做 5 次，取得 5 个击穿电压值，最后取其平均值作为该变压器油的耐压值，必要时对油样进行色谱分析，方法及评判分析参照电气高压试验有关标准。变压器油耐压不合格时应进行滤油处理。当经处理后击穿电压仍低于规定值时，应予更换	新换上或处理过的油，试验要求耐压值不低于 40kV/2.5mm，投运时间达到或超过一个大修周期的允许降低到不低于 35kV/2.5mm 运行。 总烃<150μL/L； 乙炔<5μL/L； 氢<150μL/L
二、电除尘的高压回路检修	（1）阻尼电阻检修。对阻尼电阻清灰，进行外观检查，测量阻尼电阻的电阻值，对电气连接点接触情况进行检查处理，当珐琅电阻有起泡及裂缝，网状阻尼电阻丝或绕线瓷管电阻因电蚀局部线径明显变小、绝缘杆出现裂缝炭化时，应更换	阻尼电阻外观检查无断线、破裂、起泡，绝缘件表面无烧灼与闪络痕迹，与圆盘连接部位无烧熔、接触不良现象，电阻值与设计值一致
	（2）整流变压器及电场接地检查处理。检查整流变压器外壳接地是否可靠（通过滑轮不可靠，应有专门接地回路，采用截面不小于 25mm² 的编织裸铜线或 3×30 的镀锌扁铁）。检查整流变压器工作接地（即"+"端接地）应单独与接地网相连接，接地点不能与其他电场的工作接地或其他设备的接地混用，接地线应采用截面不小于 16mm² 的导线，若有接地线松动腐蚀、断线或不符合要求的情况存在，要采取补救措施。接地电阻的测试，每隔 2～3 个大修周期进行一次，当接地电阻达不到标准要求时，要增设或更换接地体，每次大修时要重点检查设备外壳的接地网的连接情况，发现腐蚀严重时，要更换或增设接地线	整流变压器外壳应良好接地，整流变压器正极工作接地应绝对可靠，整流变压器接地及电场接地电阻小于 1Ω，其中与地网连接电阻宜不大于 0.1Ω
	（3）高压隔离开关检修。 1）外观检查及机构调整。用软布清拭瓷瓶，更换破裂瓷瓶，若有放电痕迹，应查明原因，必要时进行耐压试验。检查动、静触头接触情况，压力不足时可调整或更换静触点弹簧夹片，检修完毕应给动、静触点涂抹适量电力复合脂。锈蚀造成操作不灵活时应进行除锈，顶部设置的高压隔离开关，其软操作机构钢丝容易因锈蚀造成操作困难，严重时应予以更换或改为其他形式操作机构。对操作机构的传动部位清除污垢，加新的润滑油，对松动部位进行紧固，更换磨损严重已影响开关灵活、可靠操作的部件。 2）绝缘测试。一般情况下仅用绝缘电阻表进行绝缘检查，不进行全电压耐压试验，确有必要时可与电缆试验（T/R 低位布置）或整流变压器开路试验（T/R 高位布置）结合起来进行。对即将换上去的高压瓷瓶要进行耐压试验。电场中其余高压绝缘部件也按此标准进行	外观检查各支撑瓷瓶无破裂、放电痕迹，表面清洁无污染。开关操作灵活、轻松，行程满足要求，分合准确到位，外部开关位置指示正确。开关动、静触头接触良好，隔离开关对应的限位开关准确到位，接点接触可靠，闭锁可靠，机构闭锁能可靠工作。 2500V 绝缘电阻表摇测绝缘电阻≥100MΩ（仅作绝缘检查时参考，不作考核），试验电压为 1.5 倍额定电压，历时 1min 不闪络

检修项目	工艺方法及注意事项	质量标准
二、电除尘的高压回路检修	(4) 高压电缆检修。 1) 外观检查与处理。检查电缆外皮是否损伤，并采取相应补救措施。检查电缆头是否有漏油、渗胶、过热及放电痕迹，结合预防性试验，重做不合格的电缆头。电缆头制作工艺按照或参照35kV电力电缆施工工艺。检查电缆的几处接地（铠装带、电缆头的保护与屏蔽接地）是否完好，连线是否断开，进行相应处理。 2) 预防性试验。一般情况下每两个大修周期对电缆进行依次常规的预防性试验。当发生电缆及终端头过热、漏油、漏胶等异常情况时加强监视及预防性试验，对已经击穿及大修中预防性试验不合格的电缆进行检修，重做电缆头或更换电缆，尽量使电缆不出现中间接头，如有不得多于一个	电缆头无漏油、漏胶、过热及放电情况，电缆终端头保护接地良好，外壳或屏蔽层接地良好，电缆外皮完好无损。 预防性试验标准当采用交流电缆时按相应规程进行。 电除尘器专用高压直流电缆试验标准为直流，试验电压为2倍额定电压，试验时间为10min
三、高压控制系统及安全装置检修	(1) 整流变压器保护装置及安全设施检修。拆下温度计送热工专业校验。瓦斯继电器送继保专业校验，油位计现场检查。高位布置的整流变压器要检查油温、瓦斯等报警与跳闸装置及出口回路的防雨措施是否完好，检查低压进线电缆固定情况及进线处电缆防磨损橡皮垫的完好情况。对集油盘至排污口（池）采用淡水作排放畅通试验	整流变压器的油位、油温指示计，瓦斯继电器等外观完好，指示清晰，表面清洁。瓦斯继电器及温度指示计应经校验合格，报警及跳闸回路传动正确，高位布置时有可靠的防止风雨雪造成误跳闸、误报警、防电缆绝缘磨损的措施
	(2) 高压取样测量回路检修。高压取样电阻通过2500V绝缘电阻表来测量串联元件中有无损坏情况，测量时注意极性（反向测量），二次电流取样电阻及二次电压测量电阻用万用表来测量，测量时将外回路断开。第一次测得的数据作为原始数据记入设备档案。用500V或1000V绝缘电阻表来检查测量回路过电压保护的压敏元件特性是否正常，测量时须将元件两端都断开	（二次电压、电流）取样回路屏蔽线完好，一端可靠接地。高压取样电阻，二次电压测量电阻及二次电流取样电阻与制造厂原设计配置值一致，偏离值超过10%时应查明原因予以更换或重新配组，并重新校表。与二次电压测量回路并联的压敏元件特性正常
	(3) 电抗器检修。 1) 外观检查处理。检查电抗器的接头是否过热，有无接触不良情况，瓷瓶是否完好，油浸式电抗器是否有渗、漏油情况；检查电抗器固定有否松动，必要时作解体检修。 2) 性能测试。用电桥测量线圈直流电阻数值（特别当运行中存在异常发热情况时），用1000V绝缘电阻表测量线圈对壳绝缘，绝缘不合格时，检查电抗器油耐压，必要时作解体检修。 3) 解体检修。在电抗器出现异常发热、振动、声响、油试验不合格及内部有放电等异常情况时进行。与整流变压器同一体的电抗器在整流变吊芯检查时一同进行，检查方法与注意事项参照整流变压器吊芯检修中有关事项	瓷套管应完好，无裂缝破损，箱体无渗漏油，接头处接触良好，无过热现象。 直流电阻值或电感值偏差超过制造厂出厂值的5%时要对线圈进行吊芯检查。线圈对外壳绝缘用1000V绝缘电阻表大于5MΩ，油耐压试验标准按制造厂规定或参照一般电气试验标准。各线圈牢固无松动，各压紧螺栓无松动，线圈、铁芯、穿芯螺栓对地绝缘良好，线圈绝缘无老化，铁芯无绝缘损坏及过热情况，铁芯一点接地良好，油箱内清洁无杂物，油清晰无杂质

检修项目	工艺方法及注意事项	质量标准
三、高压控制系统及安全装置检修	（4）高压控制柜检修。 1）外观检查处理。对高压控制柜进行清灰，清灰前取下电压自动调整器，检查主回路各元件（主接触器、快熔、晶闸管、空气开关等）外观完整，检查一、二次接线完好情况。 2）主要元、器件性能检查处理。检查晶闸管元件冷却风扇是否存在卡涩或转动不灵活情况，更换故障的风扇，检查与清除散热片中积灰，检查元件与散热片接触情况，用干净软布将晶闸管元件表面污秽、积灰清除，要特别注意触发极端子连接情况。用指针式万用表简单判断晶闸管元件的性能，有条件可使用晶闸管特性测试仪。 检查空气开关分合情况，并打开面板检查触头接触及发热情况，检查热元件情况，对打毛的触点及发热的接点进行处理，对过载保护值进行调整或通电试验（热元件1.5倍整流变压器额定一次电流，1.5～2min动作；过电流动作6～10倍额定电流）。 取下主接触器灭弧罩，检查触电发热、打毛情况并进行修整，检查接触器机构吸合情况，调整或更换有关部件，清除铁芯闭合处的油污、灰尘，更换故障的无声节能补偿器。 3）表计校验。拆下一、二次电压、电流表送仪表专业校验，拆下时对接线及表计分别做好标记，将一次电流测量回路短接。由于电除尘供电装置在取样回路上的特殊性，对二次电压、电流表校验时不能光校表头，应考虑与取样回路的配合，常在大修完毕进行电场空载升压试验时进行。用专门测量装置（如高压静电表、电阻分压式专用高压测量棒）对照校表，校核点应在正常运行值附近。校表完毕将可调部位用红漆固定，各个表计要做好记号，各电场之间二次电压、电流表固定板（装有校正电位器）一般不能互换	控制柜内无积灰，盘面无锈蚀，控制柜接地可靠，一、二次接地完好，无松动及过热情况。 晶闸管冷却风扇能正常工作，散热片无积灰堵塞。用万用表测量晶闸管各极间电阻，经验数据正常值一般为：控制极与阴极，十几至几十欧姆；控制极与阳极、阴极与阳极均达几百几千欧。 空气开关、交流接触器分合正常，触点无过热、黏结、变色、接触不良及异常声响，保护功能完好。各开关、按钮操作灵活可靠。 表计指示正确，线性好，误差在允许范围之内，表计无卡涩现象，能达到机械零位
	（5）电压自动调整器检查调试。 1）外观检查处理。检查抽屉式调整器导轨是否松动变形，外接插头上连线有无松动、接触不良、脱焊情况。对调整器各部分用柔软刷子清灰并用干净软布加无水乙醇擦拭，检查各连接部位、各插接口及插接件上元件有无松动虚焊、脱焊、铜片断裂、管脚锈蚀、紧固螺母松动等现象。如更换可调元件时在调后涂红漆封好。 2）模拟调试台上初调。按照制造厂调试大纲要求在模拟调试台上对各个环节进行调试，分别记录调试前后各控制点的电位及波形，检查电流极限、低压延时跳闸、过电流过电压保护、闪络控制及熄弧等控制环节是否正常。按照脉冲个数或触发电压宽度对导通角指示进行初调。 3）可在现场用灯泡作假负载进行简单的检查调试（由于此时开环运行，没有二次的反馈与闪络控制，检查是不全面的），宜用两只100～200W、220V电灯串联，灯泡功率不能太小，否则主回路上电流达不到晶闸管的维护电流。 4）控制保护特性现场校核。通过模拟整流变压器超温、瓦斯动作、低油位、晶闸管元件超温等保护动作情况来试验。带上电场，在电场空载时校验电流极限、一次过电流、二次过电压（开路）低压延时等保护符合制造厂规定要求。通过观察一次电压值来观察晶闸管导通角指示是否大致反映晶闸管导通情况。当电场通入烟气，电场发生闪络时校验闪络灵敏度是否合适	参照各制造厂的调试大纲。 能正确发信与保护跳闸。一般要求：整流变压器油温80℃报警，85℃跳闸并发信；电流极限为50%～100% I_{e2}（I_{e2}为二次额定电流）；一次电流跳闸值，1～1.1I_{e1}（I_{e1}为一次额定电流）；二次过电压，1.1～1.5U_{e2}（U_{e2}为二次额定电压）；二次欠压值15～25kV，延时5～15s。闪络灵敏度合适，示波器观察二次电流无连续冲击现象，闪络时表计指示无指针两边倒（电压下降，电流上冲）情况，同时也应避免在无冲击电流时闪络控制动作，造成"假闪"现象

续表

检修项目	工艺方法及注意事项	质量标准
三、高压控制系统及安全装置检修	（6）安全连锁装置检查试验。 1）人孔门安全连锁检查试验。对安全连锁盘清灰，检查内部接线情况，检查钥匙上标示牌是否齐全、对应，安全锁（汽车电门）是否开启灵活、可靠，接点接触是否可靠，检查人孔门上的锁是否对应，开启是否灵活。最后按照人孔门安全连锁设计要求，对高压控制柜的启、停控制进行连锁试验（可以在电场空载升压试验前进行，此时仅合上主接触器而高压控制柜不要输出，以免整流变压器受到频繁冲击）。 2）高压隔离开关闭锁回路检查、试验，检查限位开关与高压隔离开关"通"、"断"位置对应情况，并在高压控制柜上测量接点转换接触情况。最后直接操作隔离开关进行与高压控制柜的启、停连锁试验（可在电场空载升压试验前进行，此时仅合上主接触器、电场必须处于待升压状态，使得高压隔离开关开路后高压侧不会出现过电压）	安全连锁盘上接线完好，无松动、脱焊等情况，安全连锁功能与设计一致，各标示牌完好，锁开启灵活，接点动作可靠。 限位开关与高压隔离开关位置对应，接点接触良好，转换灵活、可靠、闭锁回路正常
四、电气低压部分检修	（1）动力配电部分检修。 1）对380V配电装置，如低压母线、刀闸、开关及配电屏、动力箱、照明箱等进行停电清扫。 2）检查各配电屏、动力箱、照明箱刀闸、开关的操作是否灵活，刀片位置是否正确，松紧是否适度，熔断器底座是否松动、破裂，熔芯是否完好，各电气接头（电缆头，动力端子排、母排连接处、刀闸、开关、熔断器的各桩头等）接触是否良好，有无出现电缆头过热，绝缘损坏、搪锡或铝导线熔化、铜或铝导体过热变色，弹簧垫圈退火等情况。 3）检查各动力回路上的标示是否齐全、对应，熔断器规格与所标容量是否相符。 4）用500V绝缘电阻表检查各动力回路绝缘	各母线、动力箱、配电屏表面清洁，绝缘部件无污染及破损情况。 各动力箱、配电屏内部清洁，闸刀、开关操作灵活、可靠，各电气连接点无过热现象。 回路标志清晰、熔断器实际规格与所标值一致。绝缘电阻大于0.5MΩ
	（2）用电设备检修。检修前，将动力电源可靠切除（有明显的断开点）。 1）电动机的检修。打开接线盒，检查三相接线有无松动及过热情况。用500V绝缘电阻表检查电动机绝缘。视运行时间长短及设备运行状况，对部分或全部电动机进行解体检修（由于电除尘器系统电动机功率大多不到1kW，振打电动机一般处于间断工作状态，考虑解体的劳力与费用，在大修中不一定全部予以解体检修），解体检修按照一般低压电动机的检修规程进行，解体前拆除三相端子，做好标记，并且三相短路接地。对那些转向有要求的电动机恢复接线时要试验电动机转向是否与原来一致，装复后试运转1h（与本体试运转结合起来）。 2）电加热器检修。检查电加热器接头有无松动及过热烧熔情况，检查电加热器引入电缆是否因过热而绝缘损坏，用1000V绝缘电阻表检查电加热器（带引入电缆）绝缘情况，用万用表测量电加热管电阻值，是否有开路及短路情况。更换故障的电加热管	三相接线无松动、过热，绝缘大于0.5MΩ。 电动机线圈及轴承温升正常，无异常振动及声响。接头与电缆无过热现象。 绝缘电阻大于1MΩ，电加热器无短路及开路情况

检修项目	工艺方法及注意事项	质量标准
四、电气低压部分检修	（3）控制设备检修。 1）中央信号控制屏上设备的检修。对装置进行清灰，对声、光报警装置进行试验。 2）排灰控制设备检修。 a. 排灰调速电动机的滑差控制装置检修。对滑差控制器及测速电动机进行清灰、擦拭，检查控制器内部元件有无锈蚀、烧毁、管脚虚焊、脱焊等情况，按照制造厂说明书或调试大纲要求进行调试。 b. "排灰自动控制"检查处理。模拟高、低灰位信号，检查能否发信，高灰位自动排灰环节能否正常工作，排灰时间是否与设计值一致，有冲灰水电动阀联动控制时电动阀是否联动，电动阀开、闭是否灵活，关闭是否严密，排灰的"自动"与"手动"转换是否灵活、可靠，信号与联动试验可结合排灰装置试运转进行。 c. 灰位检测装置检修。灰斗灰位检测装置（即料位计）目前实用的主要为电容式料位计与核辐射料位计。 电容式料位计检修内容主要有：对探头和电子线路清灰（对探头仅清除不正常黏结的物料，浮灰不需清理）；检查探头有无机械损伤影响其工作性能；在灰斗确已排空时对料位计进行校零以消除与被测物料无关的固有电容的影响；在物料已将探头覆盖后进行动作值校准，选择合适的灵敏度。按照物料在灰斗中的晃动程度选择合适的延迟时间，具体要求参见各制造厂的说明书。 核辐射料位计由放射源及仪器两部分组成，仪器又由探测单元（包括计数管与前置电路）与显示单元（包括工作电源、信号数模处理、逻辑判断、相应表计与接点输出回路等）组成。核辐射料位计检修内容主要有：①仪器部分，对装置进行清灰与外观检查各元件及连接是否正常，通电后检查其工作电压（正高压、正压、负压）电压是否正常，在"校验"位置检查其信号数模转换及"料空"指示是否正常，正常的计数管受宇宙射线本底作用使显示单元能有 20% 左右晃动的指示。②在"工作"位置进行现场调校，在确保空灰斗情况下，选择合适的灵敏度，检查显示电表应接近满刻度，并有"料空"显示或报警；在灰斗灰位达监视位置时，显示电表指示应大幅度返回，并有"料满"显示或报警。选择合适的延迟时间，使装置不会因物料的晃动而频繁报警。③一般情况下，用作料位计的放射源钴源，每两个大修周期予以更换，铯源使用可达 20 年以上，具体还要视现场放射强度能否满足需要而定。若怀疑放射源有问题，必须请制造厂负责或指导处理。到期失效放射源由制造厂回收。 3）振打程控装置检修。装置清灰，外观检查，检查内部元件有无锈蚀、烧毁、虚焊、脱焊、接插件接触不良等情况。可在切除振打主回路电源情况下，开启振打程控装置，认真、仔细记录振打程序，并与设计要求对照，对暴露出来的问题进行处理。有"手动"操作的，检查"手动"与"程控"切换是否灵活、可靠。振打程控装置有多种形式，具体要求及参数见各制造厂说明书。 4）电加热器自动控制回路检修。拆下电接点温度计，送热工专业校验，用铂热电阻作为测温元件的要将铂热电阻与温度数显表送热工专业校验。检查电接点温度计电接点或数显温度表接点接触是否良好，可在切除主回路电源情况下，人为改变高、低温度设定值，驱动回路能够正常启、停。有"手动"操作的检查"手动"与"自动"切换是否灵活、可靠。 5）浊度仪检修，对测量头与反射器中的密封镜片用镜头擦拭布由中心向外轻轻擦拭进行清灰，清理完毕按原样复位，并保证外壳密封；对净化风源中的空气过滤器用压缩空气进行清理，更换性能下降的滤筒；检查测量头中的灯泡接触情况，若使用时间已达一个大修周期，予以更换；用零点记忆镜进行仪器的零点检查，调整至制造厂规定的零点电流值；按照环保要求需要结合实际使用情况检查或重新设定极限电流值（即报警值）；调整完毕将电位器用胶漆封牢。利用大修后的除尘效率测试结果，对浓度—浊度的关系进行一次对照与标定。具体参数及调试参见各制造厂说明书或调试大纲。当仪器出现较复杂故障时，由于其专业性较强，一般应请制造厂或专业维修人员进行处理。 6）进、出口烟温检测装置与温度巡测装置检修，拆下进、出口烟温测量元件送热工专业校核。对温度巡测装置进行清灰及外观检查，检查切换开关能否灵活、可靠切换，自动切换的能否正常工作，有报警功能的检查其设定值及越限报警情况	光字牌，信号灯、声光报警系统完好。 控制器及测速电动机外观检查无异常，二次线连接良好，无接触不良情况，面板调节灵活，转速指示用转速表对照准确，调速过程均匀、稳定，调速比达到规定要求（一般最低转速/最高转速为 1/10）。能在中央信号控制屏上正确显示高、低灰位信号，"自动排灰"时能符合设计要求，电动阀操作可靠、到位，"自动"与"手动"均能方便、可靠控制。 灰斗料位计能正确指示灰斗料位情况，不误报或拒报。灵敏度及延迟时间合适，装置不出现频繁的闪动报警。信号电缆的屏蔽接地良好，仪表外壳接地良好。其余详见制造厂说明书。 振打程控要求时间准确，逻辑功能正确，驱动接点接触良好，整套程控运转可靠，"手动"、"程控"切换灵活可靠。 温度计准确指示，电接点可靠动作，自动启、停电加热器可靠，驱动接点接触良好，"手动"、"自动"切换灵活可靠。 通过保证浊度仪各个环节的性能正常，使浊度仪能长期可靠、准确显示排放处的烟尘浓度变化。 能正确显示进、出口烟温，温度巡测装置能可靠进行自动或手动切换，超出设定值能可靠报警

检修项目	工艺方法及注意事项	质量标准
四、电气低压部分检修	（4）保护元件的检查、整定。目前低压用电设备多采用熔断器、空气开关及热继电器作设备及回路的过电流（短路）及过载保护，其中电加热多采用熔断器保护，低压电机较多采用带过电流与过载复合脱扣的空气开关或熔断器加热继电器的保护。 　1）外观检查处理。核对熔断器熔芯规格容量是否与设计值一致，打开空气开关或热继电器盖子，检查空气开关过流脱扣机构是否有卡涩，松脱打滑情况，检查空气开关及热继电器中的热元件其连接点是否有异常过热后变形与接触不良情况，电阻丝（片）有无烧熔及短接情况，检查其跳闸机构是否有卡涩、松脱打滑或螺栓松动情况，三相双金属片，动作距离是否接近，带"断相保护"的热元件其断相脱扣能否实现，采用"手动复归"的热元件"手动复归"是否完好。 　2）保护整定。根据电动机的额定电流，按照一般低压电动机的保护要求，对热元件通电流进行保护的校验，校验完毕，应将可调螺栓紧固，对螺栓及刻度盘用红漆做好固定标记	熔断器熔芯规格与设计一致，当设备容量变动时及时予以调整。当回路产生短路及电动机过载时，空气开关与热继电器能正常动作。 　热继电器的整定值选取一般按电动机额定电流，但调节刻度指示有时与实际值不对应，应以通电流试验后为准，各种型号热继电器动作特性略有所不同，具体可参照说明书。一般数据为带断相保护，同时应满足：1.3倍额定电流，1.5～2min动作（热态）；6倍额定电流，大于5s动作（冷态），不带断相保护，同时满足：1.5倍额定电流，1.5～2min动作（热态）；6倍额定电流，大于5s动作（冷态）
	（5）照明系统检修，检查照明箱开关、熔丝是否完好及线路是否接触不良或短通，更换故障的灯具	

二、D 级检修标准项目

（1）处理运行中不能消除缺陷，主要是电场内部故障及一些只能在停机时才能处理的公用系统的故障。

（2）阳极板主要是：阳极板（排）完好性检查。

（3）阳极振打装置主要是：锤与砧松动、脱落、咬合及振打轴卡涩，减速机漏油故障处理。

（4）阴极系统主要是：高压绝缘部件清灰，阴极框架整体外观检查，阴极线断线、脱落、松动处理。

（5）阴极振打装置主要是：锤与砧松动、脱落、咬合及振打轴卡涩，减速机漏油故障处理，电瓷转轴及阴极振打小室清灰等处理。

（6）灰斗卸灰装置主要是：灰斗挡风板固定状况检查处理，消除泄漏点疏通堵灰，处理堵转或叶片碎裂的排灰阀。

（7）进、出口封头、壳体等主要是：外观完好性检查，消除明显的漏风与漏灰点。

（8）冲灰及加热系统主要是：消除水、气泄漏点，处理故障的阀门喷嘴、管路，清除灰沟杂物。

（9）整流变压器及高压回路主要是：整流变压器、阻尼电阻高压隔离开关高压电缆外观检查、处理。

（10）高压控制设备主要为：高压控制柜、电抗器、电压自动调整器外观检查、处理。

（11）电气低压部分主要为：各动力及控制设备、用电设备的外观检查与处理，浊度仪、一次仪表完好性检查处理。

以上工艺方法的注意事项及质量标准参照 A 级检修标准项目中有关部分。

第十章

电除尘器常见故障、原因及处理方法

　　电除尘器设备（本体、电源）质量、现场安装质量、用户的运行维护水平是电除尘器发生故障的三个主要方面。电除尘器故障将影响电除尘器的优质高效运行，不仅会降低除尘效率，影响环保排放达标，而且还可能影响用户的生产或造成更大的设备事故。

　　本章首先列举出电除尘器一些常见的故障，对故障产生的原因进行分析，并提供针对性的处理方法，使读者对电除尘器的运行、维护有一个比较直观、全面的了解。然后，以对前面一些常见故障的了解为基础，从运行参数的表现来综合判断电除尘器所存在的故障，分析、查找故障原因，找出故障处理方法，保证电除尘器优质高效、安全运行。

一、电除尘器常见故障及处理方法

　　电除尘器在实际运行中，最常见的故障为阴极线断线、振打锤脱落、灰斗堵灰、绝缘子开裂，这被称为电除尘器常见的"四大故障"，如果能防止"四大故障"的发生，则电除尘器运行的可靠性就会大大提高。

　　对于"四大故障"，国内主要环保设备厂家在设计、制作、安装中均采取了一些措施，以消除故障或把出现故障的几率降到最低。

　　1. 提高阴极线使用寿命措施

　　阴极线大致可分为芒刺类与非芒刺类两类。以管形芒刺线与螺旋线为例，管形芒刺线的支撑主体强度大，刚性好，正常运行中一般不会断裂；同时在芒刺线的连接两端设置了专用保护套，以避免安装螺栓脱落后的掉线故障。螺旋线采用特殊材质工艺制造，具有合适的张紧力，在规范安装的前提下一般不会产生断线、脱钩等现象。

　　2. 提高振打锤使用寿命措施

　　无论阴极振打还是阳极振打，挠臂振打锤是目前应用较多的一种锤型。振打锤均采用了特殊的结构设计来保证其寿命。经试验室模拟试验，这种锤头经过实际打击1 305 700次后，还可继续使用。在实际应用中，总体可以达到两个大修周期甚至更长。

　　3. 防止灰斗堵灰措施

　　在输灰系统正常工作的前提下：

　　1）灰斗倾角大于物料安息角，且在转角处设置圆弧板，消除死角。

　　2）良好的灰斗保温及辅助卸灰设施均有利于顺利卸灰。

　　某些烟气粉尘具有较大黏性，为了保证灰斗卸灰顺畅，在灰斗设计中要考虑较大的卸灰角度，并在灰斗四角设置圆弧板，防止灰斗结灰起拱；更重要的在于灰斗的良好保温，充分保证灰斗中积灰温度在烟气露点以上20℃左右，防止灰尘结露黏结而发生堵灰现象。

灰斗保温用加热一般采取下面两种方法：一是设计时把灰斗下部约 1/3 左右的小灰斗结构做成双层结构，中间进行电加热，利用空气介质进行热传导；二是小灰斗外表面敷设盘管进行蒸汽加热。两者均具有良好的加热效果，能保持灰斗积灰温度在露点温度以上 20℃ 左右。为了确保灰斗出口处卸灰顺畅，可再增设气化装置。

4. 防止绝缘子结灰产生爬电击穿

如果阴极传动瓷轴、吊挂瓷套与电场连通，阴极振打和阴极吊挂绝缘子暴露在电场内，具有黏性的粉尘会黏附在绝缘子表面而产生爬电击穿现象，为此，在设计时考虑在阴极传动和阴极吊挂绝缘子室内设置电加热器，通过电除尘运行负压，产生适量热风，对绝缘子表面进行吹扫，使绝缘子表面保持洁净，从而使电除尘器运行更加安全可靠。

电除尘器一些常见故障的现象及危害、原因分析和处理方法列表说明，见表 10-1。

表 10-1　　　　　　　电除尘器常见故障的现象及危害、原因分析和处理方法

故障部位	现象及危害	原因分析	处理方法
一、阳极系统	(1) 阳极板与阳极板卡子脱开。 使电场异极间距变小，严重时将发生电场短路或拉弧，拉弧严重时可将极板烧穿	1) 阳极板卡子连接螺母没有点焊，在振打冲击等作用下造成连接螺母松动、卡子脱落。 2) 灰斗满灰至电场，极板发生向上位移或变形并脱出卡子	1) 安装时注意连接螺母点焊，卡子与极板加焊。 2) 卸灰后检修复位，严防灰斗堵灰、满灰。 小修、检修时检查阳极板卡子是否松动，如有松动则尽早处理
	(2) 热膨胀不畅造成阳极板变形弯曲。 使电场异极间距变小，电场运行参数下降，电场火花率明显增加，严重时将发生电场短路或拉弧。特别在烟气温度过高时容易发生，有的在运行一段时间后才表现出来	1) 安装时阳极板排底部膨胀距离小于设计值。 2) 设计时，阳极排底部膨胀距离过小。 3) 发现热膨胀间隙不足采用现场切割时，由于施工条件差，切割深浅不一，有毛刺。 4) 烟气温度远高于设计值	1) 安装时从工艺及质量控制上要重视热膨胀间隙的大小符合设计要求，阳极板排与振打导向板梳形口的相对位置要准确。 2) 设计准确，设计时应充分考虑多种因素对热膨胀间隙的影响。 3) 万一需现场再处理，处理要彻底，要磨平，但要避免开口过大、过深，使烟气局部短路严重，影响除尘效率。 4) 按 3) 处理
	(3) 阳极板排沿烟气垂直方向移位，使异极间距改变，运行电压下降、火花率增大。 阳极板排沿烟气平行方向移位，造成振打过头或卡死，影响电场放电的均匀性和振打清灰效果。 最终结果均使电除尘器除尘性能下降	阳极板排定位焊接或振打导向板焊接强度不够，造成脱焊后位移，阳极板排所承载的梁相对位置的变形（挠度）不一样	1) 将阳极板排重新定位，加强阳极板排定位及振打导向板焊接质量。 2) 重新调整阳极板排顶部相对应位置高度一致

续表

故障部位	现 象 及 危 害	原 因 分 析	处 理 方 法
二、阴极系统	(1) 芒刺线脱落、螺旋线脱钩或断裂，造成电场短路或拉弧	1) 固定芒刺线的螺栓连接副没有拧紧。 2) 固定芒刺线的螺栓与螺母之间点焊强度不够或没有点焊。 3) 螺旋线安装时拉伸过长或安装不当使螺旋线张紧力减小；螺旋线表面损伤，在电腐蚀下断裂	1) 加强安装质量。 2) 用准确的安装方法和工艺去安装芒刺线、螺旋线。 3) 注意保护螺旋线的表面质量，对表面有损伤的螺旋线在安装前应予以报废
	(2) 芒刺线的芒刺脱落，影响芒刺线的放电性能	芒刺线质量不过关，芒刺点焊质量差	加强极线的制作质量，特别是芒刺点焊质量
	(3) 芒刺线的芒刺折弯，火花率明显较高，影响电场除尘效果	发运、安装时折弯，电除尘器投运前没有校正	加强安装质量，在电除尘器投运前对芒刺线的芒刺作仔细检查并校正
	(4) 芒刺线松动及变形。芒刺线松动会引起振打加速度的严重衰减，使芒刺线积灰严重，松动的芒刺线更容易发生脱落、断线现象；芒刺线变形会引起异极距异常	1) 固定芒刺线的螺栓与螺母之间点焊强度不够或没有点焊； 2) 芒刺线的变形、弯曲与芒刺线发运、安装有关	1) 加强安装质量是关键。对松动的芒刺线应重新紧固并点焊焊死。 2) 对变形严重的芒刺线应予以更换，如数量少且没有备件时，可先将芒刺线去除，日后补装
	(5) 阴极框架沿烟气垂直方向整体偏移，使异极间距改变，运行电压下降；阴极框架沿烟气平行方向整体偏移，造成电场绝缘距离变小和收尘面积相对减小。最终结果均使电除尘器除尘性能下降	阴极框架由 4 个阴极吊挂点支承，烟气平行方向左右两排吊点有高低时，会引起阴极框架沿烟气垂直方向整体偏移；烟气平行方向前后两排点有高低时，会引起阴极框架沿烟气平行方向整体偏移	阴极框架沿烟气垂直方向整体偏移，调整烟气平行方向左右两排吊点的高低；阴极框架沿烟气平行方向整体偏移，调整平行方向前后两排吊点的高低
	(6) 振打角钢脱焊或脱落，造成阴极振打失效或电场短路（顶部机械振打结构）	没有按设计要求焊接	按设计要求用低氢焊条直流焊接
三、阴、阳极振打系统	(1) 紧固螺栓脱落后掉砧、砧面脱焊等，既影响振打效果，又可能造成振打机构故障，还可能影响到出灰系统的正常运行	焊接强度不够，该采用全焊的采用点焊，该点焊的不焊或虚焊。由于振打机构随时处于振打力的冲击之下，焊接质量非常重要	制订严格的安装焊接工艺，保证焊接质量符合设计要求，大、小修时（特别是第一次全面检修时）要重点检查振打机构的焊接情况，及时进行补焊处理

故障部位	现象及危害	原因分析	处理方法
三、阴、阳极振打系统	（2）振打轴卡死，造成极线、极板积灰严重，还会引发减速电动机烧毁、电瓷转轴断裂、振打轴连接部位脱开等故障	1）安装时振打轴的同轴度较差，整根轴各固定点不在一条中心线上，轴与减速机输出轴中心偏差过大，使轴旋转时阻力矩过大。 2）安装时锤与砧的吻合位置不正（包括未充分考虑热膨胀后的位移），锤击部位磨损严重，造成锤与砧咬合、卡死。 3）尘中轴承因材质不理想、结构欠合理、维护及更换不及时等造成过度磨损后轴下沉，使轴卡死。当尘中轴承中的定位轴承固定强度不够，使轴产生轴向位移最终造成振打锤与尘中轴承支架相碰，将轴顶死。 4）对设备进行检查维护后未将锤头回复原来状态或振打电动机更换后转向相反，会造成振打轴与承击砧之间反向卡死。 5）多种因素（如轴同轴度较差，轴几何尺寸过长，尘中轴承过度磨损等）综合作用，使振打轴在运行中发生跳动或振动，造成锤头与砧卡死。 6）电场堵灰后将振打机构埋住也是引起轴卡死的重要原因	1）加强安装质量，及时进行维护检修。 2）为防止阳极振打锤头卡在固定承击砧的两块夹板之中，可用铁板将形成的槽沟覆盖。更换容易咬死的锤或砧面。 3）改用质量高的尘中轴承，加强对尘中轴承的检查与维护。 4）检修完毕要注意将锤头复原，电动机更换后要先试转再与轴相连。 5）可考虑将单面振打改为双面振打，使轴的长度缩短，克服因长轴容易引发的振动或跳动。 6）发现电场严重堵灰时应将振打停运。
	（3）振打减速电动机漏油，目前普遍使用针轮摆线减速机，漏油是通病，会污染环境，加速机件磨损，有的油漏入电动机线圈中，造成电动机烧毁	1）橡胶油封圈磨损。 2）液态润滑油容易渗透	可用二硫化钼固态润滑脂代替原有液态润滑油，考虑到柱销套与销塞的配合间隙较小，不利于润滑脂的进入，故可在柱销套内表面及柱销外表面车削几道螺旋式浅槽来改善润滑条件

故障部位	现象及危害	原因分析	处理方法
三、阴、阳极振打系统	(4) 电瓷转轴断裂	除少数为器件质量差外，大多数是轴卡死或表面严重积灰后爬电击损引起的	停机时注意保养擦拭，定期检查
	(5) 振打清灰效果差，极线、极板积灰严重，导致电场运行参数异常，除尘效率下降	1) 安装、维护不当造成锤击角度偏，极线及框架松动，锤与承击砧固定部位松动等使振打加速度衰减严重。 2) 设计不合理。有时振打加速度的设计值比实际清灰所需的值要小，如阳极板过高，阴极线过长造成振打加速度过低等。 3) 有些灰的比电阻很高，黏附性又强，就工业设计上尽可能高的振打加速度也不能保证在电场投运情况下取得良好清灰效果	1) 加强振打装置的安装、维护质量。 2) 设计者应根据可能出现的最恶劣情况设计振打加速度大小，然后决定采用何种振打方案及锤的重量。 3) 采用烟气调质等使粉尘比电阻下降，减少粉尘的静电吸附力。可考虑采用断电场振打或降压振打以消除原来较大的静电吸附力对振打清灰的影响
四、本体的高压绝缘部位	(1) 绝缘子室、高压引入室的绝缘部件（阻尼电阻的支持瓷瓶，阴极系统的支撑绝缘子、高压引入套管等）表面受水汽污染发生爬电，使电场投运不上或频繁跳闸	绝大多数情况是由绝缘部件表面水汽凝结，绝缘严重下降引起的，其影响的程度与影响时间取决于水汽、潮气侵入的程度及绝缘子室的温度。当人孔门、电加热器及温度测量装置等安装处漏风严重时，可能造成雨水直接侵入绝缘子室。当绝缘子室温度不高使吸入的水汽不能很快蒸发而凝结或与污染物结合黏附在绝缘子表面时，就会引起高压绝缘部位爬电、放电。 绝缘子室温度在烟气温度低时主要靠加热源（电加热、热风加热）保持，在烟气温度上来后则主要靠烟气所携热量保持。绝缘子室的大小对温度的升高及保持影响很大	大量实践证明，对承受负压的绝缘子室与高压引入室防闪络爬电的重点是避免水汽凝结而不是烟气中冷凝物质的结露。故绝缘子室防止雨水直接侵入是最重要的，其次才是绝缘子室温度。对大绝缘子室来讲，要求室温高于烟气露点温度很不经济、较难实现且意义不大，但在烟气温度较低情况下（或未通入烟气时），完好的加热系统使室内保持一定温度（如 50~60℃ 左右）对驱潮是有必要的。高压引入室不应该敞口冷却。采用支撑加引入的高压支持瓷套管能使绝缘子室空间大为减少，有利于室内的加热与温度的保持

故障部位	现象及危害	原 因 分 析	处 理 方 法
四、本体的高压绝缘部位	（2）高压绝缘套管破裂，造成爬电或高压侧短路	1）绝缘套管内壁油污、积灰严重污染，长期火花放电后最终造成套管裂开。 2）绝缘套管的制造质量差。 3）安装时各点受力不均或多种不利因素共同作用下使瓷套破裂	1）增加必要的对内壁吹扫风量，避免油污、积灰严重污染。 2）加强绝缘套管的制作质量。 3）保证绝缘套管的安装质量达到设计要求
	（3）阴极振打电瓷转轴爬电	大多数粉尘比电阻较高，当电瓷转轴表面积有少量灰时对电场绝缘没有多少影响。当电瓷转轴积灰较多而又没有及时清除，再加上潮气的侵入，使粉尘的导电性能大大提高，或者粉尘本身具有良好导电性时，有可能在电瓷转轴上产生爬电或放电	1）及时清扫电瓷转轴积灰，必要时增加热风吹扫或电加热装置。有螺旋装置的应检查螺旋装置的旋转方向及安装质量。 2）检查电瓷转轴的表面质量，有必要时进行更换
五、灰斗及出灰系统	（1）灰斗堵灰。灰斗堵灰造成的危害有： 1）电场短路。 2）振打系统故障： a）振打轴断裂； b）电瓷转轴断裂； c）尘中轴承破损； d）振打电动机烧毁。 3）阳极板脱钩、变形。 4）灰载大大超过灰斗设计荷载时，会造成灰斗脱落及设备坍塌等重大事故	1）气力输灰（或其他型式输灰系统）故障。 2）由于实际进口含尘浓度远大于设计值，导致气力输灰装置出力不足，或气力输灰系统设计出力不符合设计要求。 3）灰斗加热或保温不良，插板阀等漏风，蒸汽加热管泄漏，灰斗本身或人孔门漏风等引起灰在灰斗中受潮、温度下降，使灰的流动性大为下降造成搭桥。灰斗角上存在死角容易成为搭桥点。 4）灰斗挡风特别是其活动部分脱落造成排灰阀出口堵塞	1）排除输灰系统故障。 2）增加气力输灰装置的出力。 3）加强灰斗及蒸汽加热管的焊接质量，在灰斗四角增加导灰圆弧板。后级电场常由于灰量少自身携带热量少而造成冷灰斗堵灰，故需加强其加热与保温的设计，如改变以往的蒸汽走向由前级电场到后级电场，改为由后到前。增加后级电场蒸汽加热管的数量与流量，加大灰斗加热范围等。为了克服灰斗出灰口的篷灰结灰以致引起整只灰斗堵灰，可考虑在灰斗底部设置捅灰孔及设置人工振打部位，避免灰"篷灰结灰"。实际中发现装设电动的仓壁振动器要慎重，因为过度振动会造成灰斗及插板阀等处变形、漏灰。有时候振动不但不能破坏"篷灰结灰"，而且还会使灰更加结实。一种从内部破坏其"桥"形成的方法简单、实用，已在实际中取得良好效果，在有压缩空气气源时，在灰斗下部加装压缩空气吹扫管或气化板，也有利于避免灰斗底部结块、"搭桥"，造成堵灰。 4）挡风板活动部分大都由吊环连接，在频繁的晃动中容易发生吊环磨断、耳板磨穿，大、小修时要加强维护。

续表

故障部位	现象及危害	原 因 分 析	处 理 方 法
五、灰斗及出灰系统	（1）灰斗堵灰。灰斗堵灰造成的危害有： 1）电场短路。 2）振打系统故障： a）振打轴断裂； b）电瓷转轴断裂； c）尘中轴承破损； d）振打电动机烧毁。 3）阳极板脱钩、变形。 4）灰载大大超过灰斗设计荷载时，会造成灰斗脱落及设备坍塌等重大事故	5）连续排灰方式常使灰斗排空，没有灰封容易造成漏风，但定期排灰常受到不可靠灰位信号、一些执行机构如电动排灰阀不可靠及出灰能力差综合制约而无法实现。有的设备蒸汽加热汽源不合理，无法使冷灰斗在电场投运前加热到足够温度，停机前灰斗存灰未排空而又没有可靠的保温措施使冷灰堆积；电场用水冲洗后未及时烘干造成锈蚀，开机时铁锈大量剥离并在灰斗口结团造成堵塞等。 6）电场内出现严重积灰	5）灰斗排灰时不能将灰斗中的灰全部排空，应使灰斗保持一定的灰量形成灰封（一般以低料位报警为限）。定期排灰时，注意灰信号等的准确性。水冲洗灰后应有使电场烘干措施。 6）严防电场内出现严重积灰： a）应高度关注电场停止而锅炉仍在运行，此时仍有大量的自然沉降灰，需保持输灰系统工作正常。 b）严防灰斗过量积灰。当灰斗高料位报警时，必须检查输灰系统的实际运行情况，并采取措施保证输灰顺畅，以降低灰位，解除高料位报警。 c）当任一灰斗积灰超过其上平面且使电场跳闸时，立即停止阴阳极振打，必须在极短时间内采取紧急排灰措施，要在3h内及时清灰，8h内使灰斗积灰低于灰斗大口以下，保证电场能投入正常运行。 d）如果8h内还未能及时清灰，则必须进行强制措施排灰，如灰斗下口割口、打开挖手孔等排灰方法。 e）经过各种排灰努力，如48h之内，灰斗仍不能清灰到大口以下，电场还在跳闸状态，则必须强制停机停炉，确保设备可靠安全，否则可能会产生严重后果。 f）排灰时严格注意人身安全，特别是灰搭桥时，由于受到其他外力作用时，可能会突然下坠，更应防止发生烫伤及其他事故

续表

故障部位	现象及危害	原 因 分 析	处 理 方 法
五、灰斗及出灰系统	（2）排灰阀故障。除造成灰斗堵灰外，还可能引起排灰电动机烧毁，排灰阀转子叶片损坏	1）排灰阀故障大部分由排灰阀中掉入杂物如螺栓、螺母、电焊条，甚至振打锤等引起排灰阀卡死，有时将叶片打碎，当电气保护不能正确动作时，还会引起电动机烧毁。 2）排灰阀另一个常见缺陷是因为有些排灰阀采用滑动轴承，而滑动轴承（铜套）的加油孔很容易被堵死，一旦堵死后铜套将很快因干磨而局部磨损严重、轴下沉，造成叶轮卡死、崩裂、间隙增大、漏灰严重。实践证明这类轴承很难适应电除尘器现场的需要	1）加强电场内部的安装，特别是焊接质量。检修完毕搞好现场清理工作。 2）改进排灰阀的结构，更换磨损、损坏的排灰阀
六、高压控制柜	（1）系统抗干扰能力差，造成运行参数偏小、供电装置频繁跳闸、各电场互相干扰等情况，也可能造成设备频受大电流冲击，出现频爆快熔、烧晶闸管及造成其他电气设备的损坏	1）供电电源质量不符合要求频率，电压波动谐波和三相不平衡等，在同一母线段上使用会产生严重干扰源的大功率设备。引起电源质量下降。 2）设备未按设计要求安装引起，如采用普通导线作二次电压、电流信号的反馈线或选用的屏蔽线质量不好，中间有断口或连接不良，屏蔽线一端未很好接地，工作接地线截面过小及连接接触不良。 3）设备维护不良，工作条件差引发如装置内部积灰过多而引起接触不良，产生附加电阻，或降低线间绝缘，控制室环境温度过高使电子元件特性发生改变	1）检测供电电源质量，采取相应措施消除干扰源。 2）合理布线，采用良好的屏蔽线，中间尽量不用接头，如采用接头，接头不宜多于一个，接头处屏蔽层及导线宜采用中性焊剂焊接以保证长期接触良好，接地线及接地方式符合要求。 3）加强设备的防尘、通风、降温措施，加强设备的定期清扫维护
	（2）晶闸管元件烧毁，大部分都呈击穿状态，常伴随快熔或主回路熔丝烧毁或开关跳闸，严重时引起开关越线跳或整流变压器故障	晶闸管工作在过电流状态：触发极与外界连接点的接触不良引起冲击；晶闸管连接螺栓松动造成元件过热。环境温度过高，使晶闸管元件结温过高，电压自动调整器失控，引发晶闸管元件损坏	合理选用晶闸管。 特别注重触发极的接触要良好。假负载试验检查触发极接线是否准确、接触是否良好。 运行巡查注意连接部位温升不超过40℃。 改善通风、降温条件
七、整流变压器	（1）整流变压器内部出现各种放电情况，小火花长期发展会造成故障的扩大，严重火花会使油质劣化，甚至线圈绝缘损坏、烧毁	1）整流变压器内部高压输出回路接头松动，接触不良，二极管、电阻等元件有损坏；回路导线固定不牢固，绝缘间距不足。 2）硅堆固定环氧板因发热碳化、老化等原因发生爬电	1）组装与吊芯检查时特别注意高压输出回路连接情况，避免损伤硬导线及插接口错位。加强绑扎工艺及吊芯时的检查与处理。 2）对绝缘损伤处进行恢复强度处理，必要时予以更换处理
	（2）整流变压器内部二次侧局部短路引起高压包过热烧毁，严重时也可使低压包烧毁	常因为硅堆与电容击穿后造成该组高压线包短路，此时一次电流也会增加但不一定显著，有时不能及时发现，保护因灵敏度不够而拒动，造成线包长期过热后烧毁，甚至引发其他线包故障	加强电容与硅堆的制造质量，加强保护的校验。有的设备采用雪崩型大整流桥，取消了均压电容，提高了设备保护的灵敏度与可靠性

故障部位	现象及危害	原 因 分 析	处 理 方 法
七、整流变压器	（3）整流变压器铁芯穿芯螺栓绝缘损坏或发生铁芯二点接地，铁芯损伤，一次过电流也可能发生	此时铁芯涡流严重，时间一长故障会扩大，出现一次过电流	注意安装质量，加强吊芯时的检查，发现涡流严重时及时进行处理，避免故障扩大
	（4）整流变压器二次波形畸变，发展下去可能发生明显的偏励磁或二次侧局部短路	1）硅堆特性劣化，正、反向阻值异常，硅堆发生软击穿； 2）硅堆接触不良； 3）电容性能变差； 4）高压包内有匝间短路情况	定期观察二次侧电流波形，及早发现问题，避免故障扩大后对设备的进一步损伤
	（5）油箱漏油，造成高压绝缘破坏，线圈烧毁	箱体焊接质量差，也有运输包装不规范，造成箱体变形，焊接开裂。这种情况更多的发生在早期的、没有严把质量关的协作厂产品身上	制造厂加强质量管理，严把协作厂产品质量关，加强包装及运输质量
	（6）整流变压器低压电缆头与低压穿芯螺杆接触处发热严重，造成密封橡胶垫老化，变压器渗油，严重时使电缆绝缘层破坏，造成电源相间短路	1）该处容易接触不良而维护又不及时造成的，如个别整流变压器组装时接线柱螺母未拧紧，有的甚至未装弹簧垫片，而电缆大都为铝芯，因铝线鼻子与铜螺杆接触容易造成电化腐蚀。 2）有些接线盒的设计不利于过热的及时发现，顶部布置周围环境温度高、散热条件差是相关因素。 3）电除尘器电气巡回检查力量薄弱也是重要原因	加强设备的定期检查维护，对电化腐蚀可采用铜、铝过渡鼻子或采用镀锡过渡铜排来改善。现在施工中整流变的低压主电源电缆大都采用铜芯电缆。所以只要容量匹配准确，造成该点发热的概率就会大大降低
	（7）无二次电流或二次电压取样信号，但电场工作状态无异常，缺失了取样信号，也就缺失了对应的极限控制，可能会造成整流变压器烧毁、晶闸管击穿等故障	并接在电流或电压取样电阻上的放电管（瞬变二极管）击穿短路	吊芯检查取样回路，更换损坏元件

故障部位	现象及危害	原 因 分 析	处 理 方 法
八、阻尼电阻、高压隔离开关与高压电缆	（1）阻尼电阻烧毁，造成整流变压器开路运行或高火花率低参数运行	1）阻尼电阻接触不良。 2）隔离开关箱振动较大。 3）外壳密封不够紧密，雨水进入。 4）阻尼电阻在安装过程中碰伤	变压器高压输出喇叭口与高压走道接口密封不严，雨雪天气时有渗漏现象，造成电阻丝烧断，所以一般在接缝处用玻璃胶加强密封处理
	（2）高压电缆，主要是电缆终端头绝缘下降，引起爬电或击穿，造成供电装置跳闸，电场停运	电除尘高压电缆相对故障多些，给人使用高压电缆可靠性差的感觉。造成故障的原因主要是安装质量特别是电缆终端头（或中间接头）制作质量差。如施工时环境差（有潮气、粉尘等），电缆剖口后暴露时间过长，采用不合格的电缆附件与绝缘材料，制作环氧中混入气泡、杂质、绝缘间隔不均匀，环氧未固化时扭动电缆，敷设时使电缆受伤，金属外壳未良好接地等因素均会造成绝缘损坏或留下隐患。实践证明，只要电缆安装质量好，可以保证长期可靠运行	应由专业人员严格按照有关工艺规程进行施工。 有条件可选用电除尘器专用高压直流电缆或交联聚乙烯高压电缆以克服普通高压油浸电缆由于安装高差大可能带来的渗油现象
九、低压控制设备	（1）振打、排灰电动机烧毁较多，造成电场性能下降与堵灰短路	电动机过载时电气保护不能可靠动作，电动机缺相运行及绝缘下降导致电动机过电流后发热严重烧毁	机械方面尽量消除引起电动机堵转、过载的因素，加强电动机防雨的措施
	（2）振打程控装置不能正常工作，影响除尘效率	目前振打程序控制都是由可编程控制器（PLC）来实现的，PLC可靠性高、时间准确、整定方便、改造方便。如果此控制器不能正常工作，大都是因为控制器工作电源断电、输出回路控制电源断电或电源选择错误，引起控制器烧毁	在给PLC送电前检查电源与控制器工作电源是否匹配。在运行当中如果控制器突然不能正常工作，检查工作电源和输出回路控制电源
	（3）电加热元件烧毁，回路断开及短路，造成高压绝缘部件绝缘下降，影响电场投运率	造成电加热回路故障高的原因有： 1）加热回路接线松动，引起导线或接点发热烧毁。 2）负荷分配不平衡，加热回路过流，造成导线发热烧毁。 3）电源电压过高，引起加热器过热烧毁。 4）维护不良，如温控回路故障使回路不能自动断开，接头过热后不能及时发现、处理	1）检查回路接线是否紧密，要求接触良好。 2）测量回路电流，重新分配相间负荷。 3）检测电源电压，保证供电电压符合加热器技术要求。 4）加强设备的定期检查维护

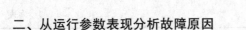

二、从运行参数表现分析故障原因

从运行参数表现分析故障原因，具体见表10-2。

表 10-2　　　运行参数表现、伴随现象及可能故障

V₂	I₂	V₁	I₁	伴随现象			可能故障
零	零	零	零	主接触器合不上			1）控制柜内，接触器的控制电源失电（爆熔丝、接触不良等）或接触器故障。 2）电压自动调整器失电①。 3）安全连锁不到位②。 4）总电源失电（刀闸未合上，爆熔断器等）
				合上又跳闸	延时动作		（低压延时保护误动作③）
					无延时		1）电压自动调整器跳闸回路故障。 2）整流变压器油温、瓦斯，晶闸管超温保护误输出④
				运行一段时间跳闸，跳闸前（或再合）无输出			触发脉冲输出及移相环节故障，无触发脉冲输出
				合上后导通角100%			（爆熔）一次侧开路
				主接触器一合上就跳，伴随强烈电流冲击，空气开关也可能跳			晶闸管元件故障（击穿），过电流保护正确动作
零	正常	正常	正常	除V₂表计外其余表计有摆动显示（或提高电流极限值后有摆动）		跳闸	二次电压测量回路故障（断线、放电管、并联压敏电阻击穿等）
						不跳闸	表计故障（表头坏、连线脱开、指针卡涩等）
零	大	正常	大	无闪络，一般跳闸			（电场及高压供电回路完全短路⑤）
				随着烟气温度上升，电场内闪络加剧至V₂为零或拉弧			（阳极板热膨胀不畅引起弯曲后阴、阳极短路⑥）
				跳闸	延时		电场短路，低压延时保护正确动作
					无延时，I₁、I₂超额定值，可能伴爆快熔		（电场短路而极限失控）过电流保护正确动作⑦
低	小	低	小	闪络频繁	伴有低电压跳闸或拉弧现象		1）电场异极距减小现象很严重。 2）（电场存在不完全短路因素⑧）
					一般不跳闸		1）电极上积灰严重。 2）异极距偏差严重。 3）电压自动调整器假闪（闪络灵敏度过高，抗干扰能力差，措施不完整）。 4）（工况不适应⑨）
				无闪络			1）（电流极限环节故障或整定不合适⑩） 2）移相控制有问题

续表

表计指示				伴 随 现 象	可 能 故 障
V_2	I_2	V_1	I_1		
偏低	偏小	偏低	大	整流变压器有异常声响，温升过高，晶闸管导通角指示可能很大，快速熔断器发烫	整流变压器严重偏励磁[①]
低	小	低	大	一、二次电流上升不成比例，可能有电流冲击，整流变压器温度升高	整流变压器高压侧局部短路。如：整流桥短路；均压电容击穿；高压包匝间短路与烧毁
低	小	低	很大	一、二次电流上升不成比例且一次电流会猛增与突变，可能爆熔断器，跳开关，变压器温度异常升高且异声明显	1）整流变压器低压包短路故障。 2）整流变压器铁芯（包括穿芯螺栓）绝缘损伤，涡流严重
低	大	正常	大	有闪络	1）电极积灰严重且灰比电阻低。 2）极距安装偏差大。 3）壳体焊接不良、人孔门密封差，导致冷空气气冲击阴、阳极元件致使结露变形，异极距变小
				闪络频繁	1）反电晕现象。 2）极板、极线晃动
				偶有闪络，有时 I_2 大时，V_2 更低	1）电场呈低阻性（如局部灰的搭桥）。 2）高压绝缘部位（如瓷套、电瓷转轴、穿墙套管等）绝缘下降后爬电。 3）高压电缆与终端头对地放电
				无闪络	1）粉尘浓度低，电场近似空载。 2）高压电缆与终端头严重泄漏。 3）高压部分可能被异物接地。 4）高比电阻粉尘或烟气性质改变电晕电压。 5）控制柜内高压取样回路，放电管软击穿。 6）整流变内部高压取样电阻并联的放电管软击穿
变化	变化	变化	变化	闪络不规范，表针有时摆动剧烈	1）阴极线下端脱开或断线。 2）因灰斗满灰等因素电场即将过渡到短路或不完全短路状态。 3）工况变化大
正常	偏小	正常	偏小	空载电流小[⑫]	1）阴极线脱落或变形严重。 2）框架、极排中心错位致使大量极线未处在均匀放电中心位置。 3）设备陈旧、极线尖端钝化严重、球化严重

表计指示				伴 随 现 象	可 能 故 障
V_2	I_2	V_1	I_1		
失准	正常	正常	正常	利用系数与0.64～0.70相差较远	（二次电压指示失准）⑫
正常	小	正常	小	闪络频繁	1）极板、极线积灰严重。 2）粉尘比电阻过高出现反电晕初始现象。 3）烟气粉尘浓度过高，产生电晕封闭。 4）接地电阻过高，高压回路不良。 5）高压输出与电场接触不良
正常	正常	正常	正常	突然跳闸　其他电场启、停操作或跳闸	（装置抗干扰能力差，措施不完善）⑬
				突然跳闸　雷电影响	
				突然跳闸　夏季容易跳闸	（元件发生热击穿或特性改变）⑭
				突然跳闸　工况改变使二次电流增加	1）（过电流保护误动作）⑮。 2）整流变压器与晶闸管超温保护误动
				突然跳闸　工况改变使二次电压增加	（过电压保护误动作）⑯
				除尘效率低	1）烟气分布不均匀。 2）二次飞扬严重。 3）电场漏风（如灰斗阻流板脱落，烟气旁路）严重。 4）异极间距超差过大。 5）漏风率很大，使烟气流速增加，温度下降，从而使尘粒荷电性能变弱。 6）尘粒比电阻过高，甚至产生反电晕使驱极性下降，且沉积在电极上的灰尘泄放电荷很慢，黏附力很大使振打难以脱落。 7）控制参数设置不合理。 8）进入电除尘器的烟气条件不符合原始设计条件，工况改变。 9）设备有机械方面的故障，如振打功能不好等
高	零	高	很小	无闪络	高压回路完全开路（阻尼电阻烧断，隔离开关位置不对）
				有闪络及二次电流突然从零上冲至正常值情况，反复变化电压值趋高	高压回路不完全开路（阻尼电阻闪络，连接线接触不良，隔离开关不到位，工作接地线接触不良或断裂）
高	小	正常	小	起晕电压高，二次电流偏小	阴极线积灰严重，灰比电阻高
				起晕电压高，二次电流明显小，单电源升压电场电压就可达到标准值	极线、极板积灰严重且分布相对均匀，灰比电阻高

表中注释表示：

①电压自动调整器失电。有多种因素，比较常见的有调整器插接口松动后接触不良，也有一类供电装置，其主接触器有一对辅助常开触头串入电压自动调整器工作电源回路，由于该触点实际通、断的电压只有23V，再加上环境因素，容易造成接触不良使调整器失电。调整器失电的另一种可能是装置本身的玻璃管熔丝接触不良或烧熔。

②安全连锁不到位。按照电除尘器设备特点，凡一经打开人孔门，应有安全连锁装置，从系统可靠运行考虑，此处一般是采用机械、电气综合连锁，即在现场有一把锁，只能用插在连锁盘上钥匙才能打开，一把锁配一把钥匙，当把钥匙取下时，相应一个或数个电场的控制电源就被切断，有时候检修结束可能忘了将钥匙复归或到位。高压隔离开关，平时不允许开路运行，此处装有限位开关实行电气闭锁，实际中因限位开关不到位致使控制回路不通的情况也不少见。

③低压延时保护误动作。低压延时保护的设计基于这样一个思路：当电场发生完全短路时，虽然不会立即损坏设备，但它空耗电能，运行已没有意义，当电场出现频繁拉弧时，这种情况对电场本体设备及供电装置都有损害作用，应该停运电场；电场频繁拉弧时，一方面电场接近于短路状态，另一方面电压自动调整器及时反应使晶闸管封锁一段时间，故从信号上反映出在一定时间内电场处于低电压状态，通过合理整定延时时间与低压整定值，就可以保证频繁拉弧也能保护跳闸。一般低压值整定在起晕电压值或略高一点水平，因为低于起晕电压运行对除尘是没有意义的。低压延时保护必须避开这种情况，即当主接触器刚合上，因种种原因（如手动缓慢升压、上升速度过慢、需要检查测试等）在到达延时时间电场电压仍没有上升到整定值以上，这时低压延时保护不应该动作，常规的闭锁方法是设置一个单稳态电路，只有在这个启动过程中出现过一次闪烁或拉弧或二次电流达到一定值，这个单稳态才翻转，为低压延时跳闸环节解除闭锁。有时低压延时保护因这个闭锁环节故障而在启动过程中误动作。有一种情况容易误认为误动作，即电场存在不完全短路因素，当二次电压还很低时，闪烁就出现了（此时二次电流平均值亦很小，甚至表计没指示），这时候应该用心观察，可以通过示波器观察反馈电流波形以判断闪烁是假闪现象还是真的电场有火花或闪烁（此时二次电流波形出现尖峰），如果参数正常而出现电场低压延时跳闸，也有可能为该跳闸整定不当或整定值发生改变不能适应现有工况，应适当进行调整，可采用增加延时时间、提高低电压阶段的$+\mathrm{d}u/\mathrm{d}t$或降低低压整定值方法来调整。

④在整流变压器、晶闸管元件超温保护误动作中，测温元件特性改变是一大因素。当整流变压器高位布置时，因雨水使保护接点短接造成变压器超温，瓦斯保护误动作的情况也有发生。

⑤电场及高压供电回路完全短路。造成电场完全短路的原因很多，按发生几率排列，大致为：灰斗满灰、极线脱落和断线搭在阳极板上，极板排卡子脱开；检修时的临时接地线未拆除，检修时金属性杂物（如电焊条）遗留并在阴、阳极间搭桥；高压电缆及终端头完全击穿（低位布置），电场长期停运后保养不好或水冲洗电场后未及时烘干使金属锈蚀产生大片铁锈片被剥离并搭在阴、阳极，绝缘部位完全击穿（大多数情况下，绝缘部位都是低电压下击穿，并伴有闪络现象，完全击穿电压到零者较少）。

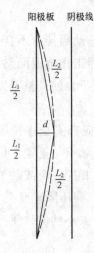

图 10-1 热膨胀
不畅原因

⑥极板热膨胀不畅会造成阴、阳极短路。当整个生产工艺出现异常情况致使烟气温度升高较多时容易发生，热膨胀不畅引起电场异极距严重缩短，造成参数下降直至短路或拉弧。实际中也发现过同样的烟气温度下，经过一段时间运行出现了热膨胀不畅现象，这可能与结构件的伸展、变形、应力释放、局部松动与磨损等有关，值得进一步分析，同时也为热膨胀不畅的判别增加了难度。热膨胀不畅原因如图10-1所示。

膨胀间隙指常温下极板底部到灰斗挡风梳形口的距离，因为设计、安装不合理或运行工况严重偏差超过正常范围等原因，造成极板受热伸展长度超过膨胀间隙，就会造成极板弯曲，其严重程度可进行简单计算，图中 L_1 为常温下极板长度，L_2 为工况下极板长度，弯曲后本应成弧线状，由于 α 角很小，用直线代替，d 为水平方向弯曲距离（也就是异极距缩短的距离）。

设 $S=L_2-L_1$，则 S 代表的实际意义就是膨胀裕量不够的那部分，由于 $L_1 \gg S$，则

$$d=\frac{\sqrt{2}}{2}\sqrt{SL_1} \tag{10-1}$$

若取 $L_1=1200mm$，$S=1mm$，则 $d=35mm$。结论是：只要极板与灰斗挡风板略有相碰，就会引起极板的严重弯曲，将异极距大大缩短（简单估算没考虑极板与灰斗挡风板的刚度）。判断热膨胀不畅造成的完全短路或不完全短路故障，温度不同时其 U-I 特性曲线不一致是其主要特征，如冷态升压正常，热态时二次电压下降或为零，随着烟气温度升高，二次电压逐渐下降，有时候打开相应人孔门（起局部冷却作用，一般不应这样试验）参数能回升等。有时候也能从一些细微之处来帮助判断。当极板弯曲后，造成多点异极距缩小，这样在同样电压下，二次电流较大，大的程度又与膨胀不畅的极板数量有关，如有一电场因烟气温度高普遍发生热膨胀不畅后，同样运行电压 35kV，而电流从平常的 0.1~0.2A 上升到 0.4A。在停炉检修时，在灰斗挡风板上常能发现压痕，挡风板也可能被压弯，而极板在工况下的实际膨胀量则可以从未弯曲的极板在定位板上留下的痕迹来测量。

⑦电流极限失控。电流极限失控故障具有隐蔽性，实际中也多有发现，当电场短路时，如果电流极限失控，一、二次电流就会超过额定值，正常情况下一次电流过电流保护就会动作。

⑧电场存在不完全短路因素。电场不完全短路因素，可以分成三大类：一类是高压绝缘部位绝缘下降；一类是电场中存在异物，如脱落的小块铁锈与灰的混合物等；还有一类是少量灰在阴、阳之间搭桥，而且会因灰量的大小和比电阻的高低不同而呈现不同的短路特性，如有的在很低电压下就过渡到完全击穿，有的则使击穿电压下降，有的能在相当大电压范围内保持不变的阻值，故在表计指示上仅使二次电流增加。

⑨工况不适应。这是个综合因素，如煤、灰的除尘性能很差，粉尘比电阻很高，粉尘比电阻不很高但黏性很大使电极严重积灰等。

⑩电流极限环节故障或整定不合适。所谓整定不合适，是指有些电压自动调整器内部起电流限定作用的电位器整定不合适，这时无论运行人员怎样调节面板上的"电流极限"，输出也不会增加，这是由于调整器内部对二次电流输出限制整定得过小，正确的整定是当面板上的"电流极限值"放到最大值（即100%）时，内部的电流限定恰好将二次电流限定在额定值。

⑪整流变压器严重偏励磁。供电装置发生偏励磁也就是当380V交流电通过晶闸管控制后输入到整流变压器一次侧的电压波形上、下不对称，轻度的偏励磁除一次电流略为增加外其他参数变化不明显，而严重偏励磁情况就是经过晶闸管元件后输入到整流变压器的电压波形只有正半波和负半波，这种电压相当于直流脉动电压，此时由于变压器内部磁场高度畸变，整流变压器内部出现异常的振动和响声，铁耗和铜耗的增加使变压器温度明显上升，由于二次电压常达不到电场击穿电压，此时晶闸管导通角可达100%指示。轻度偏励磁产生的主要原因是两组产生序列触发脉冲的电路参数发生了改变，这时往往需要通过示波器观察才能发现，而严重的偏励磁则可能是一组脉冲输出回路故障或一个晶闸管故障（开路）。偏励磁发生后，由于一次电流中含有较多的直流分量，其实际值要比通过电流互感器变换后的表计指示值还要大，同样也影响到一次过电流保护的正确动作，这在分析、判断偏励磁的危害时尤其要重视。

⑫二次电压指示失准。除了表头故障，如指针有卡涩现象、轴承过度磨损、表头断线等，现场发现与高压取样回路有很大关系，如测量回路（包括表计指示校正回路）的接触不良，整流变压器高压取样电阻不标准，有些设备中高压取样串联电阻中个别电阻的烧毁，有些设备中控制反馈电压与指示电压取自同一点会因改变反馈量而使指示值发生偏差等，在这种情况下，即使在安装时电压表指示经过了标准表的检验，在正常的维护、检修中仍然会产生较大偏差，因为在大修中一般只对表计进行校验，要提高二次电压指示的准确率需提高取样信号的标准化水平及元器件的可靠性。有时可以通过利用系数来判断，其原理为：利用系数

$$K = \eta \cdot \cos\phi \qquad (10\text{-}2)$$

其中，η 为电除尘器供电装置的效率，$\cos\phi$ 为其功率因素，则

$$V_2 I_2 = K V_1 I_1 \qquad (10\text{-}3)$$

有关电除尘器电源的标准中规定，在额定参数下 $K \geqslant 0.64$，实际中在 $0.64 \sim 0.7$ 左右。实际中 V_1、I_1、I_2 指示误差较小，假设其指示准确，则利用式（10-3）大致可推断出 V_2 的实际值，当然，这种估算相当粗略，仅适用于 V_2 指示值与实际值严重偏差的情况。

⑬装置抗干扰能力差，措施不完善。这是个综合问题，既涉及自动装置本身的抗干扰能力，也涉及电控装置的工作条件及外部连接情况，在电除尘器设备中，强调二次电压、电流信号反馈必须使用合格的屏蔽线，屏蔽层一端应良好接地。要求电除尘器本体的接地电阻及高压控制柜的接地符合设计要求。装置本身的抗干扰，除元器件质量保证外，还涉及线路的走向，信号的隔离，抗干扰回路的设计等。具体可参见 GB/T 3797—2005《电气控制设备》的相关内容。

⑭元件发生热击穿或特性改变。使装置中各种控制信号发生改变，逻辑关系混乱，很容易引起频繁跳机，由于此类故障是与设备运行一段时间元件发热密切相关，故停机检修时故障特性不明显，故障比较难找，但这类故障原因也有一定规律性，如元件未经很好的老化筛选、控制室环境温度过高不利于装置正常工作、设备较长时间使用已呈现老化迹象等。

⑮过电流与过电压保护误动作。

常出现在工况条件改变使二次电流较大或二次电压较高的时候，其原因有几方面：一方面目前装置中的过电流、过电压保护环节不可能设计的像继电保护装置那样准确、可靠；另一方面，如果装置的稳定性不够高，其整定值容易因环节中的电位器阻值（往往由触点接触电阻增加引起的）、电容值和晶体管特性的改变而变化；再一方面，如果环境条件太差，如粉尘、潮气的侵入相当于在电子线路上附加了回路，温度太高使半导体特性改变，也可以引起误动作。

电除尘器安全工作要求

电除尘器安全工作包括三个方面的安全要求，一是为了保证设备的安全运行与工作人员（运行及检修人员）的人身安全对电除尘器工作场所及电除尘设备提出的安全要求；二是对电除尘器检修、运行人员的安全要求；三是工作人员在设备的运行与检修中应遵循的安全规范。电除尘器安全工作要求适用于电除尘器的运行维护，也可供电除尘器的设计、制造、安装单位参考。

一、电除尘器工作场所及电除尘设备安全要求

（1）电除尘器的工作场所，道路要通畅，场地要整洁，照明要充足，安全标志要清晰。各通行口不准堆入杂物，电缆及管道不应敷设在经常通行的地方，若要通过走道，需用盖板铺平，各灰沟应覆以与地面平齐的坚固的盖板。所有行走路线及经常性的操作、检修部位照明要充足。各楼梯、平台、边上通道应装设防护栏杆和不低于 100mm 高的挡板，以免人身及杂物坠落。防护栏杆的高度宜为 1050mm。在离地高度小于 20m 的平台、通道及作业场所的防护栏杆高度不得低于 1000mm；在离地高度等于或大于 20m 高的平台、通道及作业场所的防护栏杆不得低于 1200mm。运行带电设备要有明显清晰的安全标志与遮栏等。

（2）电除尘设备符合安全要求，有关安全设施齐全。各电气设备附近（如控制室、电缆层、变压器室）应配备灭火器材，有易燃易爆可能的电场应有检测、报警、保护设备（如 CO 检测仪）并设置防爆孔门。供电装置应有可靠的故障保护功能（如过电流保护、电场短路保护、过电压保护、变压器超温报警及跳闸等）及安全连锁功能（如人孔门安全连锁、高压隔离开关开路闭锁等），裸露高压部位应有遮栏并有明显的"高压危险"标志，高压室应上锁，高位布置的整流变压器及高压开关柜应有足够的抗风雨能力，整流变事故储油箱及泄油管道应完好，各类接地符合要求，蒸汽管道不能紧贴电缆，电除尘器所有机械、电气、电子设备应满足国家或行业的其他有关的通用性安全技术要求。

二、电除尘器检修运行人员安全要求

（1）电除尘器的检修与运行人员，必须经过有关安全培训并经考试合格才能上岗。安全培训的内容，对电除尘器一般机械检修人员，按机务作业要求进行培训。内容涉及出灰、烟道检修、高空作业、管道检修、焊接等特殊工种，还应掌握一般电气安全知识。对机务检修的工作负责人，则应同时掌握有关电气安全知识，特别是高压电的停电及隔离措施、安全距离及触电救护等安全知识；电气检修人员除掌握相应的电气安全知识外，还应了解电除尘器机务检修工作的基本内容，共同把牢安全关；对实行"机、电合一"值班的

电除尘运行人员，应按机务、电气两个工种进行有关安全技术培训，特别要重视电气安全知识的培训。

（2）进入电场内部作业的工作人员应身体健康，精神状态良好，衣、帽、鞋、裤符合要求。患有精神病、癫痫病、心脏病、高血压等病症的人不宜进入电场内部工作，发现有饮酒、精神不振等情况时应严格禁止在电场中攀高作业。工作人员必须戴安全帽，应扎紧袖口、裤脚以防钩扎。女同志不准穿裙子及高跟鞋入内，辫子必须盘在帽内。在电场清灰时，应做好防止灰尘对眼睛及呼吸道侵害的措施，电焊作业必须穿绝缘鞋。

（3）进入电场内部工作需做好各种安全措施。在工作票的办理中应执行工作许可制度，即只有当工作负责人与值班员一起检查有关安全技术措施确已落实并由值班员签字同意后才能开始工作。应执行工作监护制度，即有人在电场内部工作时，电除尘器外面起码应有一人监护联系，进、出电场及关人孔门时应清点人数。有关安全技术措施，电气方面有：停电，拉开高压隔离开关将电场和电源都接地，供电装置电源拉开并挂警告牌，为了可靠起见，对电场再挂一副接地线，同时也应将振打、排灰电动机的电源可靠切除（使电源有一个明显的断开点）并挂警告牌；机务方面有：热风、蒸汽源可靠隔离（关闭截止阀）并挂警告牌，应有防止送、引风机突然启动的可靠措施，要防止煤粉等进入电场。如果采用核料位计，应将射线源关闭并挂警告牌。

三、电除尘器有关安全工作制度

（1）当电场内部可能存在有毒、有害、易燃、易爆气体时，须经过充分的通风，并经工作负责人检查（如用仪器测量）后才能进入。在电场内温度高于50℃（非人孔门附近的温度）时禁止入内工作，特殊情况需经主管领导批准并有确实可靠的防范措施才能工作。在电场内工作，应使用12V行灯照明，万一需要强光照明或使用电动工具，应采用隔离电源并装设漏电保安器，在人孔门附近醒目处装设闸刀。进入电场前要检查电焊线绝缘，特别注意焊把线头处的绝缘是否有损伤，避免人身遭受电焊机电压伤害，甚至死亡。上、下工作应使用工作袋，不允许将工具及材料上、下投掷，进、出电场的材料与工具要清点，严禁遗留于电场内，杂碎物应及时清理出，防止掉入灰斗。

（2）尽量避免从非正常渠道（如人孔门）放灰，万一要放灰需做好相应安全措施。灰斗堵灰时，应尽量疏通，不得已放灰时，工作人员应戴手套，穿长袖衣服、长裤（放热灰时不能穿化纤类衣服），着长筒靴，裤脚套在靴外，必要时带防尘面罩；出灰点周围和通道应明亮，两旁应无障碍物，以便必要时工作人员向两旁躲避；放灰时，附近应无人工作与逗留；开启人孔门时，人不能正面面向人孔门。

（3）运行人员在高压回路上操作，应使用操作票，遵循有关安全规定。高压回路为整流变压器的二次侧、高压隔离开关、电场的高压引入回路、阻尼电阻等处，主要的操作内容有挂接地线、操作隔离开关、摇测电场绝缘等。在执行高压检修安全措施的停电操作时，为了确保可靠停电（特别在其他电场仍在运行时），供电装置的低压侧停电操作也宜包括在操作票中。使用操作票，设备名称要完整，操作内容要明确，操作时由一人监护，一人操作，逐条唱票操作并作记号。对高压设备进行巡视，要与高压回路保持1m以上的安全距离，严禁头、手伸入带电的孔门中，停运设备在没做安全措施前仍视作带电设备。

运行中严禁操作高压隔离开关，启、停操作高压隔离开关时，要戴绝缘手套。摇测电场绝缘后要进行放电。

（4）对特殊检修项目，应考虑专门安全措施。特殊检修项目主要有：电场空载升压试验，这个项目机、电共同作业，通电试验与故障处理一起进行；如观察放电点要打开人孔门，甚至要进入邻电场或烟道，双电源并联高位布置的整流变压器要临时拉接高压连线时，安全工作很重要，其安全措施应包括编制试验方案、统一专人指挥、可靠通信联络、专职人员监护、安全围栏设置及警告标示牌悬挂等。当同一烟气通道上的其他电场仍在运行时处理电场侧高压设备，如检修阻尼电阻、高压隔离开关，需防范前级电场的漂移电荷，电极上未完全释放的电荷及静电感应电荷，主要是漂移电荷的伤害，若检修点前无法与电场隔离，则前面应可靠接地，并穿绝缘靴，戴绝缘手套进行工作。

第十二章

电除尘器性能测试

第一节　测试目的、内容及要求

一、测试目的

电除尘器是治理大气污染的环保装置，无论是研制、使用新电除尘器，还是改造老除尘器，电除尘器性能测试都是必不可少的工作，其目的主要有：

(1) 检验电除尘器的性能有否达到产品采购合同中的技术条款及相关标准的要求；

(2) 为研制、设计、生产、使用提供科学依据；

(3) 检测烟尘的排放浓度及单位时间排放量；

(4) 评定电除尘器的质量。

二、测试内容

(1) 电除尘器进、出口烟气温度；

(2) 电除尘器进、出口烟气含湿量；

(3) 电除尘器进、出口烟气流量；

(4) 电除尘器进、出口烟气含氧量；

(5) 电除尘器进、出口烟气压力；

(6) 电除尘器进、出口烟气含尘浓度；

(7) 当地当时大气压力；

(8) 电除尘器除尘效率；

(9) 电除尘器漏风率；

(10) 电除尘器压力降；

(11) 电除尘器功耗。

三、测试要求

电除尘器是单台设计、现场安装，又是在高压、高温下运行，其产品性能受到主机运行工况（系统因素）、本身运行维护等方面的影响，而电除尘器性能测试工作是一项较为细致而繁重的工作。因此，应编写测试方案，测试方案一般由项目负责人编写，内容包括测试目的、测试内容、测试方法、测试条件、测试仪器、测试采用的标准、参加人员、时间安排、安全措施及测试需要的准备工作。方案要经用户、制造厂协商认可，实际上也是一次技术交底，使整个测试过程各有关部门工作密切配合，并做好有关人员上岗前的安全教育。通常一个完整的测试过程包括计划准备、现场测试、样品分析、计算总结等部分，如果一个环节出现差错，就会导致整个测试工作的失败，所以在测试过程中，必须自始至终保持认真负责、吃苦耐劳、实事求是的工作作风，使测试工作顺利进行并取得预期的结果。

第二节 除尘效率的测试方法

一、采样位置

采样位置应选在气流平稳的直管段中，距弯头、变径管等其他干扰源，下游方向大于6倍当量直径，上游方向大于3倍当量直径。选择位置时应优先考虑垂直管段，当位置有限不能满足上述要求时，可根据实际情况选择相对比较适宜的管段作为采样位置，但应适当增加采样点数。

二、采样孔

采样孔的大小应足以把最大的采样装置插入烟道，孔口短管不宜过长，采样孔的结构可自行确定。

三、采样点数

采样点数应根据烟道截面的大小和形状来确定。

（1）圆形烟道。在选定的测试断面上，设置互相垂直的两个采样孔，再把烟道断面分成一定数量的同心等面积圆环，通过采样孔沿该断面的直径方向，在每个等面积圆环上各取 4 个点作为采样点，如图 12-1 所示。采样点数按表 12-1 确定。

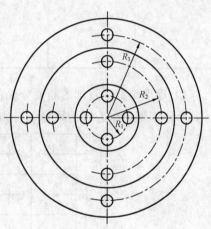

图 12-1 圆形烟道采样点

表 12-1 圆形烟道等面积圆环和采样点数

烟道直径（m）	环数	采样点数（两孔共计）
≤1	1～2	4～8
>1～2	2～3	8～12
>2～3	3～4	12～16
>3～5	4～5	16～20

注 当烟道直径超过 5m 时，按每个圆环面积不小于 4m² 计算。

各采样点距烟道中心的距离按式（12-1）计算

$$R_i = R \cdot \sqrt{\frac{2i-I}{2n}} \tag{12-1}$$

式中 R_i——采样点距烟道中心的距离，m；

$\quad\quad R$——烟道半径，m；

$\quad\quad I$——自烟道中心算起的采样点顺序号；

$\quad\quad n$——划分的环数。

为了方便起见，采样点的位置可采用采样点距离烟道内壁的距离表示。采样孔入口端至各采样点烟道直径的倍数见表 12-2。

表 12-2　　　　　　　　　采样点距离烟道内壁的烟道直径倍数

采样点号	环　数				
	1	2	3	4	5
1	0.146	0.067	0.044	0.033	0.022
2	0.854	0.250	0.146	0.105	0.082
3		0.750	0.294	0.195	0.145
4		0.933	0.706	0.321	0.227
5			0.854	0.679	0.344
6			0.956	0.805	0.656
7				0.895	0.773
8				0.967	0.855
9					0.918
10					0.978

（2）矩形烟道。将烟道断面分成若干个等面积小矩形，使小矩形相邻两边之比接近于1，每个小矩形的中心即为采样点，如图 12-2 所示。采样点数见表 12-3。

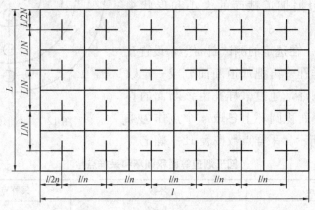

图 12-2　矩形烟道采样点位置（N、n 分别为采样点排数和列数）

表 12-3　　　　　　　　　　　矩形烟道采样点数

烟道断面积（m²）	等面积小矩形数	采样点数
≤1	2×2	4
>1～4	3×3	9
>4～9	3×4	12
>9～16	4×4	16
>16～20	4×5	20

注　当烟道面积大于 20m² 时，按小矩形边长不超过 1m 划分。

对于其他形状的烟道，可参照圆形烟道和矩形烟道采样点位置原则确定。在确定采样孔位置和结构时应注意以下几点：

1）不要在容易积灰的水平管道底部开孔，以免采样嘴刮进积灰而产生误差。测孔的短管应垂直焊接于烟道壁面，以保证采样嘴对准气流方向。采样孔的大小应足以把最大采样装置插入烟道，短管不宜过长，通常采用 GB/T 3091 设计手册中的 3′ 煤水管（内径 80mm），配丝堵，如图 12-3 所示。当在采样管上标志各采样点的距离时，要把此短管的长度计算在内。如短管较长，则采样嘴易碰到短管内壁，造成采样嘴碰坏及吸入管壁锈斑。

2）当被测烟气是高温有毒气体，且采样点处于正压状态时，为了防止高温和有毒气体外喷，保护采样人员的安全，采样孔应有防喷装置。图 12-4 是防喷示意图，它是一个带有闸板阀的密封管，采样时当采样管插入烟道前阀门是关闭的，把正压状态的烟道气体隔开，采样管放入密封管内后，再把闸板阀打开插入烟道，烟道气体则借助密封管头部密封盖子封住，这样，采样时烟道气体不会向外喷出。

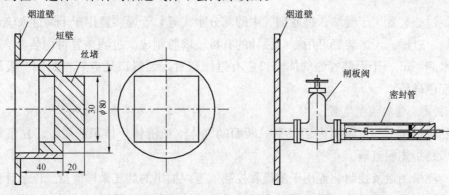

图 12-3　采样孔入口装置　　　　　图 12-4　采样孔防喷装置

四、采样方式方法

采样方式一般采用多点移动、内部采样，即用同一个集尘装置在已确定的各采样点上移动采样，各点的采样时间相同。

采样方法为等速采样，将采样装置由采样孔插入烟道中，使采样嘴置于测点，正对气流，采样嘴的吸气速度与测点处气流速度相等。

五、采样系统和装置

烟尘采样系统可分成四大部分，即采样和集尘装置、冷凝和干燥装置、流量测量和控制装置、采样动力。

1. 采样和集尘装置

（1）采样嘴。采样嘴是为了改变采样管入口直径，以适应等速采样的需要及导流而装在采样管头部，它的形状应不扰动吸气内外的气流，内径通常做成 6～14mm 等数种，以便等速采样时选用，采样嘴的入口角度应不大于 30°，与前弯管连接的一端的内径应与连接管内径相同，内表面必须光滑，不得有急剧的断面变化。

（2）采样管。采样管是采样时插入烟道的导管，采样管的头部连接采样嘴。采样管各部件均用不锈钢制作及焊接。

（3）滤筒。目前国内常用的有玻璃纤维滤筒和刚玉滤筒两种。玻璃纤维滤筒由超细玻璃纤维制成，常用的规格有 4 种，形状如图 12-5 所示。刚玉滤筒是用白刚玉砂加有机填料烧结而成，常用的规格有两种，形状见图 12-6。要求滤筒捕集效率达 99.9％以上，烟气温度低于 300℃时选用玻璃纤维滤筒，高于 300℃时选用刚玉滤筒。

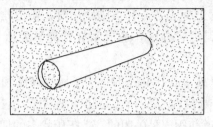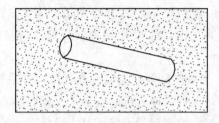

图 12-5 玻璃纤维滤筒形状　　　　　图 12-6 刚玉滤筒形状

2. 冷凝和干燥装置

冷凝过滤装置用于凝结、过滤烟气中的部分水气等，干燥装置用于干燥进入流量计前的湿烟气。过滤、干燥装置可用专门设计的有机玻璃瓶制成。过滤装置可内装 3％双氧水或自来水 200mL。干燥装置的气体出口应有过滤装置，装料口处应有密封圈。吸湿剂一般采用变色硅胶。

3. 流量测量和控制装置

（1）流量是指单位时间内通过某一断面的气体（或液体）体积或质量。在烟气测试中，一般是指体积流量。

（2）流量测量及控制装置用于测量和控制烟道中抽出的烟气采样流量。流量计种类有瞬时流量计和累积流量计两种。瞬时流量计是用于控制和测量采样时的瞬时流量，累积流量计用于测量采样时段的累积流量。

4. 采样动力

采样动力是使烟气从烟道流进采样系统的采气泵。它必须有足够的流量和压力，以满足采样的要求，即既要保证采样嘴入口处达到要求的流速，又要克服烟道内负压和整个采样系统的阻力。一般当流量为 40L/min 时，其抽气能力应能克服烟道及采样系统阻力。

六、等速采样的原则

为了正确测得烟气的含尘浓度，采样时，首先要考虑到气流的运行状态及尘粒在烟道内的分布情况。要使采集的尘粒样品具有代表性，采样中必须遵循保持等速采样的原则。所谓等速采样，就是在采样过程中，使采样嘴的吸气速度与采样嘴所在处（布置的测点）的烟气流速相等。如不能满足等速采样的要求，不但采集的烟尘量与实际烟尘量有较大的偏差，而且样品的粒度分布也与实际情况不符合。在实际采样中，一般有 4 种情况：采样速度等于、大于或小于测点的烟气流速，或者采样速度虽与测点处的烟气流速相等，但采样嘴没有正对气流方向。后 3 种错误的情况都将使得采样嘴入口处的气流流线改变方向，如表 12-4 所示。当采样速度 V_s 小于测点处烟气流速 U_s 时，则部分烟气绕过采样嘴，此时，较大的尘粒由于惯性的作用，仍会进入采样嘴，因此该点采集尘样量偏大，大颗粒多（气流扩散现象）。反之，当采样速度 V_s 大于测点处烟气流速 U_s 时，则采样嘴边缘烟气中所带的一部分粗颗粒因惯性力较大而脱离已改变流向的收缩气流，仅部分微小颗粒粉尘随烟气一起改变流向进入采样嘴，此时，采集的烟尘量偏小，大颗粒也偏少（气流收缩现象）。同样，当采样嘴未对准气流方向时，由于迎流投影面积变小，即使保持等速采样，也仍有部分粗颗粒在惯性力的作用下未能进入采样嘴，造成采集的烟尘量偏低，因此，尘粒采样既要保持等速又要使采样嘴准对气流。一般应把采样嘴中心线与烟气流之间的夹角控制在小于 5° 以内。

表 12-4　　　　　　　　　　　　几种可能的采样情况

采样情况	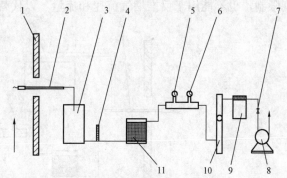			
采样速度 v_s	$v_s=u_s$	$v_s<u_s$	$v_s>u_s$	$v_s=u_s$
采样粉尘浓度	准确	偏高	偏低	偏低
采样粉尘平均直径	准确	变大	变小	变小

七、尘粒的采样方法

目前国内常用的采样方法有预测流速采样法、动压平衡采样法、静压平衡采样法和皮托管平行测速采样法等 4 种。

1. 预测流速法

采样前预先测出烟道内各采样点的烟气流速、温度、压力和含湿量等参数，结合所选用的采样嘴直径，计算出在等速情况下各点所需要的采样流量，然后按该流量在各点采样。预测流速法采样系统如图 12-7 所示。此方法适用于工况比较稳定的烟尘采样，在烟气流

图 12-7　预测流速法采样系统

1—烟道；2—采样管；3—冷凝器；4—温度计；5—温度表；
6—真空压力表；7—调节阀；8—抽气泵；9—累积流量计；
10—转子流量计；11—干燥器

速低，温度、湿度及浓度高的情况下较适用。但由于现场计算较麻烦，受工况变化的影响较大，目前已很少使用此方法。

2. 动压平衡法

通过调节采样流量，使装置在采样管中的孔板的压差读数等于皮托管的气体动压读数，来达到等速采样的要求。动压平衡法采样系统如图 12-8 所示。此方法的优点为，当工况发生变化时，可通过双联斜管微压计的指示，及时调整采样流量，保证等速采样的条件。

3. 静压平衡法

利用在采样管入口配置的特殊采样嘴，通过调节采样流量，使采样管内外静压保持平衡，达到等速采样的要求。静压平衡法采样系统如图 12-9 所示。此方法适用于浓度较低、

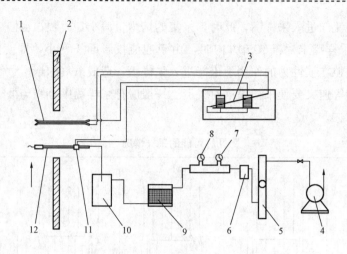

图 12-8　动压平衡法采样系统

1—靠背型皮托管；2—烟道；3—双联微压计；4—抽气泵；5—转
子流量计；6—累积流量计；7—真空压力表；8—温度表；9—干
燥器；10—冷凝器；11—孔板；12—采样管

烟道内测点的流速均匀的烟尘采样，在浓度高、烟道内压差大的情况下，此方法的应用受到限制，也不能用于反推烟气流速和流量，以代替流速流量的测量。

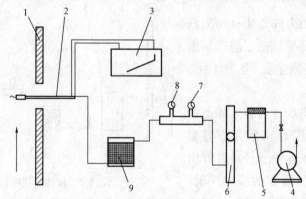

图 12-9　静压平衡法采样系统

1—烟道；2—采样管；3—压力偏差指示器；4—抽气泵；

5—累积流量计；6—转子流量计；7—真空压力表；

8—温度表；9—干燥器

4. 皮托管平行测速法

将采样管、靠背型皮托管和热电偶温度计组合在一起，采样时 3 个测头一起插入烟道中同一测点，根据预先测得的烟气静压、温度、含湿量和当时测得的测点动压参数，结合选用的采样嘴直径，由编有程序的计算机及时算出等速采样流量，调节采样流量至所要求的流量计读数进行采样，来保证等速采样条件。皮托管平行测速法采样系统如图 12-10 所示。此方法的优点为：当工况发生变化时，可根据所测得的流速等参数值，及时调节采样流量，保证烟尘等速采样条件。现国内应用的全自动皮托管平行烟尘采样仪，通过微电脑自动计算、自动跟踪采样，具有适用性好、操作方便、等速精度高等优点，国内大多数测试单位都使用该仪器。

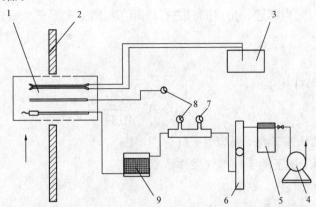

图 12-10　皮托管平行测速法采样系统

1—组合采样管；2—烟道；3—微压计；4—抽气泵；5—累积流量计；
6—转子流量计；7—真空压力表；8—温度表；9—干燥器

八、采样前准备

(1) 根据测试目的制订测试方案，就测试运行工况、时间人员配备等具体事项落实到人。

(2) 按确定的测试断面位置，开好测孔，布置好测试平台、栏杆及扶梯，须安全、可靠、适用。

(3) 滤筒用碳素笔编号后放入烘箱烘干，玻璃纤维滤筒温度在 $105\sim110℃$ 烘干 2h，(刚玉滤筒在 $400℃$ 烘干 1h)，取出后放在干燥器内冷却至室温，再在万分之一天平上称滤筒的质量，并做好记录。

(4) 检查需用的测试仪器功能是否正常、干燥器中的硅胶是否生效。

(5) 检查系统是否漏气，如有漏气，应再检查、堵漏，直到符合要求。

九、采样步骤

(1) 根据烟道尺寸确定采样点的数目和位置，将各采样的位置在采样管上做出标记(尺寸须加上测孔短管的长度)。选用合适的采样嘴。

(2) 记下滤筒编号，用镊子将滤筒装入采样管，用滤筒盖或滤筒托将滤筒进口压紧。

(3) 打开烟道内的采样孔后，先清除孔中的积灰，包括管壁上的铁锈。

(4) 把采样管插入烟道相应测点的位置上，先把采样嘴背对气流方向，采样开始迅速将采样嘴对准烟气流方向。采样嘴中心线与烟气流之间的夹角应小于 5°。

(5) 一点采样结束后，立即将采样管移至下一采样点，各点采样时间相等。换测孔或采样完毕后，迅速将采样嘴方向调至水平或朝上，卡住管路。然后从烟道中小心地取出采样管(采样嘴进入烟道切勿碰到测孔管壁)，注意整个过程滤筒口应始终朝上(切勿倒置)，以免粉尘倒出。

(6) 用镊子将滤筒取出并轻轻地敲打管嘴，用细毛刷将附着在管嘴内的粉尘刷到滤筒中，将滤筒封好，放入专用样品袋中保存。

(7) 将采样的滤筒仍按准备时一样烘干称重。采样前后滤筒质量之差，即为所采得的粉尘量。

(8) 采样应在电除尘器进、出口同时进行，并在相同工况下至少重复进行 3 次有效测试，取平均值。

十、计算方法

(1) 采样体积的计算

$$V_{\mathrm{snd}} = 0.002\,7 V_{\mathrm{m}} \frac{B_{\mathrm{a}} + p_{\mathrm{r}}}{273 + t_{\mathrm{r}}} \tag{12-2}$$

式中　V_{snd}——标准状态下的干燥烟气采样体积，L；

　　　　V_{m}——实际工况下的干燥烟气采样体积，L；

　　　　B_{a}——当地大气压，Pa；

　　　　p_{r}——流量计前烟气压力，Pa；

　　　　t_{r}——流量计前烟气温度，℃。

(2) 烟气含尘浓度计算

$$C = \frac{m}{V_{\mathrm{snd}}} \times 10^3 \tag{12-3}$$

$$m = m_2 - m_1$$

式中　C——标准状态下干燥烟气的含尘浓度，mg/m³；

　　　　m——所采得的粉尘量，mg；

　　　　m_1——采样前滤筒质量，mg；

　　　　m_2——采样后滤筒质量，mg。

(3) 除尘效率计算。

1) 浓度法

$$\eta = \frac{C_{\mathrm{in}} - C_{\mathrm{out}}(1 + \Delta\alpha)}{C_{\mathrm{in}}} \times 100\% \tag{12-4}$$

式中　η——除尘效率，%；

　　　　C_{in}——进口烟气含尘浓度（标准状态下干燥烟气），mg/m³；

　　　　C_{out}——出口烟气含尘浓度（标准状态下干燥烟气），mg/m³；

　　　　$\Delta\alpha$——本体漏风率，%。

2) 重量法

$$\eta = \frac{q_{\mathrm{min}} - q_{\mathrm{mout}}}{q_{\mathrm{min}}} \times 100\% \tag{12-5}$$

式中　η——除尘效率，%；

　　　　q_{min}——进口烟尘总质量流量，kg/h；

　　　　q_{mout}——出口烟尘总质量流量，kg/h。

第三节　本体压力降测试及漏风率测试

一、本体压力降测试

本体压力降是指烟气通过除尘器的压力损失，电除尘器压力降用电除尘器进、出口的全压差表示。也就是同时测出电除尘器进、出口两断面各点全压值，经计算得到。

1. 测试位置及测点布置

测试位置应尽量接近电除尘器进、出口，可选择在距电除尘器进、出口 1 倍当量直径的平直管段上。如客观条件不允许也可采用烟尘测孔测试，但测试数据中需扣除部分烟道的压力降。若测孔在风机后则不能采用，测点布置及测点数按烟尘测试标准布置。

2. 测试方法

用皮托管、微压计或 U 形压力计在电除尘器进、出口两侧测试断面同时测出各点全压，并测出大气和通过电除尘器气体的密度，然后按式（12-6）和式（12-7）计算

$$\Delta p = \overline{p}_{in} - \overline{p}_{out} + p_H \tag{12-6}$$

式中　Δp——压力降，Pa；

　　　$\overline{p}_{in}$——进口断面全压平均值，Pa；

　　　$\overline{p}_{out}$——出口断面全压平均值，Pa；

　　　p_H——高温气体浮力的校正值，Pa。

$$p_H = (\rho_a - \rho)gH \tag{12-7}$$

式中　ρ_a——大气密度，kg/m³；

　　　ρ——通过电除尘器气体的密度，kg/m³；

　　　g——重力加速度，m/s²；

　　　H——出入口测试位置的高低差，m。

二、本体漏风率测试

电除尘器由于设计、制造特别是安装、运行等方面的原因，都存在着本体漏风，且漏风大小不一。在高负压下运行的电除尘器，如果漏风率过大，则对电除尘器的除尘效率和使用寿命产生较大影响，还会对除尘后的系统设备造成一定的不利影响。

电除尘器的漏风率是指电除尘器的漏风量与电除尘器进口处的标准状态气体流量之比，漏风量是指电除尘器出口处的标准状态气体流量减去进口处的标准状态气体流量的值。

电除尘器漏风率的测试方法，目前国内常用的有两种：一是氧平衡法；二是流量法。第二种方法从理论上讲比较可行，但实际测试求出的误差太大，影响的因素较多。

1. 测试位置及测点布置

测试位置应尽可能接近电除尘器进、出口，如客观条件不允许，也可采用烟尘测孔测试。但若出口烟道测孔布置在风机后面则不能采用。

2. 测试方法

（1）氧平衡法。用氧化锆氧量分析仪同时测出电除尘器进、出口断面烟气中的含氧量，然后通过式（12-8）计算求得

$$\Delta \alpha = \frac{O_{2out} - O_{2in}}{K - O_{2out}} \times 100\% \tag{12-8}$$

式中　$\Delta \alpha$——电除尘器漏风率，%；

　　　O_{2out}——电除尘器出口断面烟气平均含氧量，%；

　　　O_{2in}——电除尘器进口断面烟气平均含氧量，%；

K——大气中含氧量，可根据海拔高度查表得到。

（2）流量法。用皮托管、微压计同时测出电除尘器进、出口烟气动压，求出进、出口两端标准状态下干燥烟气流量，然后通过式（12-9）计算求得

$$\Delta\alpha = \frac{q_{vout} - q_{vin}}{q_{vin}} \times 100\% \tag{12-9}$$

式中　$\Delta\alpha$——电除尘器漏风率，%；

　　　q_{vout}——电除尘器出口标况干烟气量，m^3/h；

　　　q_{vin}——电除尘器进口标况干烟气量，m^3/h。

第四节　烟气参数的测试

电除尘器的选型及了解已安装运行的电除尘器的性能，都必须对电除尘器处理的烟气量及有关参数进行测试。

测试的内容包括烟气的温度、含湿量、压力和速度等。

一、烟气温度的测试

（1）测试位置及测点布置。位置应尽可能接近电除尘器进、出口，也可选择在烟尘测孔，测点在靠近烟道中心的几个测点上测试。

（2）测试仪器。热电偶或电阻温度计，其示值误差应不大于±3℃。水银玻璃温度计精度应不低于2.5%，最小分度值不大于2℃。目前国内常用的仪器为热电偶温度计。

（3）测试方法。将温度测量元件插入烟道中测点处，待温度数值稳定后读数，烟道须防止漏风。使用水银玻璃计时，不能抽出烟道外读数，对要求测试进、出口温差的电除尘器，测试应在进、出口同时进行。

二、烟气含湿量的测试

烟气含湿量是指烟气中与1kg干空气共存的水气量，通常用湿烟气中水气含量的体积百分数表示。其测试方法有吸湿法、冷凝法和干湿球法等。

测试位置及测点按温度测试位置确定。

1. 吸湿法

从烟道抽出一定体积的烟气，使之通过装有吸湿剂的吸湿管，烟气中水气即被吸湿剂吸收下来，吸湿管的增重即为已知体积烟气中所含的水气量。

常用的吸湿剂为氧化钙、氯化钙、硅胶、氧化铝、五氧化二磷、过氧酸镁等。为了使通过吸湿管烟气中的水气完全被吸收，吸湿管通常是两个串联使用，通过吸湿管的气体流量应控制在1L/min以下。吸湿法采样系统如图12-11所示。

用吸湿法测试烟气中水气含量的体积百分数按式（12-10）计算

$$X_{sw} = \frac{1.24 m_w}{V_s \times \dfrac{273}{273 + t_r} \times \dfrac{B_a + p_r}{101\,325} + 1.24 m_w} \times 100\% \tag{12-10}$$

式中　X_{sw}——烟气中水气含量的体积百分数，%；

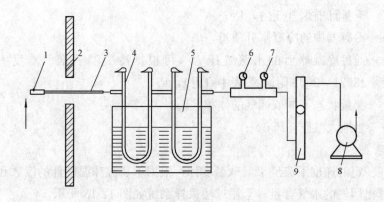

图 12-11　吸湿法采样系统

1—过滤器；2—烟道；3—加热采样管；4—吸湿管；5—冷却器；

6—温度表；7—真空压力表；8—抽气泵；9—转子流量计

m_{w}——吸湿管吸收的水分质量，g；

V_{s}——测量状态下抽取的烟气体积，L；

t_{r}——流量计前烟气温度，℃；

p_{r}——流量计前烟气压力，Pa；

B_{a}——当地大气压，Pa；

1.24——在标准状态下，1g 水蒸气所占有的体积，L。

2. 冷凝法

抽取一定体积的烟气，使之通过冷凝器，根据冷凝出来的水量和从冷凝器出来的饱和水气量来确定烟气的含湿量。冷凝法采样系统如图 12-12 所示。用冷凝法测试烟气中水气含量的体积百分数按式（12-11）计算

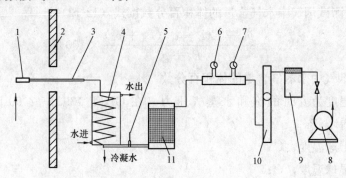

图 12-12　冷凝法采样系统

1—过滤器；2—烟道；3—加热采样管；4—冷凝器；5—温度计；6—温度表；

7—真空压力表；8—抽气泵；9—累积流量计；10—转子流量计；11—干燥器

$$X_{sw}=\frac{461\times(273+t_{r})m_{w}+p_{v}V_{s}}{461\times(273+t_{r})m_{w}+V_{s}(B_{a}+p_{r})}\times100\%\qquad(12-11)$$

式中　X_{sw}——烟气中水分含量的体积百分数，%；

t_{r}——流量计前烟气温度，℃；

p_r——流量计前烟气压力，Pa；

m_w——冷凝器中的冷凝水分质量，g；

p_v——通过冷凝器后的水蒸气压力（可根据冷凝器后烟气温度 t_r，在 GB/T 13931—2002 附录 A 表中查得），Pa；

V_s——测量状态下抽取烟气的体积，L；

B_a——当地大气压，Pa。

3. 干湿球法

使烟气在一定的速度下流经干湿球温度计，根据干、湿球温度计的读数和测点处烟气的压力，计算出烟气的水气含量。干湿球法采样系统如图 12-13 所示。

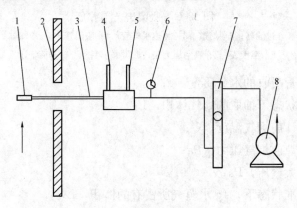

图 12-13　干湿球法采样系统

1—过滤器；2—烟道；3—加热采样管；4—干球温度计；5—湿球温度计；
6—真空压力表；7—转子流量计；8—抽气泵

用干湿球法测试烟气中水气含量的体积百分数按式（12-12）计算

$$X_{aw} = \frac{p_{bv} - C(t_c - t_b)(B_a + p_b)}{B_a + p_s} \times 100\% \qquad (12\text{-}12)$$

式中　X_{aw}——烟气中水蒸气含量的体积百分数，%；

p_{bv}——温度为 t_b 时的饱和水蒸气压力（在 GB/T 13931—2000 附录 A 表中查得），Pa；

t_c——干球温度，℃；

t_b——湿球温度，℃；

p_b——通过湿球温度计表面的烟气压力，Pa；

B_a——当地大气压力，Pa；

p_s——烟气静压，Pa；

C——系数（取决于通过湿球温度计球部的空气流速，当流速高于 2.5m/s 时，C 值可认为接近一个常数，约等于 0.000 66）。

三、烟气流速和流量的测试

烟气的流速与其动压平方根成正比，即根据测得的烟气动压、静压及温度等参数，计算出烟气流速。烟气流量是按照烟气的平均流速和烟道断面积的乘积求得的。

(1) 测试位置及测点按烟尘测试位置及测点布置确定。

(2) 测试仪器包括皮托管、倾斜式微压计和电子微压计。

1) 皮托管必须在标准风洞中进行校正，测得其校正系数方可用于测试。标准型皮托管要求其校正系数为 1 ± 0.01。靠背型皮托管要求其校正系数为 0.84 ± 0.01。

a) 标准型皮托管的结构如图 12-14 所示，它是一根头部弯成 90°的不锈钢双层同心管，前端是半圆形，正前方有一开孔，与内管相通，用于测试全压。外管头部适当位置处均匀分布若干小孔，用于测试静压。全压与静压之差即为动压。由于此皮托管的测孔较小，当烟道内烟尘浓度较大时，易被堵塞。另外，当测孔较小，且短管较长时，不能插入烟道测试。

b) 靠背型皮托管的结构如图 12-15 所示，它是由两根相同的不锈钢管并联组成。测量端有两个方向相反的开口，一个面向气流，为全压感压孔，测得的压力为全压；另一个背向气流，为静压感压孔，测得的压力为静压。由于背向气流的开口处存在涡流损失，故测得的静压值要小于实际静压值。它的开口直径较大，不易被粉尘堵塞，且便于在装短管的测孔中使用。

2) 微压计。

a) 倾斜式微压计其精度应不低于 2%，最小分度值应不大于 2Pa，如测试时液柱上下波动较大，读数时取其平均值。

b) 电子微压计其精度应不低于 1%，测试时微压计读数取平均值。

图 12-14　标准型皮托管结构　　　　　图 12-15　靠背型皮托管

(3) 测试方法。用皮托管、微压计及温度计（目前常用为电子微压计和热电偶温度计）测试烟道内的烟气动压、静压及温度等参数，计算出烟气流速，再计算出烟气量。测试烟气动压的连接方式如图 12-16 所示。

四、计算公式

(1) 平均流速按式 (12-13) 计算

$$\overline{u_s} = 0.076\,6K_p\sqrt{273+t_s}\cdot\overline{\sqrt{p_d}}$$

$$\tag{12-13}$$

$$\overline{\sqrt{p_d}} = \frac{\sqrt{p_{d1}}+\sqrt{p_{d2}}+\sqrt{p_{d3}}+\cdots+\sqrt{p_{di}}}{N}$$

$$\tag{12-14}$$

式中　$\overline{u_s}$——烟气平均流速，m/s；

　　　K_p——皮托管校正系数；

　　　t_s——烟气温度，℃；

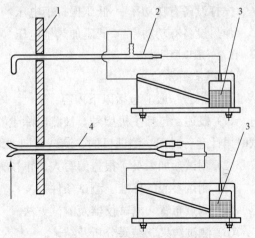

图 12-16　烟气动压测试系统

1—烟道；2—标准型皮托管；3—斜管微压计；

4—靠背型皮托管

$\sqrt{p_d}$——烟气动压平方根平均值；

p_{di}——各测点的动压测定值（$i=1$，2，…，n），Pa；

N——测点数。

（2）烟气流量按式（12-15）计算

$$q_{vs} = 3600 \times \overline{u_s} A \qquad\qquad (12\text{-}15)$$

式中　q_{vs}——烟气流量，m/h^3；

　　　A——烟道测试处断面面积，m^2。

（3）标准状态下的干烟气流量按式（12-16）计算

$$q_{vsnd} = q_{vs} \frac{B_a + p_s}{101\,325} \times \frac{273}{273 + t_s} (1 - X_{sw}) \qquad (12\text{-}16)$$

式中　q_{vsnd}——标准状态下的干烟气流量，m^3/h；

　　　X_{sw}——烟气中的水蒸气含量体积百分数，%；

　　　p_s——测点处烟气静压，Pa；

　　　B_a——当地大气压，Pa。

第五节　电除尘器功耗测试及测试报告

1. 电除尘器功耗测试

电除尘器功耗是指电除尘用高低压供电设备总的有功功率损耗（单位 kWh），测试方法有测量法和计算法两种。

（1）测量法。将三相有功电能表安装在电除尘器除尘变压器出口母线处，该电能表指示值即为电除尘器总有功功耗（单位 kWh）。

（2）计算法。根据表计电流及电压读数，可计算高低压设备有功功率（单位 kW）。

其中：高压供电设备有功功率＝ 一次电压×一次电流× （功耗因子近似 0.7）

振打设备有功功率＝ 低压振打柜电压×三相平均电流×3$^{1/2}$（功耗因子近似 1）

加热设备有功功率＝ 低压加热柜电压×三相平均电流×3$^{1/2}$（功耗因子近似 1）

注：一般以测量法为主。

2. 测试报告

测试报告一般应包括以下内容：

（1）概述。包括主机型号，被测电除尘器的型号、规格、使用厂家、制造厂家、至测试时累计运行时间、测试目的、测试日期、地点、测试单位。

（2）测试参加人员、报告编写人、审核人、批准人。

（3）测试参照的标准、测试条件。

（4）测点布置、测试仪器及测试方法。

（5）测试结果、结果分析及结论。

（6）锅炉机组（炉窑）及电除尘器的主要运行参数。

（7）测试时的当地气象参数及其他。

附录　电除尘器除尘效率的修正及评判

通常，电除尘器除尘效率的修正是在设计煤种、锅炉设计工况与实际运行工况发生偏差时进行的。制造厂认为：如果实测除尘效率已经大于或等于设计值时，表明在该测试中除尘效率考核已经合格，而不管是否已经修正，这是因为对测试效率的修正仅仅是对电除尘器偏离设计条件时运行性能的一种估价，实际上此时对电除尘器来说并不运行在设计工况的最佳状态。

电除尘器除尘效率的修正方法有两种。

第一种方法：把考核时的实测效率从运行工况修正到设计条件，在设计条件下进行评判，即

$$\eta_C = (1 - e^{-K_C}) \times 100\%$$

$$K_C = K_T / C_T$$

$$K_T = \ln\left(\frac{1}{1 - \eta_T}\right)$$

$$C_T = C_1 \times C_2 \times C_3 \times \cdots$$

式中　　　　η_C——修正到设计条件下的除尘效率；

　　　　　　η_T——运行工况下的实测效率；

C_1、C_2、$C_3 \cdots$——分别为烟气量、烟气温度、烟气含湿量、进口含尘浓度、含硫量等修正系数。

当 $\eta_C \geqslant \eta_D$ 则说明电除尘器除尘效率考核已经合格，其中 η_D 为设计条件下的保证效率。

第二种方法：把保证效率从设计条件修正到运行工况，在运行工况下进行评判，即

$$\eta_C = (1 - e^{-K_C}) \times 100\%$$

$$K_C = K_D \times C_T$$

$$K_D = \ln\left(\frac{1}{1 - \eta_D}\right)$$

$$C_T = C_1 \times C_2 \times C_3 \times \cdots$$

当 $\eta_T \geqslant \eta_C$ 则说明电除尘器除尘效率考核已经合格。

一般采用第一种方法，比较直观，但实际上两种方法都一样。

参 考 文 献

［1］ 黎在时. 电除尘器的选型安装与运行管理［M］. 北京：中国电力出版社，2005.

［2］ 原永涛. 火力发电厂气力除灰技术及其应用［M］. 北京：中国电力出版社，2002.

［3］ 韩占忠，王敬，兰小平. FLUENT 流体工程仿真计算实例与应用［M］. 北京：北京理工大学出版社，2004.

［4］ 黄福. 计算流体动力学分析——CFD 软件原理与应用［M］. 北京：清华大学出版社，2004.